高等学校计算机科学与技术教材

ASP .NET Web
应用程序设计教程

单维锋　白　灵　主　编
肖　菲　徐少文　靳延安　副主编

清华大学出版社
北京交通大学出版社
·北京·

内 容 简 介

本书基于 Visual Studio 2008 集成开发工具，系统全面地介绍了使用最新 ASP .NET 3.5 技术设计、开发和部署 Web 网站的相关知识。

全书共 14 章，内容包括 Web 应用程序设计概述、HTML 基础、DHTML 基础、C# .NET 语言基础、ADO .NET、服务器控件、验证控件、导航控件和用户控件、内部对象、数据绑定控件与数据源控件、母版页、主题与皮肤、Ajax 技术、应用程序配置及软件测试与部署等内容。

本书运用软件工程的基本理论，结合面向对象思想，采用项目教学法将 ASP .NET 相关知识点融入到项目案例中。每章分为 4 个部分：知识点讲解、项目任务、上机实战和习题。每部分都紧紧围绕校园音乐吧项目展开讲解和练习。其中，项目任务为本章主要知识点的综合举例；上机实战部分可供学生上机练习；习题部分作为课下作业。

本书适合作为普通高等院校应用型本科和高职高专类院校程序设计教程，也适合编程开发人员用于培训或自学使用。

图书在版编目（CIP）数据

ASP .NET Web 应用程序设计教程/单维锋，白灵主编．—北京：清华大学出版社；北京交通大学出版社，2009.12（2011.8 重印）

ISBN 978－7－81123－973－7

Ⅰ.①A…　Ⅱ.①单…　②白…　Ⅲ.①主页制作-程序设计-教材　Ⅳ.①TP393.092

中国版本图书馆 CIP 数据核字（2009）第 214608 号

责任编辑：杨正泽
出版发行：清 华 大 学 出 版 社　邮编：100084　电话：010－62776969　http：//www.tup.com.cn
　　　　　北京交通大学出版社　邮编：100044　电话：010－51686414　http：//press.bjtu.edu.cn
印 刷 者：北京交大印刷厂
经　　销：全国新华书店
开　　本：185×260　印张：22.5　字数：573 千字
版　　次：2010 年 1 月第 1 版　2011 年 8 月第 2 次印刷
书　　号：ISBN 978－7－81123－973－7/TP·562
印　　数：4 001～7 000 册　定价：34.00 元

本书如有质量问题，请向北京交通大学出版社质监组反映。对您的意见和批评，我们表示欢迎和感谢。
投诉电话：010－51686043，51686008；传真：010－62225406；E-mail：press@bjtu.edu.cn。

前　言

为适应高等院校应用型人才培养快速发展的趋势，培养以就业市场为导向的高级软件开发人员，着力提高学生的学习兴趣、动手能力、综合能力和创新能力，特编写了本教材。

ASP .NET 是微软公司推出的基于 .NET 框架的 Web 应用开发技术，是 Web 应用程序开发的主流技术之一。微软公司发布的最新 Visual Studio 2008 开发工具和 ASP .NET 3.5 引入了一些新的技术和功能，比如 ListView、DataPager 控件、Ajax 技术等。纵观现有的 ASP .NET 教材，大都是基于 ASP .NET 1.x 版本或 ASP .NET 2.0 版本进行讲解的，鲜有基于 ASP .NET 3.5 的教材。现有基于 ASP .NET 3.5 的教材在新知识介绍方面仍不够全面，篇章结构也不利于应用型人才的培养。

本书共 14 章，由浅入深、系统全面地介绍了如何使用 ASP .NET 技术构建 Web 应用程序的相关知识，覆盖了 ASP .NET 3.5 常用知识点和大部分最新技术。

第 1 章主要介绍了 ASP .NET Web 应用程序的概念、Visual Studio 2008 开发环境，并介绍了校园音乐吧项目的需求。

第 2 章介绍了静态网页设计基础：HTML、XHTML、页面布局和网站地图的概念。

第 3 章介绍了 DOM、JavaScript、CSS 概念和用法。

第 4 章回顾了 C# 语言语法，并运用面向对象的思想对校园音乐吧项目进行了面向对象的分析和设计。

第 5 章介绍了 ADO .NET 的概念和用法，分析并完成了校园音乐吧项目类中的数据库访问代码。

第 6 章介绍了 TextBox、FileUpload、Wizard 等服务器端标准控件。将校园音乐吧项目由静态页面转换为动态页面。

第 7 章介绍了数据验证控件的用法。为校园音乐吧项目相关页面添加了数据验证功能。

第 8 章介绍了导航控件和用户控件。为校园音乐吧项目每个页面添加了页面导航。将页眉和页脚部分封装为用户控件，并在其他页面中引用。

第 9 章主要介绍了 ASP .NET 内部对象，以及如何利用内部对象管理状态信息。

第 10 章介绍了 GridView、DataList、Repeater、FormView、DetailsView 控件及最新 ListView 控件和 DataPager 控件的用法，还详细介绍了如何配置 SqlDataSource 控件实现数据更新、删除和添加。

第 11 章介绍了母版页、主题和皮肤的相关知识。

第 12 章介绍了 Visual Studio 2008 集成工具的新功能 Ajax 技术。

第 13 章介绍了应用程序配置相关知识。

第 14 章介绍了软件测试和部署的概念，以及如何为 Web 项目创建安装包。

本书与现有教材相比，主要有以下几个特色。

(1) 本教材运用软件工程的基本理论，结合面向对象思想，采用项目教学法将ASP .NET

相关知识点融入到项目案例中。

(2) 结合学生兴趣，精选项目案例。考虑到学生对音乐的兴趣和 ASP .NET 相关知识点，本书精选校园音乐吧项目作为本书的案例项目。

(3) 案例翔实、系统性强。全书以校园音乐吧项目为主线，贯穿每章的知识点讲解、项目任务、上机实战和习题 4 个部分。前后章节衔接紧密，连贯性和完整性强。其中，项目任务为本章主要知识点的综合举例；上机实战部分可供学生上机练习；习题部分作为课下作业。

(4) 全书遵循软件工程基本理论，从软件需求分析、面向对象的分析与设计到面向对象的实现以及软件测试与部署，本书都有所涉及。本书将 ASP .NET 相关知识、数据库知识、软件工程和面向对象程序设计相关知识通过校园音乐吧项目完美地融合在了一起，有助于培养学生的综合应用能力，使学生快速掌握 ASP .NET 3.5 最新相关技术，为就业打下坚实的基础。

本书可以作为普通高等院校应用型本科院校和高等职业技术学校程序设计课程教材，也适合编程开发人员用于培训、自学或作为参考书使用。

全书由单维锋、白灵、肖菲、徐少文、靳延安合作编写完成。其中，第 1、2、5、6、7、9 章由白灵完成；第 3、4、8、10、11、12 章由单维锋完成；第 13、14 章由肖菲、徐少文、靳延安完成。全书由单维锋统稿、审校。本书在编写过程中得到了丰继林、李军、李忠华、杨颖、吴名星的支持和帮助，在此对他们表示感谢。

在本书的编写过程中，编者力求完美，力保内容的准确性和实用性，但由于时间仓促，加之水平有限，书中难免有疏漏和错误，恳请读者批评指正。如果对本书有任何问题或建议，请发送电子邮件与编者联系：shwf@sina. com。相关课件和示例代码可从北京交通大学出版社网站（http://press. bjtu. edu. cn）下载。

2011 年 8 月作者对部分内容进行了修正。

编　者

2011 年 8 月

目　录

第1章 ASP .NET Web 应用程序设计概述

本章要点

◆ 网页的工作原理

◆ ASP .NET 与 Visual Studio 2008

◆ 使用 Visual Studio 2008 开发简单的 Web 应用程序

◆ “校园音乐吧”项目需求分析

1.1 Web 技术概述

最早的 Internet 始于 20 世纪 60 年代的“冷战”时期，其最初的目的是出于战略上的考虑，将军事指挥中心和信息系统分布在多个地点，以避免在遭到打击时整个系统的全面瘫痪。因此，早期的 Internet 是由美国国防部投资，仅仅局限于少数研究机构和军事机构使用。

1989 年，欧洲原子核研究委员会（CERN）为了研究人员互相传递文献资料，发明了 WWW（World Wide Web）服务。1991 年，CERN 正式发布了 Web 技术标准。1993 年，出现了第一个 HTML 浏览器，从那时开始，Web 技术迅猛发展。人们已经可以用调制解调器通过电话线连到 Internet。Internet 迅速走进千家万户，成为人们学习、工作、交流、娱乐的一个非常重要的手段。

1.1.1 静态网页与动态网页

目前的 Web 页面根据其生成方式，可以分为静态网页和动态网页。

静态网页是指用 HTML 承载需要显示信息的 Web 页面。网页文件中不包含服务器端程序代码，文件的扩展名为 . htm 或 . html。静态网页发布到网站上，内容就不会变化。如果需要修改内容，则需要修改静态网页的源代码并重新发布到网站上。单纯使用静态网页技术建设网站，在早期较为流行，虽然网页中包含文字和图片等，但只要不改变设计，网页的显示内容就不会变化。

动态网页不仅包含 HTML 标记，而且包含服务器端程序代码。动态网页的后缀一般根据不同的程序设计语言而不同，如 ASP 文件的后缀为 . asp。动态网页会根据程序代码逻辑显示不同的内容，如张三和李四的 163 邮箱里显示的内容不同。

1.1.2 网页工作原理

1. 静态网页工作原理

静态网页的访问过程如图 1－1 所示。当在客户端浏览器里输入一个静态网页网址并回车后，就向 WWW 服务器提出了一个浏览网页的请求。服务器接到请求后，查找到用户请求的页面，然后发给客户端。

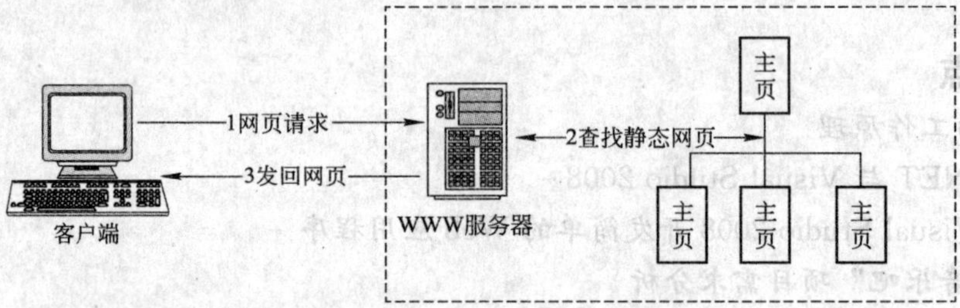

图 1－1 静态网页的工作原理

2. 动态网页工作原理

动态网页的工作原理和静态网页有很大的不同。

当在浏览器地址栏中输入一个动态网页网址回车后，就向服务器提出了一个浏览网页的请求。服务器端接收到请求后，首先查找到此动态网页，然后运行网页文件中的程序代码，将含有程序代码的动态网页转化为标准的静态网页，然后将静态网页发送客户端。动态网页的工作原理如图 1－2 所示。

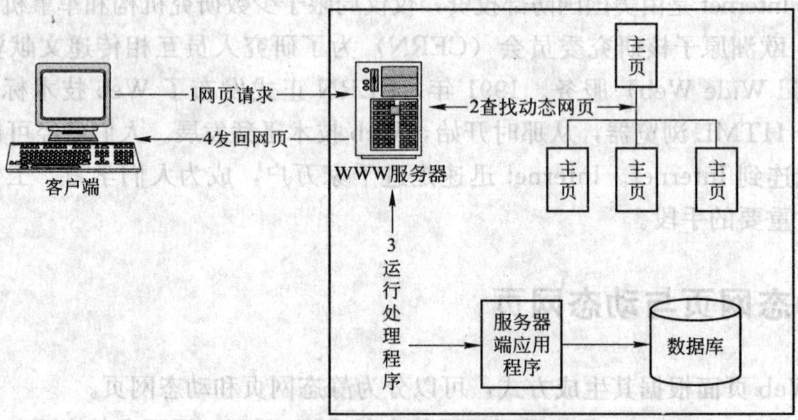

图 1－2 动态网页的工作原理

1.2 ASP .NET 与 Visual Studio 2008 开发平台

ASP .NET 的前身是 ASP（Active Server Pages）。ASP 的第一个正式版本 ASP 1.0 是作为 IIS（Internet 信息服务）的附属产品免费发送的，目前最高版本为 3.0。ASP 文件就是在普通的 HTML 文件中嵌入 VBScript 或 JavaScript 脚本语言。当客户请求一个 ASP 文件时，服务器端就会运行 ASP 文件中的脚本代码，并翻译为标准的 HTML 文件，然后发送给客户端。ASP 提供了几个非常有用的内部对象和内部组件，利用它们可以轻松地实现表单上传、存取数据库数据等功能。

ASP .NET 不是 ASP 的简单升级，而是微软提出的 .NET 框架的一部分，它是一种以 .NET框架为基础的开发 Web 应用的全新模式。

2002 年，Microsoft 公司正式在中国推出了 Visual Studio .NET 中文版，其中使用的 .NET框架为 1.0 版本，ASP .NET 1.0 也诞生了。2003 年，Microsoft 公司发布了 Visual Studio .NET 2003，其 .NET 框架为 1.1 版本。2005 年，Microsoft 公司发布了 Visual Studio 2005，其 .NET 框架为 2.0 版本。2007 年底，Microsoft 公司发布了 Visual Studio 2008，其 .NET框架为 3.0 版本或是 3.5 版本。

ASP .NET 3.5 版本和 2.0 版本相比，增加了一些新功能和一些新的控件与技术，如 Ajax、Linq 技术及 ListView 控件、DataPager 控件等。基于 ASP .NET 3.5 的 Web 应用程序一般是通过 Visual Studio 2008（简称 VS 2008）进行开发的。VS 2008 是一个功能强大的集成开发平台，几乎可以完成所有的软件开发任务，包括 Windows 应用程序开发、Web 应用程序开发、设备应用程序开发以及与其相关的数据库应用处理等，同时还提供了各种应用程序的发布与安装支持。

1.3　第一个 ASP .NET Web 应用程序

【例 1-1】　现在做一个简单例子，以体会制作一个 Web 应用程序的完整过程。该例子的功能是显示网站的欢迎信息。

(1) 打开 VS 2008 开发工具。

(2) 选择【文件】菜单中的【新建】子菜单中的【网站】菜单项，在弹出的【新建网站】对话框中，选择【ASP .NET 网站】模板，设置网站存储文件路径，单击【确定】按钮，如图 1-3 所示。

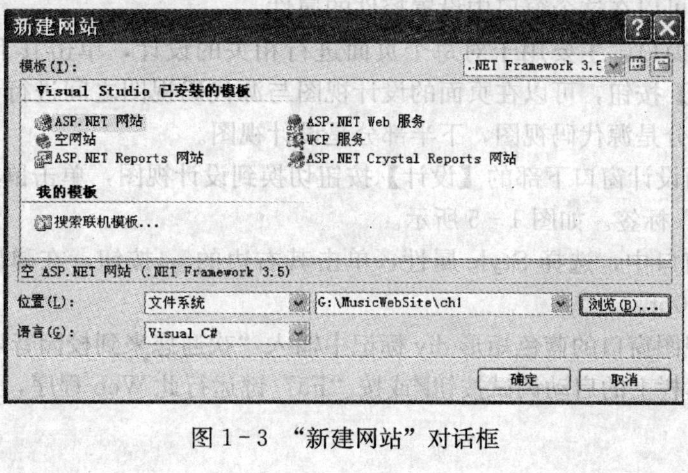

图 1-3　“新建网站”对话框

(3) 创建新网站之后，打开的界面如图 1 - 4 所示。VS 2008 开发工具的界面按从上到下，从左到右的顺序包括标题栏、菜单栏、工具栏、工具箱、页面设计窗口、解决方案资源管理器、错误列表窗口、属性窗口。

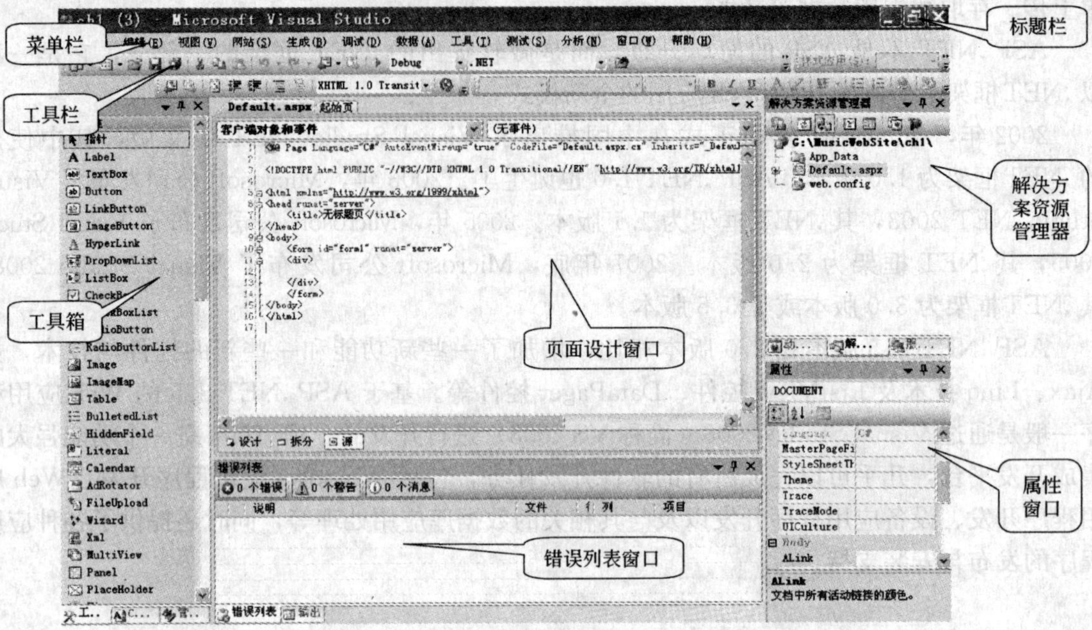

图 1 - 4　新建网站的默认窗口

主要窗口说明如下。

- 工具箱里放置着开发 ASP .NET 页面所需的各种页面控件，拖拉工具箱中的控件到页面中即可生成该控件。
- 错误列表窗口，主要用于显示设计页面或是代码中出现的语法错误，可以方便程序员及时更正程序中的各种语法错误。
- 解决方案资源管理器，主要显示网站中的各个文件，通过该窗口可以快速浏览目录和文件、创建网站需要的各种文件。
- 属性窗口，当选择页面中任何一个控件时，属性窗口将自动显示该控件的相关属性，并且可以在这个窗口中设置控件的属性。
- 页面设计窗口，主要用于对每个页面进行相关的设计，单击其下的【设计】、【拆分】，【源】按钮，可以在页面的设计视图与源代码视图之间进行切换，拆分指页面的上半部分是源代码视图，下半部分是设计视图。

(4) 单击页面设计窗口下部的【设计】按钮切换到设计视图，单击鼠标左键，选择标签栏上的“<div>”标签。如图 1 - 5 所示。

(5) 在属性窗口中，选择 Style 属性，单击其右边的 ... 按钮，在弹出的对话框中设置 font-size 属性为 20pt。

(6) 在设计视图窗口的蓝色矩形 div 标记中输入“欢迎您来到校园音乐吧”。

(7) 单击工具栏上的启动调试按钮 ▶ 或按“F5”键运行此 Web 程序，运行效果如图 1 - 6 所示。

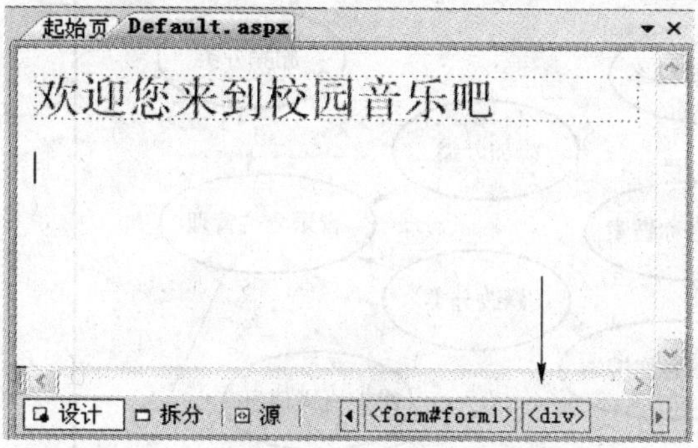

图 1-5 选择页面的 div 标签

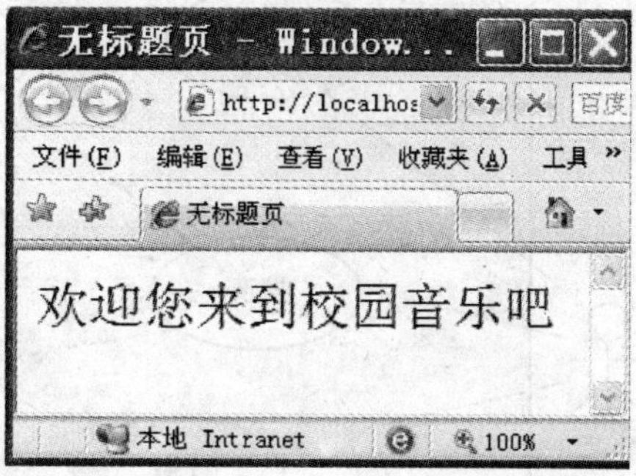

图 1-6 例 1-1 运行结果图

项目任务

项目任务——“校园音乐吧”项目需求分析

本教材以“校园音乐吧”网站为例，介绍使用 ASP .NET 技术开发 Web 网站的全过程。该例子贯穿于本教材所有章节的知识点讲解、项目任务、上机练习及习题中，因此有必要先了解一下该网站的详细需求。

校园音乐吧网站就是希望能够面向高校的学生，提供一个音乐共享平台。任何人都可以在线听音乐，也可以根据自己的需要进行搜索；本网站要求学生实名注册，在成功登录后可以上传音乐，与他人共享，也可以对上传的音乐进行管理。管理员需要维护音乐分类、系别、专业、班级等信息，也可以管理所有的音乐和用户；此外网站还提供了流行歌曲排行榜等功能。

【实现方法】

在分析用户需求时，通常使用用例图（Use Case Diagram）来描述系统需求以及外部用户和系统的交互行为。在用例图中，使用表示一个外部用户，即角色（Actor）；使用表示一个用例，用例定义了一个系统内在的行为；使用一条直线表示角色和用例之间的关联关系（Association）；通常，用例之间也存在一些关系，如泛化（Generalization）、依赖（Dependency）等。

系统用例图如图 1-7 所示。该图是使用 Sybase PowerDesign 12.5 辅助设计工具完成的，可以在 Sybase 官方网站（http://www.sybase.com）下载试用版软件。

下面分别介绍一下系统要实现的每个功能。

1. 游客相关功能

1）注册

系统要求用户实名注册，注册共分四步：第一步，需要用户提供学号作为用户名，然后需要设置登录密码；第二步，用户提供基本信息，包括姓名、性别、出生日期、通讯地址、

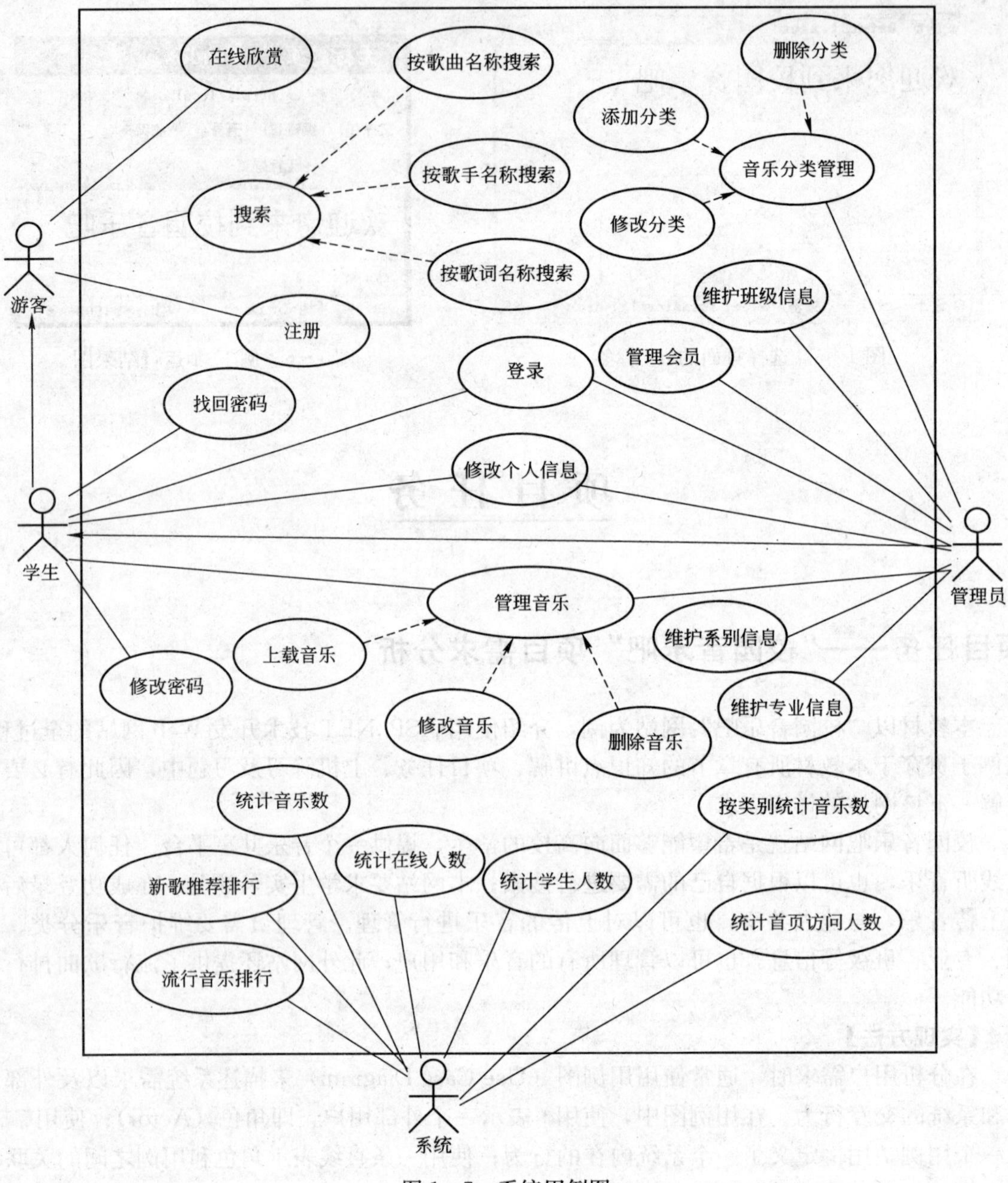

图 1－7　系统用例图

邮编、电话、手机、兴趣爱好、消费领域等内容；第三步，提供学生详细信息，包括系别、专业、班级；第四步，提供个人照片。

2）搜索

网站的每个页面都应该为用户提供一个搜索的功能，用户输入关键字后，可以选择在歌曲名称、歌手名称和歌词中进行搜索。搜索结果单独显示在一个页面内。

3）在线欣赏

用户在浏览网站的任何一个页面时，如果有音乐相关的信息，均应该提供一个快捷的在线欣赏图标，单击该图标进入音乐欣赏界面，用户可以看到该歌曲的详细信息，包括歌曲名称、歌手名称、歌词、上载人、上载时间和欣赏次数等。

2. 学生相关功能描述

1）登录

用户在注册为本网站的用户后，可以使用自己的学号和密码，在网站首页或登录页面进行登录，登录成功后，系统自动转向用户的个人空间页面。如果是管理员登录，将转向管理员个人空间页面。

2）找回密码

如果用户忘记了密码，可以使用系统提供的该功能。用户需要输入用户注册时的学号和邮箱，如果输入正确，密码会发送到用户的邮箱中。

3）修改密码

用户登录系统后，可以在个人空间页面内修改密码，用户需要输入旧密码和新密码才可以成功地修改密码。

4）修改个人信息

用户登录系统后，可以在个人空间页面内修改个人信息，包括兴趣爱好、班级、专业及封面照片等信息。

5）上载音乐

用户登录系统后，可以在个人空间页面内上载音乐，需要提供歌曲名称、歌手、歌词[可选]、所属音乐类别信息。

6）管理音乐

用户登录系统后，可以在个人空间页面内管理自己上载的音乐，包括删除和修改音乐。

3. 管理员相关功能描述

管理员也是一个学生，他具有学生角色的所有功能，除此之外还具有如下功能。

1）维护音乐分类

管理员可以增加、删除或修改音乐类别。

2）管理用户信息

管理员可以查看任何一个注册用户的详细信息，也可以删除一个注册用户。

3）管理音乐信息

管理员可以查看任何一首音乐的详细信息，也可以编辑或删除一首音乐。

4）管理系别信息

管理员可以查看、添加、删除或修改系别信息。

5）管理专业信息

管理员可以查看、添加、删除或修改专业信息。

6）管理班级信息

管理员可以查看、添加、删除或修改班级信息。

4. 系统角色相关功能描述

1）统计注册用户人数

系统应该提供一个统计当前网站注册人数的功能。

2）统计音乐总数

系统应该提供一个统计当前网站音乐总数的功能。

3）流行音乐排行

系统应该按照音乐被单击的次数，提供一个排行榜。

4）新歌推荐

系统应该按照音乐被上载的时间，提供一个排行榜。

5）统计在线人数

系统首页应该显示网站当前在线人数。

6）统计网站访问次数

系统应该提供一个计数器，显示网站总的访问次数。

上机实战

上机实战——使用控件及事件

在页面的文本框中输入某个人姓名，单击【确定】按钮，在标签控件中显示欢迎信息。

【实现方法】

单击菜单栏中的【文件】菜单，选择【新建】|【文件】项；或在解决方案资源管理器中右击项目名称，单击【添加新项】。在弹出的【添加新项】对话框中，选择【Web 窗体】，在【名称】栏中输入“1-2.aspx”，单击【添加】按钮。

(1) 从工具箱里拖曳两个 Label、一个 TextBox 和一个 Button 控件到页面中。

(2) 选中第一个 Label，在属性窗口中，选择 Text 属性，在其后面输入“请输入您的姓名”。

(3) 设置 Button 控件的 Text 属性为“确定”。

(4) 双击 Button 控件或在属性窗口中单击 按钮，然后在 Click 事件后面的空白位置双击，将产生 Button 控件的单击事件。此时弹出页面的后置代码文件，光标定位在 Button 单击事件的处理代码位置。

(5) 输入如下代码。

```
protected void Button1_Click(object sender,EventArgs e)
{
    Label2.Text="欢迎"+TextBox1.Text+"光临校园音乐吧!";
}
```

(6) 在解决方案资源管理器中右击 1-2.aspx 页面，在弹出的级联菜单中选择【设为起始页】。

(7) 按“F5”键运行此 Web 程序，结果如图 1-8 所示。

图 1-8　运行结果图

习　题

1. 在百度或 Google 网站中搜索“音乐网站”关键词，查看其他类似网站和校园音乐吧网站的异同。

2. 如果要在校园音乐吧网站中为会员增加音乐收藏夹的功能，请给出 Use Case 模型描述和文字描述。

第 2 章

HTML 基础

本章要点

- ◆ 网站的规划与设计
- ◆ 网页布局
- ◆ HTML 语言
- ◆ XHTML 语言
- ◆ XML 文档结构

2.1 概　述

网站是因特网上最基本的信息发布平台，无论是公司、企业、政府还是个人都纷纷建立自己的网站来发布和收集信息。网站建设总的来说需要经历 4 个步骤，分别是网站的规划与设计、网站实现、网站发布和网站的运行与维护。

网页是网站的基本元素，网站由一个个网页组成。网页设计是以 HTML（Hypertext Markup Language，超文本标记语言）为基础的。HTML 是浏览器识别的网页标记语言，可以说，没有它就没有丰富多彩的网页。XHTML 是更为严格的 HTML，W3C（World Wide Web Consortium，全球万维网联盟）将 XHTML 定义为最新的 HTML 版本。XHTML 将逐步取代 HTML。

XML（Extensible Markup Language，可扩展标记语言）最初设计的目的是弥补HTML 的不足，后来逐渐用于网络数据的转换和描述。XML 是 Web 发展的趋势。

2.2 网站的规划与设计

网站的规划与设计是网站建设的第一步。在这一步中需要对网站进行整体分析，然后根据分析的结果提出合理的建设方案。网站的规划与设计可分为网站的定位、内容收集、栏目规划、目录结构设计、网站标志设计、风格设计、导航系统设计等。在本章介绍栏目规划及目录结构设计。风格设计及导航系统设计将在后续章节中介绍。

2.2.1　栏目规划

在确定了网站定位（网站建设的目的、目标人群、提供的服务内容）后，接着要做的就是收集相关的内容并对其进行整理，然后对网站的栏目进行规划。

栏目规划是指对收集到的内容进行有效的整理，并将它们组织成一个合理的、便于理解的逻辑结构。栏目规划最简单有效的方法是分层组织法。首先将所有内容划分为若干个大的栏目，然后再将每个栏目划分为若干个子栏目，以此类推直到不需要再细分为止。栏目规划的最终结果就是一个内容的层次结构图。

【例 2-1】 设计“校园音乐吧”网站的栏目规划图。

(1)“校园音乐吧”的游客（没有登录的用户）除了可以搜索音乐及在线欣赏音乐外，如果没有注册的话可以注册为会员用户。

(2) 会员用户可以进入自己的会员后台修改个人信息、上载音乐、管理上载音乐。

(3) 管理员用户可以进行系别管理、专业管理、班级管理、音乐类别管理、音乐管理、会员管理及系统统计。

据以上分析，可以设计出“校园音乐吧”网站的栏目规划图，如图 2-1 所示，其中的虚线可以不要，可以把管理员用户理解为一种特殊的会员用户。

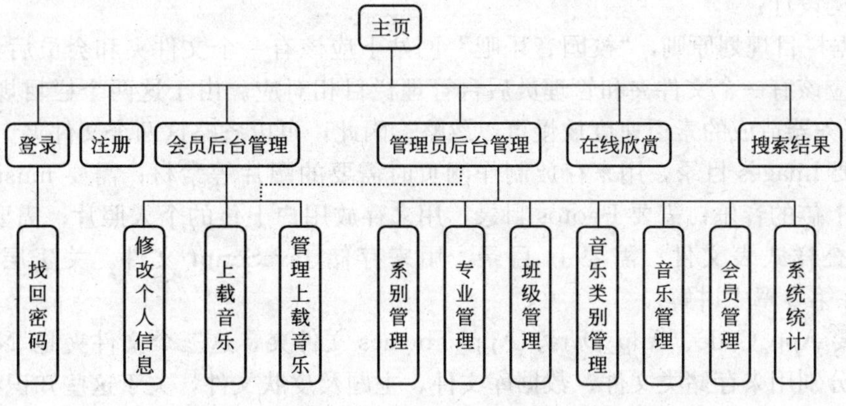

图 2-1　“校园音乐吧”网站的栏目规划图

分层组织法的缺点是如果要访问底层的网页就不得不按照层次从上到下一级一级地访问，如果层次很深，比如 5 层或是 6 层，就会给用户带来不小的麻烦。所以过深过于复杂的层次结构反而会带来很多不良影响，最好的深度就是 3 层，最多不要超过 5 层。另外，建立一个良好的导航系统也可以弥补层次结构的不足。有关导航系统的设计将在第 8 章中介绍。

2.2.2　目录结构设计

目录结构设计是指如何在硬盘上更好地存放所有的网站资源，特别是网页。合理地组织目录结构不仅能提高网站的创建效率及 Web 服务器存取文件的速度，也可为网站管理人员提供便利。

在设计 ASP .NET 网站的目录结构时，最好遵循以下原则。

(1) 不要将所有文件都放在根目录下。这么做很容易造成文件管理混乱。当文件很多时，会影响 WWW 服务器的索引速度。因为服务器通常需要为根目录建立一个索引，而且每增加一个新的文件时都需要重新建立索引，所以文件越多，建立索引的时间也就越长。

(2) 根据栏目规划来设计目录。一般情况下，可以按照网站的栏目规划来设计目录结构，使两者有一一对应关系。

(3) 可以在每个目录下建立独立的 images 子目录。将图片及资源文件放在一个独立的 images 目录下，可以使目录结构更加清晰。如果很多网页都需要用到同一个图片，比如网站标志图片，那么就可以将这个图片放到所有这些网页共有的高层目录 images 目录下。

(4) 目录层次不要太深。

(5) 不要使用中文目录名。因为你的站点是对 Internet 所有用户开放的，所以你得考虑到使用非中文操作系统的客户也能正常访问你的站点。对于目录名、文件名，最好使用英文。

(6) 数据库文件因为安全需求很高，所以最好放置在用户所不能访问到的目录下。在 .NET 中有一个特殊的 App_Data 文件夹专门用来存放数据库文件。

【例 2-2】 根据栏目规划，设计“校园音乐吧”网站的目录结构，用 VS 2008 根据目录结构和栏目规划建立“校园音乐吧”网站，添加图片资源，建立和栏目规划中相对应的页面。

目录结构设计：

(1) 根据栏目规划原则，“校园音乐吧”网站下应该有一个文件夹和会员后台管理栏目相对应，还应该有一个文件夹和管理员后台管理栏目相对应。由于这两个栏目规模并不大，对 WWW 服务器造成的索引速度放慢可以忽略。因此，可以省略这两个文件夹。

(2) 需要 Images 目录，用来存放制作网页时需要的图片等素材；需要 music 目录，用来存放用户上传的音乐；需要 Photos 目录，用来存放用户上传的个人照片；需要 css 目录，用来存放层叠样式表文件；需要 Js 目录，用来存储 JavaScript 文件。关于层叠样式表、JavaScript 在第 3 章中讲解。

(3) 需要 App_Code、App_Data、App_Themes 文件夹，这三个文件夹是 .NET 中的特殊文件夹，分别用来存储类文件、数据库文件、主题及皮肤文件，关于这些知识将在后续章节中讲解。

目录结构创建：

(1) 打开 VS 2008 开发工具，新建一个名为 MusicBar 的网站。

(2) 右击【解决方案资源管理器】窗口中的网站名称 MusicBar，在弹出的级联菜单中选择【添加 ASP .NET 文件夹】，分别选择 App_Code、App_Data、App_Themes 文件夹。

(3) 右击【解决方案资源管理器】窗口中的网站名称 MusicBar，在弹出的级联菜单中选择【新建文件夹】，分别添加 Images、music、Photos、css、Js 5 个普通的文件夹。

(4) 右击 Images 文件夹，选择【添加现有项】，把用 PhotoShop 软件做好的网站需要的图片添加到 Images 文件下。

(5) 右击【解决方案资源管理器】窗口中的网站名称 MusicBar，添加栏目规划中的网页文件。网站最后的目录结构及其包含的网页如图 2-2 所示。网页名称及其对应的栏目见表 2-1。

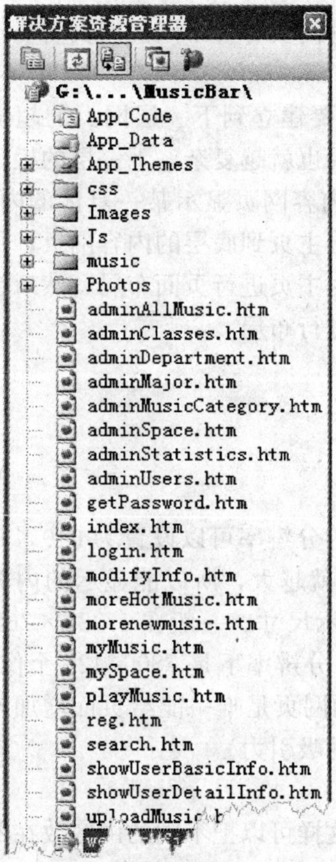

图 2-2 “校园音乐吧”网站最后的目录结构及其中包含的网页

表 2-1　网站页面及其对应的栏目内容

网页名称	栏目内容
adminAllMusic. htm	音乐管理
adminClasses. htm	班级管理
adminDepartment. htm	系别管理
adminMajor. htm	专业管理
adminMusicCategory. htm	音乐类别管理
adminSpace. htm	管理员后台管理主页面
adminStatistics. htm	系统统计
adminUsers. htm	会员管理
getPassword. htm	找回密码
index. htm	网站主页
login. htm	登录
modifyInfo. htm	修改个人信息
moreHotMusic. htm	音乐排行
moreNewMusic. htm	新歌推荐
myMusic. htm	管理上载音乐
mySpace. htm	会员后台管理主页面
playMusic. htm	在线欣赏
reg. htm	注册
search. htm	搜索结果
showUserBasicInfo. htm	用户基本信息
showUserDetailInfo. htm	用户详细信息
uploadMusic. htm	上载音乐

其中 moreHotMusic. htm、moreNewMusic. htm、showUserBasicInfo. htm、showUserDetailInfo. htm 4 个页面的内容和栏目规划无法对应起来。前 3 个网页的内容在主页上也有显示，但由于主页空间有限，只显示这 3 个网页内容的一小部分，如果用户需要浏览更多内容的话，单击主页上的相关超链接跳到这些页面查看更多的内容；showUserDetailInfo. htm 页面为会员管理页面中的“详细信息”超链接对应的页面。

2.3　页 面 布 局

2.3.1　网页布局的概念

页面布局是指怎么在网页上摆放网页内容。虽然你可以在网页上按照你的想法随意地布局网页内容，但假如你可以参照网页布局的一种约定俗成的“标准”或是先了解一下用户的“浏览习惯”的话，则可以辅助你布局出更加合理的页面来。

网站中有很多不同类型的网页，如主页、栏目首页、内容网页等，不同的网页需要不同的页面布局。

网站所有网页组成的是一个层次结构，每一层网页都需要建立到下一层网页的超链接下，所以网页所处层次越高，网页内容就越丰富，网页的布局也就越复杂。下一层的栏目首页因为内容比较集中，所以它的布局比主页就简单了一些。内容网页显示某一具体的内容，所以布局就更加简单些。也就是说从网站的层次型结构的顶层主页到底层的内容网页，页面布局不断简化。因此，网站在进行页面布局设计时，应首先对主页进行页面布局，然后在主页布局的基础上对栏目首页进行页面布局，最后对内容页面进行布局。

2.3.2 网页布局的步骤

1. 确定页面尺寸

页面尺寸和显示器的大小及分辨率有关系。目前计算机的分辨率可以设置为 640×480、800×600、1 024×768 等几种情况。分辨率越大，显示面积就越大，所以能显示的内容也就越多。考虑到浏览器的菜单栏、工具栏等也影响着页面显示尺寸。一般在 1 024×768 分辨率下，页面显示尺寸大约是 1 007×600 个像素；800×600 分辨率下是 780×428 个像素；640×480 分辨率下是 620×311 个像素。除此以外，向下拖动网页是唯一能给页面增加尺寸的方法，但是最好不要超过三屏，除非网页上的内容有足够的吸引力。

2. 布局网页框架

布局网页框架是指怎样把页面划分为几个不同的区域，这样可以把不同的内容放在不同的区域中。最基本的框架划分方法为上下分和左右分。其余的框架都是这两种框架的组合。

大多数网站的网页框架是先把页面分为上、中、下三个区域，这三个区域分别叫做页头、页面内容区域、页脚。在这三个区域中在利用上下分或是左右分或是两者结合的方法进一步划分页面区域。

3. 布局内容

布局内容是指在各个框架区域上安排网页内容。人们在浏览网页的时候，第一眼通常会停留在网页的左上角和网页中间的地方，这个地方称为“焦点”位置，因此要将网页中的主要内容安排在“焦点”上。

页头的作用是定义页面的主题及放置页面的导航栏等。页头常放置网站名称的图片或网站 Logo、公司标志、旗帜广告、站点宣传语等。网站 Logo 常放在左上角，这样，访问者能很快知道这个站点是什么内容。页头是整个页面设计的关键，它将牵涉到下面的更多设计和整个页面的协调性。

页面内容区域放置本页面要传达的信息。为了让浏览者一眼就能够看到内容区域中的重点内容或实时信息，需要将其放在“焦点”位置。

页脚：页脚和页头相呼应。页头是放置站点主题的地方，而页脚是放置制作者信息或公司信息、版权声明、各种经营许可证信息的地方。

【例 2-3】 设计“校园音乐吧”主页的页面布局。

(1) 确定尺寸。考虑到当前用户使用显示器的分辨率大多是 1 024×768，也有 800×600。而且由于“校园音乐吧”网站比较小，显示的内容也不像门户网站那么多，此处选择 800×600 的分辨率。为了使用 800×600 分辨率的用户也能方便地浏览网页，所以确定页面宽度小于 780 像素比较合理，在此设置页面宽度是 760 像素，页面的高度相对来讲就比较自由一些，因为用户可以通过拖动滚动条来增加视野范围。

(2) 确定网页框架和布局内容。页面框架是和页面的内容密不可分的。一般网页分为页头、页面内容区域、页脚三部分，因此，先把页面分成上、中、下三部分，中间部分用来供游客注册、登录、欣赏音乐。

主页的网页框架、各部分内容及尺寸见图 2-3。在实际设计出的网页中，由于各个部分的间隙可能会有一些修饰，所以页面的实际尺寸可能会稍有出入，尤其是页面高度。

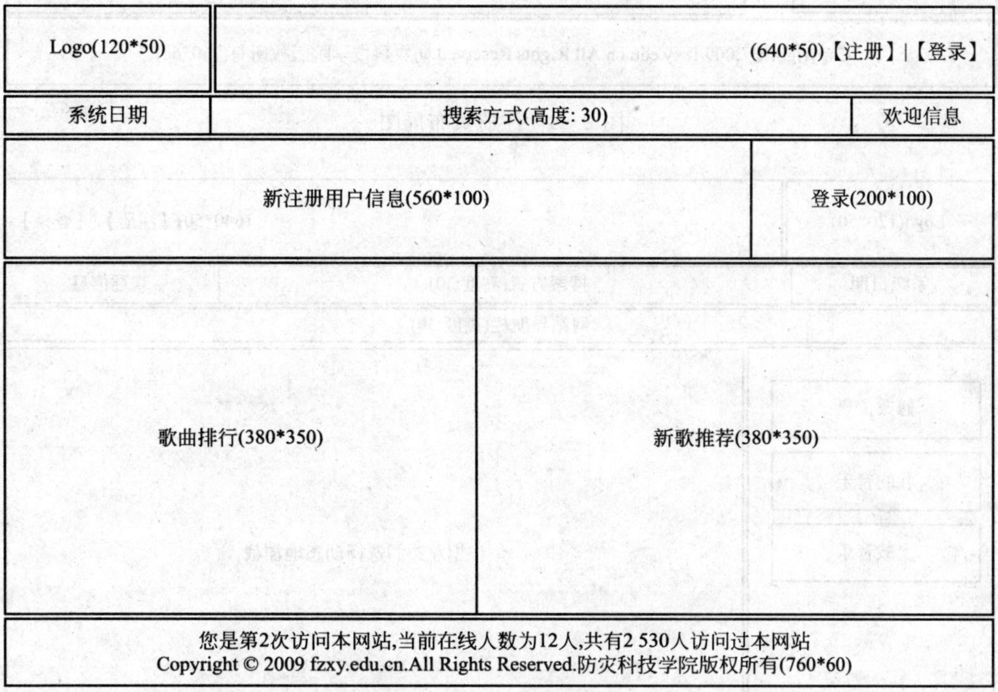

图 2-3　主页页面布局

【例 2-4】 设计注册页面及会员后台管理主页面的页面布局。

(1) 确定尺寸。注册页和会员后台管理主页面的页头及页脚和主页一样，事实上，一般一个网站内，页面的页头和页脚都很类似，甚至是一模一样的，只不过是中间部分内容不一样。

(2) 确定中间部分的内容。页面上应该设置一个导航栏，供用户跳转到其他页面。导航栏下面就是页面的内容部分了。注册页的布局如图 2-4 所示，会员后台管理主页面的布局如图 2-5 所示。

备注：

登录、在线欣赏、音乐排行、新歌推荐、搜索结果页都和注册页面的布局十分类似，只是中间的网页内容区域部分不同罢了。管理员后台管理页面的布局和会员后台管理页面布局是一致。

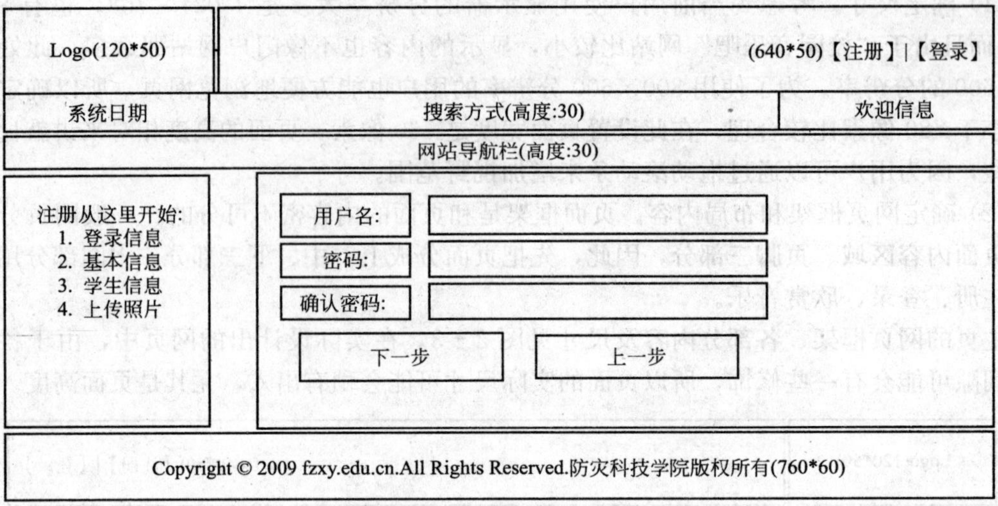

图 2-4　注册页布局图

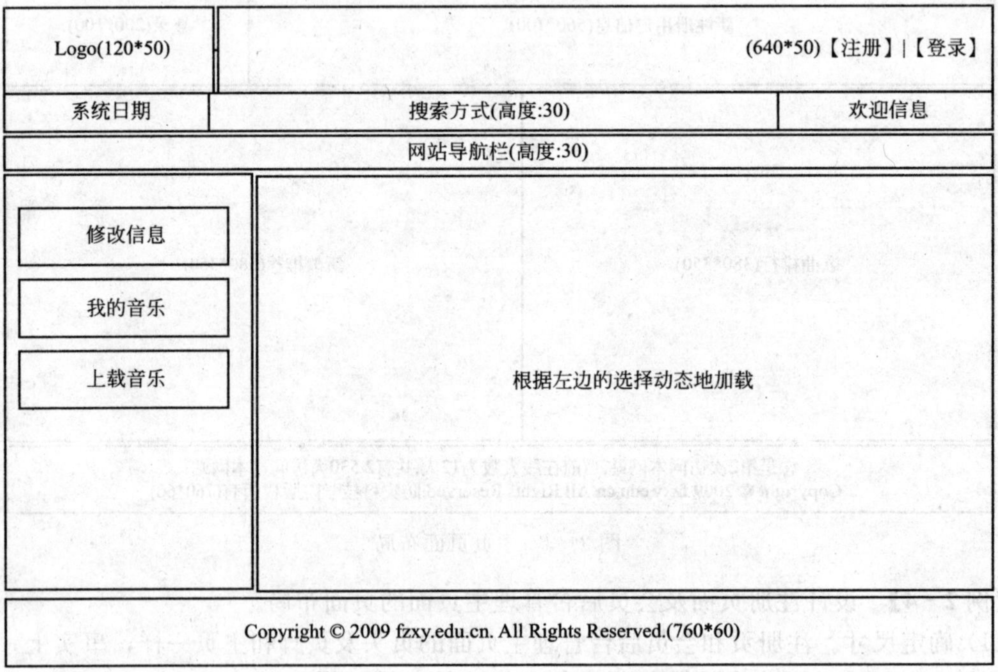

图 2-5　会员后台管理主页面布局

2.4　HTML 文档基本结构

HTML（Hypertext Markup Language，超文本标记语言）是一种描述网页内容及外观的网页设计语言。用 HTML 编写的超文本文件称为 HTML 文件或 HTML 文档。超文本相对普通文本讲，可以在其中加入图片、声音、动画、影视等内容标记，还可以从一个文件跳转到另一个文件。HTML 文档的基本结构如下：

```
<html>                              .......
<head>                                    :  文档头
    <title>页面的标题</title>             :
</head>                             .......
<body>                              .......
文档主体,正文部分                         :  文档体
</body>                                   :
</html>                             .......
```

HTML 文档分文档头和文档体两部分，在文档头（<head> 和 </head> 之间）中，对这个文档进行了一些必要的定义，文档体（<body> 和 </body> 之间）中才是要显示的各种文档信息。<html> 和 </html> 标记代表着 HTML 文档的开始和结束。

2.5 HTML 标记概念与属性

2.5.1 HTML 标记概念

HTML 文档由 HTML 元素构成。下面是一个 HTML 元素。

```
<b>这段文字是粗体</b>
```

HTML 元素是通过使用 HTML 标记进行定义的。标记一般以"<标记>"和"</标记>"的形式成对出现，也有些标记可以单个出现。"<标记>"称为起始标记，"</标记>"称为结束标记。位于起始标记和结束标记之间的文本就是元素的内容。标记不区分大小写。

2.5.2 HTML 属性

属性为 HTML 元素提供附属信息，即在标记中通过设置属性，可使元素内容显示为不同的效果。属性的格式为：

```
<标记 属性 1="值 1" 属性 2="值 2" …>
```

在标记中可以设置一个或多个属性，各属性之间用空格隔开；属性名和属性值之间用等号隔开，等号左边是属性的名称，等号右边是属性值；属性值可以用双引号引起来；属性总是在 HTML 的开始标记中设置。

2.6　HTML常用标记

HTML标记非常多。W3C在制定标准时，反对使用一些浏览器厂家自己制定的标记，弃用了一些过时的标记。HTML的每个新版本都会增加一些新的标记。在VS 2008中可以通过选择工具栏上的【验证的目标架构】下拉列表框中列出的HTML版本来验证输入的HTML元素是否符合这个版本的标准，如图2-6所示。默认情况下使用XHTML 1.0 Transitional验证HTML文档。若文档中的HTML元素有不符合版本标准的，则会在元素标记下有绿色波浪线提示此处不符合标准，把鼠标移动到波浪线的位置，会有提示信息。

图2-6　工具栏上的验证的目标架构下拉列表框

【例2-5】 HTML常用标记示例

(1) 在【解决方案资源管理器】中双击playMusic.htm。

(2) 选择工具栏中的【验证的目标架构】为“HTML4.01”。

(3) 在【源】视图中，清除所有代码。然后添加如下代码。

```
<html>
<head>
    <title>学习常用的HTML标记</title>
    <meta name="author" content="张三">
    <meta name="generator" content="VS 2008">
</head>
<body background="Images/back.jpg">
  <div align="center">
       <h2>关雎</h2>
       <h3>哈辉</h3>
       <hr width="100%" size="2">
       <font face="宋体" color=black size="5">
       <b><i>
          关关雎鸠在河之洲<br>
          窈窕淑女君子好逑<br>
          参差荇菜左右流之<br>
          窈窕淑女寤寐求之<br>
          求之不得寤寐思服<br>
```

```
            悠哉悠哉辗转反侧<br>
            参差荇菜左右采之<br>
            窈窕淑女琴瑟友之<br>
            参差荇菜左右芼之<br>
            窈窕淑女钟鼓乐之<br>
        </i></b>
        </font>
        <img alt="search" src="Images/search.jpg">
        <!--此处的#号是超链接的一个占位,即当暂时还不知道链接到哪一个网页时,可暂时使用#代
替 URL 地址-->
        <a href="moreHotMusic.htm">更多热门歌曲</a>
    </div>
</body>
</html>
```

(4) 在代码上右击，在级联菜单中选择【在浏览器中查看】命令，运行结果如图 2-7 所示。

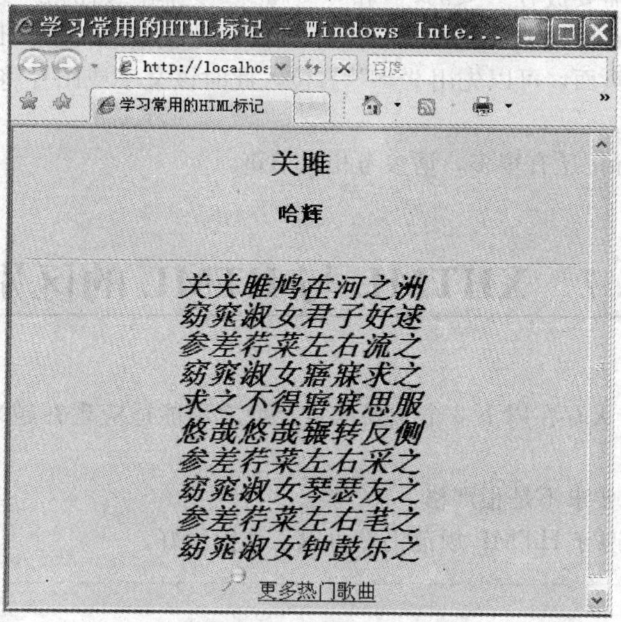

图 2-7　例 2-5 运行结果图

[例 2-5] 中用到的标记介绍如下：

<body> 标记是文档体的开始标记，其 background 属性用于设置页面的背景。

<title> 标记表示显示在浏览器标题栏上的标题。

<meta> 标记提供的信息不显示在页面中，一般用来定义网页的制作者、制作工具、网页内容的关键字、内容描述、网页的文字及语言、页面的刷新及页面跳转等。

<h1> 是标题标记，在 HTML 中，一共有 6 级标题，从 <h1> 到 <h6>。标号越

大，字号越小。align 属性设置标题的对齐方式，其属性值有 3 种，分别为 center、left 和 right。

<hr> 标记表示水平线。width 属性指水平线的宽度，其值 100％的比较基准是其父容器的 width 值。这里 <hr> 的父容器是 <body>，<body> 的宽度是整个页面的宽度。

<div> 标记可以把 HTML 文档分割为独立的区域，这部分区域外部不允许嵌套其他格式标记。<div> 常用来布局页面，即把页面分割为几个独立的部分，每个部分布局各自的页面内容。

<font> 是字体标记，可以用来定义元素内容字体的 family、大小、颜色。

<b> 标记可以使元素内容加粗显示。

<i> 是斜体标记。

 是换行标记。

<img> 是图片标记，用来在页面上显示图片。alt 属性指当鼠标悬停在图片上时，出现在黄色提示框中的文字信息，src 属性指图片的存放路径。

<！----> 注释。注释中的内容不会被浏览器解释，不显示在浏览器中。适当的注释可以帮助用户更好地理解代码，有助于以后对代码的检查与维护，是一种很好的编程习惯。

<a> 是超链接标记。超链接是指当单击某些文字或某个图片时，就可以打开另一个页面。这些文字或图片需要放在“<a>”和“</a>”之间。如例 2-5 中的“更多热门歌曲”的位置那样。href 属性就要打开的另一个页面的地址信息，即 URL；在设计网页时，如果还没准备好目标页面，可以先用“#”占位，此时该文字或图片将具有超链接的外观，并不链接到任何网页。

关于 HTML 的标记还有很多，请参考相关书籍。

2.7 XHTML 与 HTML 的区别

HTML 发展到今天存在以下 3 个主要缺点，使之不能适应现在越来越多的网络设备和应用的需要。

(1) HTML 规范要求不是很严格。

下面的代码没有遵守 HTML 规范仍然可以工作得很好。

```
<html>
<head>
<body>
<b>不符合规范的 HTML 文档
</body>
```

(2) 有些浏览器不能显示不规范的 HTML 代码。

显示这些不规范的 HTML 代码，需要浏览器有足够的认别能力。市场中存在着不同的浏览器，某些浏览器运行在计算机中，某些浏览器则运行在移动电话和手持设备上。而后者可能没有能力来解释这些糟糕的标记。

(3) HTML 用来显示数据，数据和标记混杂在一起，如果需要改变显示，必须重新修改 HTML。

W3C 开发的 XML 标记语言是用来描述数据的，其中所有的内容都要被正确地标记，以产生形式良好的文档，也就是说 XML 有严格的规范。

因此，通过把 HTML 和 XML 各自的长处加以结合，就得到了在现在和未来都能派上用场的 XHTML 标记语言。

XHTML 可以被所有的支持 XML 的设备读取，同时在浏览器升级至支持 XML 之前，使用 XHTML 可以编写出拥有良好结构的文档，这些文档可以很好地工作于所有的浏览器中，并且可以向后兼容。

XHTML 1.0 是在 HTML 4.0 基础上优化和改进的新语言，目的是基于 XML 应用。XHTML 1.0 与 HTML 4.0 标准主要有以下几点不同：

(1) XHTML 元素必须被正确地嵌套。

在 HTML 中，某些元素可以不正确地嵌套，如下代码，可以正确执行：

```
<i><b>这段文字是粗体</i></b>
```

在 XHTML 中，所有元素必须正确地嵌套，上段代码，必须正确嵌套，才能执行。

```
<i><b>这段文字是粗体</b></i>
```

(2) XHTML 元素必须有结束标记。

在 HTML 中，某些标记可以单个使用：

```
<p>这段文字是粗体
```

在 XHTML 中，必须有结束标记：

```
<p>这段文字是粗体</p>
```

单标记也必须有结束标记，其格式为“<标记 />”，斜杠前有一个空格，如
。

(3) 在 XHTML 中，标记名及属性名必须小写，对属性值的大小写不做限制。

(4) XHTML 文档必须拥有根元素。即<html> 元素。

(5) 在 XHTML 中属性值必须使用双引号引起来。

(6) 属性不能简写。在 HTML 中，某些标记的属性可以简写，如 <input checked>。在 XHTML 中，属性不允许简写，如：<input checked="checked"/>

(7) style 属性的使用。

style 属性专门用来设置元素的样式，如字体大小、颜色、背景色及背景图片等。其格式为：

```
style="属性 1=值 1;属性 2=值 2;属性 3=值 3;…"
```

除了用代码的方式设置样式外，在 VS 2008 下，还可以通过【样式生成器】可视地设置样式。

(8) 用 id 属性代替 name 属性。id 和 name 属性主要用来给元素一个唯一的标识符，这样在程序中需要使用该元素时，可以通过 id 或 name 属性进行引用。在 XHTML 中不鼓励使用 name 属性。

(9) XHTML 文档的第一行应是文档类型声明，所有 XHTML 文档必须进行文档类型声明。

2.8 XHTML 文档基本结构

XHTML 文档的基本结构包含 4 个部分：<!DOCTYPE> 文档类型声明、<html> 根元素、<head> 元素、<body> 元素。下面是 XHTML 格式的例 2-5 代码。

```
<!DOCTYPE html PUBLIC "-//W3C//DTD XHTML 1.0 Transitional//EN"
"http://www.w3.org/TR/xhtml1/DTD/xhtml1-transitional.dtd">
<html xmlns="http://www.w3.org/1999/xhtml">
<head>
    <title>学习常用的 HTML 标记</title>
    <meta name="author" content="张三"/>
    <meta name="generator" content="VS 2008"/>
</head>
<body background="Images/back.jpg">
    <div align="center">
        <h2>关雎</h2>
        <h3>哈辉</h3>
        <hr width="100%" size="2"/>
        <font style="font-family:宋体;color:Black;font-style:italic;font-weight:bold;
        font-size:xx-large;">
            关关雎鸠在河之洲<br/>
            窈窕淑女君子好逑<br/>
            参差荇菜左右流之<br/>
            窈窕淑女寤寐求之<br/>
            求之不得寤寐思服<br/>
            悠哉悠哉辗转反侧<br/>
            参差荇菜左右采之<br/>
            窈窕淑女琴瑟友之<br/>
            参差荇菜左右芼之<br/>
            窈窕淑女钟鼓乐之<br/>
        </font>
```

```
        <img alt="search" src="Images/search.jpg"/>
        <!--此处的#是超链接的一个占位,即当暂时还不知道链接到哪一个网页时,可暂时使用#代
        替 URL 地址-->
        <a href="moreHotMusic.htm">更多热门歌曲</a>
    </div>
</body>
</html>
```

在 XHTML 文档中，<! DOCTYPE> 文档类型声明总是位于首行，<! DOCTYPE> 是强制使用的，它并不是 XHTML 元素，也没有结束标记。

在 XHTML 中，<html> 元素是必须有的。<html> 标记内的 xmlns 属性是必需的，指定了网页内所有标记的命名空间。然而，即使当 XHTML 文档中没有为 <html> 标记这个属性时，w3.org 的验证工具也不会提示错误。这是因为，"xmlns=http://www.w3.org/1999/xhtml" 是一个固定的值，即使你没有把它包含在代码中，这个值也会被添加到 <html> 标记中。

<title> 标记必须位于 <head> 标记内。

备注：

在这段代码中通过设置 <font> 标记的 style 来设置歌词的样式，包括字体家族、字体的颜色、倾斜、加粗、字体大小。比起 2.6 节中的代码少了 face、size、color 属性，少了 <b> 和 <i> 标记，代码简洁明了。

XHTML 文档有 3 种文档类型声明。文档类型声明定义了文档需要符合的规范。这些规范在 DTD 文件中进行定义，DTD 中使用精确的可被计算机理解的语言来描述 XHTML 标记的语法。这 3 种文档类型为：

- Strict（严格类型）
- Transitional（过渡类型）
- Frameset（框架类型）

现在最常使用的是 Transitional 类型。这 3 种类型的声明形式如下。

(1) XHTML 1.0 Strict

```
<!DOCTYPE html PUBLIC "-//W3C//DTD XHTML 1.0 Strict//EN"
"http://www.w3.org/TR/xhtml1/DTD/xhtml1-strict.dtd">
```

在此情况下使用：需要干净的标记，避免表现上的混乱。请与层叠样式表配合使用。

(2) XHTML 1.0 Transitional

```
<!DOCTYPE html PUBLIC "-//W3C//DTD XHTML 1.0 Transitional//EN"
"http://www.w3.org/TR/xhtml1/DTD/xhtml1-transitional.dtd">
```

在此情况下使用：当需要利用 HTML 在表现上的特性时，并且当需要为那些不支持层叠样式表的浏览器编写 XHTML 时。

(3) XHTML 1.0 Frameset

```
<!DOCTYPE html PUBLIC "-//W3C//DTD XHTML 1.0 Frameset//EN"
"http://www.w3.org/TR/xhtml1/DTD/xhtml1-frameset.dtd">
```

在此情况下使用：需要使用 HTML 框架将浏览器窗口分割为两部分或更多部分。

2.9　表　格

表格由 <table> 标记来定义。每个表格均有若干行（由 <tr> 标记定义），每行被分割为若干单元格（由 <td> 标签定义）。字母 td 指表格数据（table data），即数据单元格的内容。数据单元格可以包含文本、图片、列表、段落、表单、水平线、表格，等等。定义表格的基本语法如下：

```
<table border="1">
<tr><td>row 1,cell 1</td><td>row 1,cell 2</td></tr>
<tr><td>row 2,cell 1</td><td>row 2,cell 2</td></tr>
</table>
```

在浏览器中的显示效果如图 2-8 所示。

row 1, cell 1	row 1, cell 2
row 2, cell 1	row 2, cell 2

图 2-8　table 表格的显示效果

【例 2-6】　使用表格实现主页的歌曲排行榜，设计效果如图 2-9 所示。

歌曲名	排行	上载日期	
夜曲	1	2009-7-30	
江南	2	2009-7-30	
弯弯的月亮	3	2009-7-30	
我叫小沈阳	4	2009-7-30	
开始懂了	5	2009-7-30	
原来你也在这里	6	2009-7-31	
我会很爱你	7	2009-7-31	
青藏高原	8	2009-7-31	
可惜不是你	9	2009-7-31	
畅爽开怀	10	2009-7-31	

图 2-9　歌曲排行榜设计效果

实现步骤：

(1) 双击【解决方案资源管理器】窗口中的 index.htm 文件名。

(2) 单击页面左下角的【设计】，切换到设计视图，单击菜单栏上的【表】菜单项，选择【插入表】项，在弹出的【插入表格】对话框中输入相应的值，如图 2-10 所示。

(3) 选中第一行第一列的单元格，在【属性】窗口中的“Width”属性后输入 3，如图 2-11 所示，第一行第二、三、四、五个单元格依次输入 248，26，71，29。

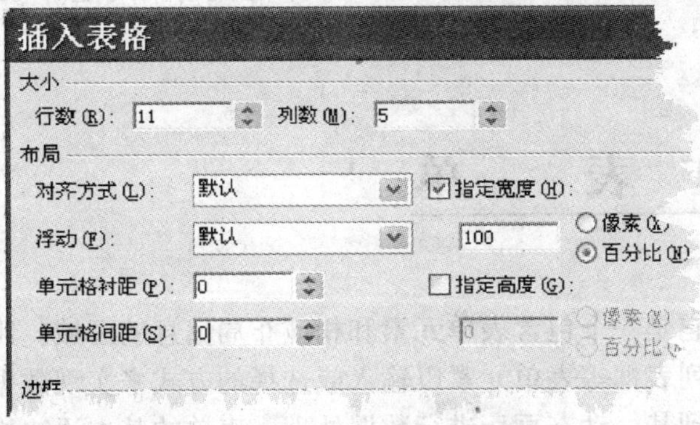

图 2-10 “插入表格”对话框

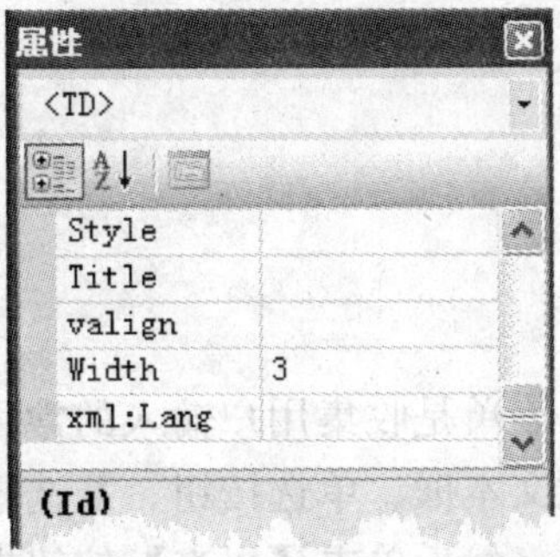

图 2-11 单元格属性设置

(4) 输入相关内容。第一列中所有的单元格均输入一个小圆点，其余的内容按照图 2-9 中所示，最后一行是图片形式的超链接，需要切换到源视图，找到最后一列从第二行开始到第十一行的单元格，在每个单元格中都输入如下代码。

```
<a href="playMusic.htm" target="_blank">
    <img src="Images/listen.gif" alt="Listen" width="20" height="20" border="0"/>
</a>
```

(5) 在 <table> 标记中输入 style="font-family: Arial, Helvetica, sans-serif; font-size: 12px;" 代码，也可以通过【样式生成器】进行样式设置，将光标定位在 <table> 标记上，在【属性】窗口中找到 style 属性，单击 style 属性后的 ... 按钮，此时弹出【修改样式】对话框，如图 2-12 所示。设置完样式后，删除 <table> 标记中的 class="style1" 这段代码。

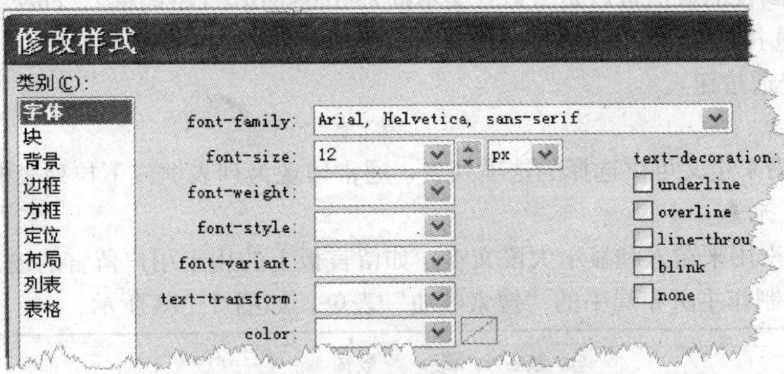

图 2-12 “修改样式”对话框

(6) 在表格的第一个＜tr＞标记中输入style="font-weight：bold"，或使用【样式生成器】进行设置。

备注：

font-family中输入了三种字体Arial、Helvetica和sans-serif，其作用是浏览器首先选择字体Arial，如果没有此字体，则选择Helvetica，若Helvetica字体也没有，则选择sans-serif。

2.10 表　　单

表单是收集用户输入的常用方法，它是一个包含表单元素和相应布局信息的区域。用户通过文本框、单选按钮、复选框和下拉列表框等表单元素以输入或选择的方式来实现数据的输入，然后单击【提交】按钮提交表单到某一动态页面进行数据处理。表单的基本语法格式如下：

```
<form id="" action="url" method="post|get">
    表单元素及布局信息
</form>
```

其中，action属性指定表单提交到的动态处理页面的URL地址，method属性指定表单的提交方式，其值有两个：post和get。

备注：

这种表单的处理方式在ASP .NET中几乎不再使用，ASP .NET中的表单需要在表单中增加一个runat属性，且其只有一个属性值“server”，ASP .NET中的表单也不需要提交到其他页面去处理，直接在本页面中处理即可。

表单元素包括3类：Input元素、Select元素及Textarea元素。

1) Input元素

在HTML中，Input元素是表单中最重要和常用的元素，它通过type属性来指定znput元素的类型。type属性的取值可以是text（文本框）、password（密码框）、checkbox（复选按钮）、radio（单选按钮）、submit（提交按钮）、reset（重置按钮）、file（文件）、hidden（隐藏）、button（普通按钮）。

2) Select元素

Select元素用来定义可供选择的选项列表，通常体现为列表框或下拉列表框。

3) Textarea元素

Textarea元素用来输入和显示大段文本，如留言板上的用于用户留言的输入框。

【例2-7】 制作主页布局中的“搜索歌曲”表单，如图2-13所示。

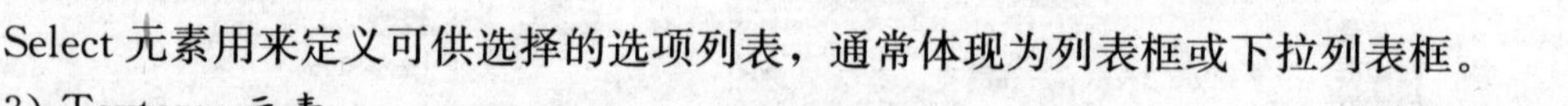

图2-13　搜索歌曲表单

实现步骤如下。

（1）打开 index. htm 页面，在 <body> 和 </body> 之间输入如下代码。

```
<form id="search" action="#" method="post">
</form>
```

（2）切换到设计视图，插入一个 1×5 的表格，各个列的宽度依次为 4%、29%、31%、14%、22%。

（3）从工具箱中拖曳一个 div 放在表格的第一个单元格内，设置 div 的背景图片为 search. jpg，高度为 30px。

（4）从工具箱中拖曳一个 Input（Text）放到第二个单元格内，设置其宽度为 200px。

（5）从工具箱中拖曳一个 Input（Radio）放到第三个单元格内，在其旁边输入“歌名”，依次再拖入两个 Input（radio）。

（6）从工具箱中拖曳一个 Input（Button）放到第四个单元格内，在属性窗口中删除 value 属性的属性值 button。通过【样式生成器】设置其背景图片为 btnSearch. jpg。

（7）最后一个单元格内用来显示用户的欢迎信息，设置单元格属性：align＝"right" style＝"color：＃0066FF；"。

```
<form id="search" action="#" method="post">
        <table border="0" cellpadding="0" cellspacing="0">
            <tr>
                <td width="4%">
                    <div id="serachTip"
                            style="background-image: url('Images/search.jpg'); height:
                            30px;"></div>
                </td>
                <td width="29%">
                    <input type="text" id="txtSearch" style="width:200px"/>
                </td>
                <td width="31%">
                    <input id="radio1" type="radio" checked="checked"/>
                     歌名
                    <input type="radio" id="radio2"/>
                     歌手
                    <input type="radio" id="radio3"/>
                     歌词
                </td>
                <td width="14%">
                    <input id="Button1" style="background-image:url('Images/btnSearch.
                    jpg');width:86px;height:26px;" type="button"/>
                </td>
```

```
                <td width="22%" align="right" style="color:#0066FF;">
                    欢迎你:孙悟空
                </td>
            </tr>
        </table>
    </form>
```

2.11 框　架

通过使用框架（frame），你可以在同一个浏览器窗口中显示多个页面。一个 frame 对应一个页面文档，想在浏览器中显示几个页面就需要几个 frame，可以为每个框架起个名称，以便引用。XHTML 1.0 Transitional 不支持框架结构，因此，在开发框架页时，需要使用 XHTML 1.0 Frameset 或是 HTML 4.01。

2.11.1 框架结构

框架结构（frameset），也称为框架集，框架结构是框架的容器，定义包含在其中的一个或多个框架如何排列及所占比例。rows | colums 属性定义包含在框架结构中的框架或框架结构是水平排列还是垂直排列，其属性值决定了各个部分占的大小比例。含框架结构的页面不能含有 body 标记。框架结构的语法如下。

```
<html>
<head>
    <title>无标题页</title>
</head>
<frameset rows="20%,*">
<frame name="框架名称" src="此框架中显示的页面的 URL 地址"/>
<frame name="框架名称" src="此框架中显示的页面的 URL 地址"/>
</frameset>
</html>
```

2.11.2 浮动框架

浮动框架（iframe）是一种较为特殊的框架，它是在普通的页面中嵌入框架窗口，这个框架窗口相当于在普通页面中划分出来的独立区域，用来显示其他页面中的内容。浮动框架就像是漂浮在页面上的一个子窗口，因此得名。其基本语法如下：

```
<iframe name="框架名称" src="在框架中显示的页面的 URL 地址">
</iframe>
```

若想去掉浮动框架的滚动条需设置 scrolling="no"，若想不显示边框，需设置 frameborder="0"，frameborder 只能取 0 或 1，0 表示不显示边框，1 为默认值，表示显示边框。

2.11.3 框架与链接

大部分情况下，在页面中添加框架是为了更好地对页面进行导航。一般情况下，在页面中合适的位置设置导航，单击导航中的超链接，将超链接所指向的文档在框架中打开。那么怎样设置超链接所指向的文档在框架中打开呢？这时，需要使用超链接标记的 target 属性，让 target="框架的 name 值" 即可。

2.12 XML

和 HTML 及 XHTML 不同，XML 被设计用来结构化传输和存储数据。XML 文档是一种树状结构的文本。XML 标记没有预定义，需要自行定义标记，如例 2－8 代码中的 <bookstore> 标记，也可以用其他的标记如 <books>，只要遵守命名规则即可。

XML 标记必须遵循以下命名规则：

(1) 名称可以含字母、数字以及其他的字符；

(2) 名称不能以数字或者标点符号开始；

(3) 名称不能以字符"xml"（或者 XML、Xml）开始；

(4) 名称不能包含空格。

XML 元素指的是从（且包括）开始标记直到（且包括）结束标记的部分。元素可包含其他元素、文本或者两者的混合物。元素也可以在开始标记中包含属性。在例 2－8 中，<bookstore> 和 <book> 都拥有元素内容，因为它们包含了其他元素。<author> 只有文本内容，因为它仅包含文本。<book> 元素拥有属性（category="CHILDREN"）。

XML 语法规则：

(1) 第一行是 XML 声明，它定义 XML 的版本和所使用的编码；

(2) 所有的 XML 元素必须有结束标记，XML 声明除外，它不属于 XML 标记；

(3) XML 标记大小写敏感；

(4) XML 元素必须正确嵌套；

(5) XML 文档必须有根元素；

(6) XML 属性值必须加双引号；

(7) XML 的注释为 <!--注释内容-->。

【例 2－8】 设计一个 XML 文档用来存储书籍信息。

```
<?xml version="1.0" encoding="utf-8"?>
<bookstore>
    <book category="COOKING">
        <title>Everyday Italian</title>
        <author>Giada De Laurentiis</author>
        <year>2005</year>
        <price>30.00</price>
    </book>
    <book category="CHILDREN">
        <title>Harry Potter</title>
        <author>J K. Rowling</author>
        <year>2005</year>
        <price>29.99</price>
    </book>
</bookstore>
```

项 目 任 务

项目任务——设计页面的页头及页脚部分

使用表格及 div 标记设计页面的页头及页脚部分。使用表格布局的核心在于设计一个能满足版式要求的表格结构，然后将内容装入每个单元格中。网站内所有页面的页头及页脚均一样，图 2-14 为页头及页脚的设计效果。

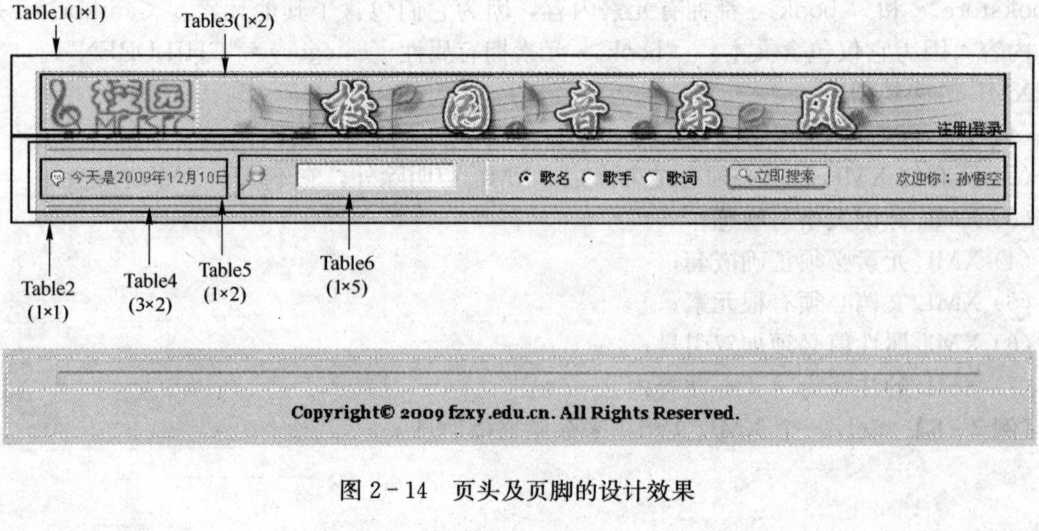

图 2-14 页头及页脚的设计效果

【实现方法】

页头部分：

（1）新建一个 header. htm 页，设置 <body> 的 style="background-image：url（'Images/back. jpg '）"，插入两个 1×1 表格，设置第一个表格的 id="table1"，第二个表格的 id="table2"，两个表格的 width="760"，页面中涉及的所有表格的 border="0" cellpadding="0" cellspacing="0"，以后将不再特殊说明。

（2）将光标定位在 table1 的单元格（td）中，插入一个 1×2 的表格，设置其属性 id="table3" width="100%"，设置第一个单元格的 id="logo" width="120" style="height：50px；background-image：url（'Images/logo. jpg '）"，第二个单元格的 width="640" valign="bottom" style="background-image：url（'Images/headerRight. jpg '）"。在第二个单元格中加一个 div 标记，设置其属性 id="headerRight" align="right" style="line-height：180%；"。在 div 标记里加入一个超链接，代码为 <a href="reg. htm"> 注册 </a>|<a href="login. htm"> 登录 </a>。

（3）将光标定位在 table2 的单元格中，插入一个 3×2 表格，id="table4" width="100%"，在设计视图中选中第一行中的第一个单元格，然后按住键盘上的 Ctrl 键不放，选中第二个单元格，在选中的区域上右击，在弹出的级联菜单上选择【修改】→【合并单元格】，用同样的方法将第三行的两个单元格合并。然后从工具栏中拖曳一个 Horizontal Rule（横线）放置于 table4 的第一行中，同样的方法在第三行中也放入一个横线。

（4）在 table4 的第二行第一个单元格中插入一个 1×2 表格，设置其 id="table5"；在第二行第二个单元格中插入一个 1×5 的表格，设置其 id="table6"。在 table5 的第一个单元格的 width="16"，并在其中放入一个 div 标记，设置 div 的 id="tip" style="background-image：url（'images/tip. jpg '）；height：30px；"，设置第二个单元格的属性 width="144" style="line-height：150%；color：#448B49；"，并在第二个单元格中（<td> 和 </td> 之间）输入日期文字如“今天是 2009 年 12 月 10 日”。

（5）关于 table6 的设置方法见例 2-7。

（6）把（1）到（5）步骤中生成的代码放到下面的 div 标记中，该 div 标记用来设置整个页面的对齐方式，字体 family 和字体大小。最后，删除所有 table 标记中的 class="style1"。

```
<body>
    <div align="center" style="font-family:Arial,Helvetica,sans-serif;font-size:12px;">
        (1)到(5)步骤中生成的代码全部放在这里。
    </div>
</body>
```

页脚部分：

（1）新建一个 footer. htm 页，设置 <body> 的 style="background-image：url（'Images/back. jpg '）"，插入一个 2×1 表格，设置属性 width="760" style="height：60px"，删除 class="style1"。

（2）从工具栏中拖曳一个 Horizontal Rule（横线）放入第一行的单元格中，设置横线的 width="90%"。

(3) 在第二行的单元格中写入如下文字，设置单元格属性 style="font-family：Georgia，Times New Roman，Times，serif；font-weight：bold；line-height：22px"。

```
Copyright & copy;2009 fzxy. edu. cn. All Rights Reserved.
```

(4) 参照页头的实现步骤（6）用 div 标记设置整个页面的对齐方式，字体 family 和字体大小。

备注：

line-height 指的是行间距；设置整个页面范围的背景图片，需要通过 body 标记进行设置；用 div 标记控制整个页面中的元素水平居中（align="center"），且包含在其中的最外层的表格宽度为 760，这样就使整个页面的宽度为 760 且居中，满足了页面布局要求；在 div 中设置了整个页面的字体的样式，如有的元素需要不同的字体样式，则直接在相应的标记中设置字体样式即可，如 table5 的第二个单元格中的日期的字间距、字体颜色和 div 标记中的设置不一样，需要在此单独地设置。

项目任务——实现会员后台管理主页面

使用表格布局会员后台管理主页面。页面的运行效果如图 2-15 所示。

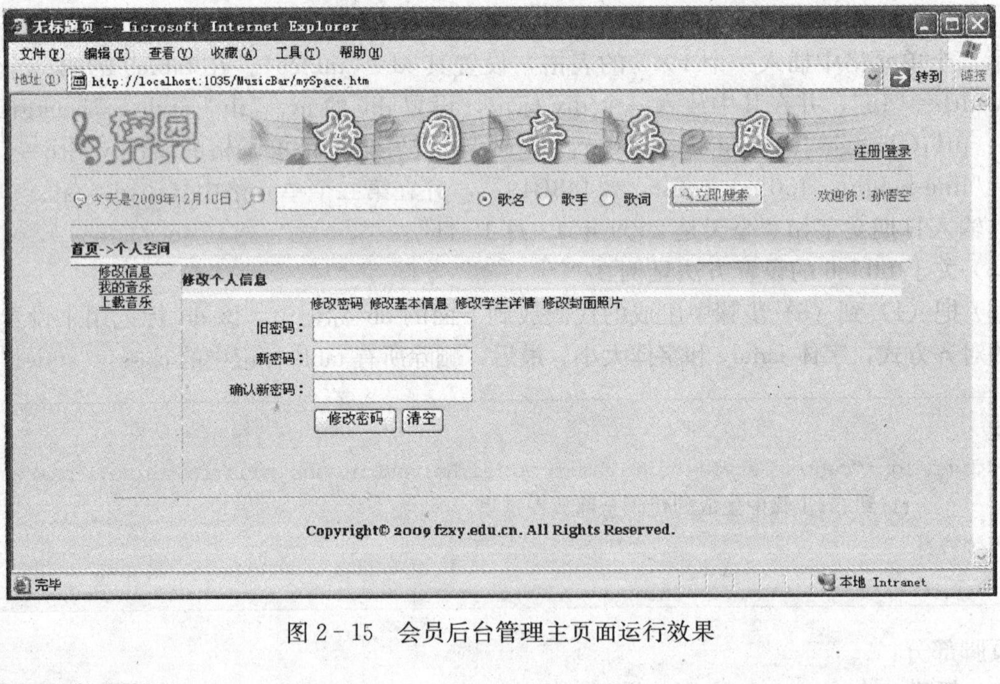

图 2-15　会员后台管理主页面运行效果

【实现方法】

(1) 使用表格布局 mySpace. htm 页面的中间部分，如图 2-16 所示。

(2) 制作 modifyInfo. htm、myMusic. htm、uploadMusic. htm 页面，这 3 个页面在浮动框架中打开，没有页头和页脚。modifyInfo. htm 页面如图 2-15 在浮动框架中的部分所示；muMusic. htm 的设计效果如图 2-17 所示；uploadMusic. htm 的设计效果如图 2-18 所示。

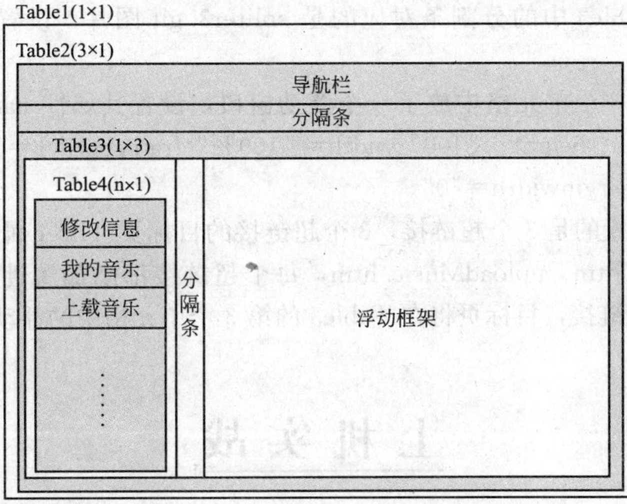

图 2－16 mySpace. htm 页面的布局

图 2－17 myMusic. htm 页面设计效果

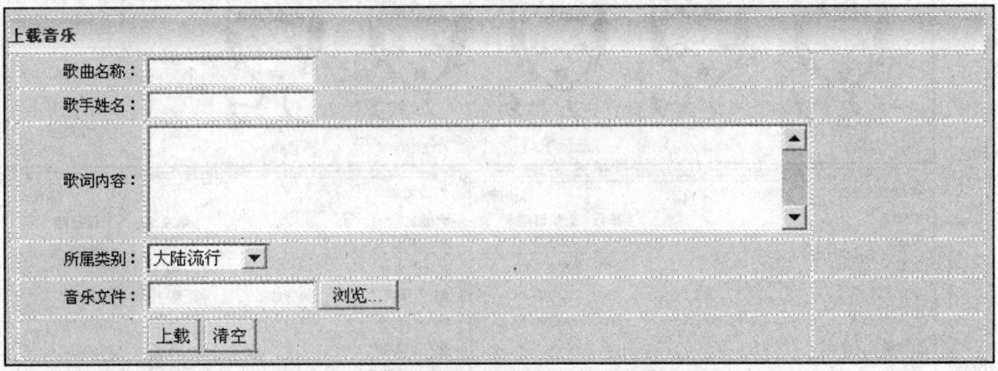

图 2－18 uploadMusic. htm 页面设计效果

（3）将页头及页脚部分的代码复制到 mySpace. htm 页面的源代码部分。

（4）将相应的元素填入表格的相应的单元格中，Table2 中的导航栏中放置的是返回首页的超链接，导航栏的背景是一个颜色渐变的图片 bgTitle. jpg，Table2 中的分隔条对应的是

spliter4. gif 图片，Table3 中的分割条对应的是 spliter3. gif 图片，设置单元格的背景图片即可。

(5) Table3 的第 3 个单元格中放了一个浮动窗口，设置其属性 name＝"mainContent" src＝"modifyInfo. htm" height＝"400" width＝"100%" frameborder＝"0" scrolling＝"no" marginheight＝"0" marginwidth＝"0"。

(6) Table4 中放置的是 3 个超链接，3 个超链接的目标页（href 属性）分别为 modifyInfo. htm、myMusic. htm、uploadMusic. htm，每个超链接都添加属性 target＝"mainContent"，单击这 3 个超链接，目标页将在 Table3 的第 3 个单元格中的浮动窗口中打开。

上 机 实 战

上机实战——完成校园音乐吧网站主页的制作

【要点提示】

用表格设计一个满足主页布局的表格结构，如图 2－19 所示。首先是上下两个平行的表格 Table1 和 Table2，并设 Table1 和 Table2 的宽度为 760；Table1 是一个 3×1 的表格，第 1 行和第 3 行的背景图片为 spliter2. jpg，起到分隔效果，第 2 行的单元格中嵌套 Table3 (1×2)，Table3 的两个单元格中分别嵌套 Table4 和 Table5，Table4 用来显示 5 个新注册的用户的照片和名字超链接，Table5 是一个注册表单。

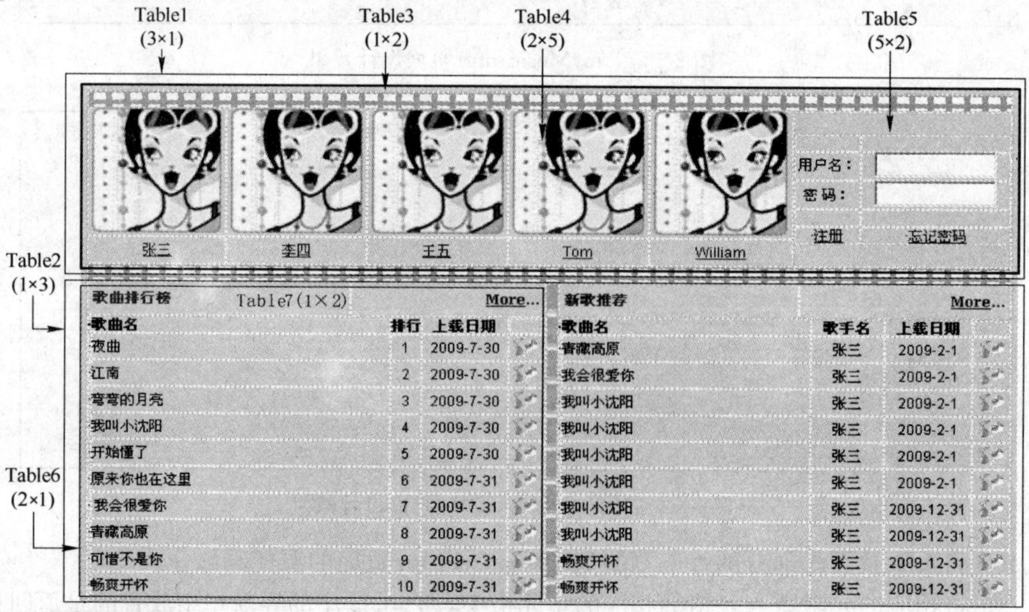

图 2－19　主页布局

Table2 是一个 1×3 表格，第 2 个单元格的背景图片为 spliter3. gif，起分隔作用，第 1 和第 3 单元格里的布局是一样的，嵌套 2×1 的表格 Table6，Table6 的第 1 行的单元格中嵌套 1×2 的表格 Table7，第 2 行的单元格中放置的内容见例 2-6。

上机实战——实现管理员后台管理主页面

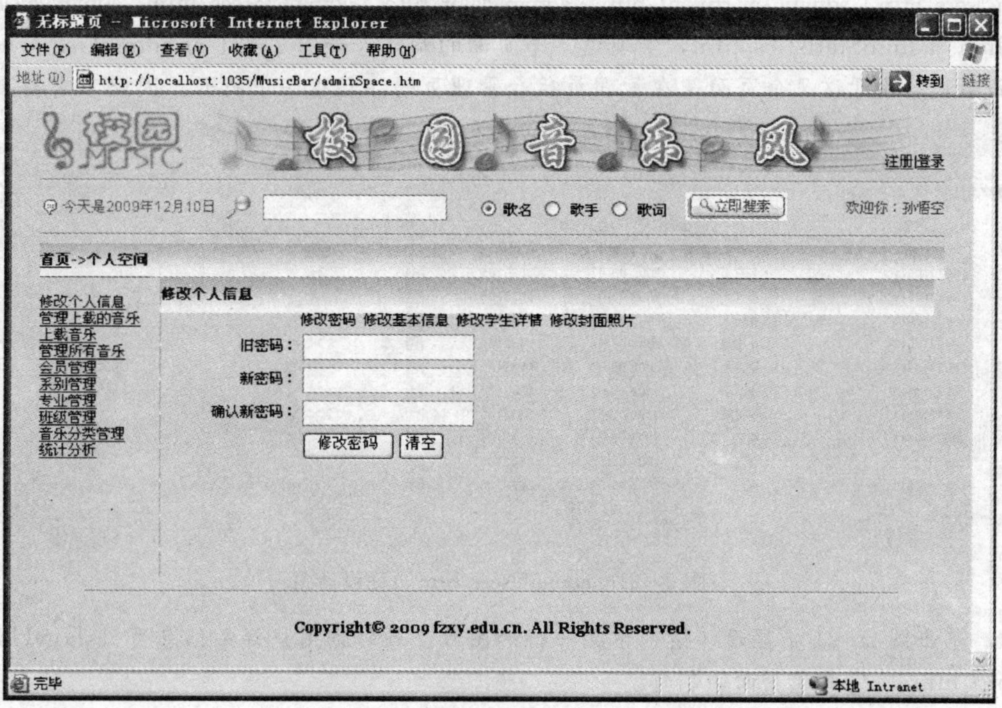

图 2-20 管理员后台管理主页面

【要点提示】

因为管理员后台管理主页面和会员后台管理主页面的布局一致，因此仿照项目任务中的制作步骤制作管理员后台管理主页面即可，唯一不同的地方就是 Table4 中的超链接，本例中多出 7 个超链接，分别跳转至 adminAllMusic. htm、adminUsers. htm、adminDepartment. htm、adminMajor. htm、adminClasses. htm、adminMusicCategory. htm、adminStatistics. htm 页面，注意超链接 target 属性的设置。

习 题

1. 单击主页左侧的"More..."超链接会跳转到音乐排行页面（moreHotMusic. htm），单击右侧的"More..."超链接会跳转到新歌推荐页面（moreNewMusic. htm），完成这两个页面的制作。

2. 单击主页上的用户照片，会跳转到用户基本信息页（showUserBasicInfo. htm），完成此页面的制作。

3. 如果用户忘记了密码，应该提供一种机制可以让用户找回密码，单击主页上的“忘记密码”超链接会跳转到找回密码页（getpassword. htm），完成此页面的制作。

4. 单击主页上的立即搜索按钮会弹出搜索页面（search. htm），完成此页面的制作。

5. 单击管理员后台管理页面左侧的第 4 到第 10 超链接，会分别跳转到 adminAllMusic. htm、adminUsers. htm、adminDepartment. htm、adminMajor. htm、adminClasses. htm、adminMusicCategory. htm、adminStatistics. htm，实现这 7 个页面的制作。如图 2-21 为 adminUsers. htm 的页面设计图。由于这 7 个页面是在管理员后台管理页的浮动框架中打开，因此不需要页头和页脚。

图 2-21　adminUsers. htm 页面设计图

6. 单击图 2-21 中显示详情列中某一行的图片会跳转到用户详细信息页（showUserDetailInfo. htm），完成此页面的制作。

7. 制作登录页面。

8. 制作注册页面。

9. 当用户单击页面中的  图标，就会弹出在线欣赏音乐（playMusic. htm）页面播放音乐，完成此页面的制作。

第3章 DHTML基础

本章要点

◆ DOM 模型概念及 DOM 元素访问方法

◆ JavaScript 语法、事件、对象与使用方法

◆ CSS 语法及引用方法

3.1 DHTML 概念

我们在很多站点的页面中可以看到这样的页面效果——当浏览者将鼠标指针移动到页面导航条上时，会动态地弹出一个菜单，在该菜单中移动鼠标，所指向的菜单项变为红色显示；如果将鼠标指针移出菜单所在范围，则菜单自动隐藏；如果将鼠标指针移动到导航条上另外一个区域，则会弹出另外一个菜单。这种效果非常类似于 Windows 应用程序的特性。

要实现上述效果，仅仅依赖于第 2 章讲述的 HTML 技术是做不到，需要引入动态 HTML 的概念。DHTML 是 Dynamic HTML 的简称，即动态 HTML，它是 HTML、CSS（Cascading Style Sheets，层叠样式表）和客户端脚本的一种集成。在 DHTML 中，使用 HTML 表示页面中的各种页面元素对象，它们是被动态操纵的内容；CSS 用来对页面对象元素进行修饰，从而获得各种效果；使用客户端脚本（例如 JavaScript）操纵 Web 页上的 HTML 和 CSS，达到各种动态显示效果。

3.2 DOM 模型

DOM 是 Document Object Model 文档对象模型的缩写。根据 W3C DOM 规范（http://www.w3.org/DOM/），DOM 是一种与浏览器、平台、语言无关的接口，使得用户可以访问页面中其他的标准组件。简单理解，DOM 解决了 Netscape 的 JavaScript 和 Microsoft 的 JScript 之间的冲突，给 Web 设计师和开发者一个标准的方法，让他们来访问站点中的数据、脚本和表现层对象。

1998 年，W3C 发布了第一级的 DOM 规范。这个规范允许访问和操作 HTML 页面中的每一个单独的元素。DOM 被分为不同的部分（核心 DOM、XML DOM 及 HTML DOM）

和级别（DOM Level 1/2/3）：核心 DOM 定义了一套标准的针对任何结构化文档的对象。XML DOM 定义了一套标准的针对 XML 文档的对象。HTML DOM 定义了一套标准的针对 HTML 文档的对象。

HTML DOM 定义了访问和操作 HTML 文档的标准方法，它把 HTML 文档呈现为带有元素、属性和文本的树结构（节点树）。通过 JavaScript，可以重构整个 HTML 文档，包括添加、移除、改变或重排页面上的元素，实现与用户的交互。

本节主要介绍 HTML DOM 模型相关知识。

3.2.1 DOM 节点

HTML 文档中的每个成分都是一个节点，所有的节点组成了一个文档树（或节点树）。HTML 文档中的每个元素、属性、文本等都代表着树中的一个节点。节点主要分为如下几种。

- 文档节点：是指整个文档。
- 元素节点：指每个 HTML 标签。
- 文本节点：包含在 HTML 元素中的文本。
- 属性节点：每一个 HTML 属性。
- 注释节点：注释。

3.2.2 DOM 节点树

考虑如下代码：

```
<html>
  <head>
    <title>文档标题</title>
  </head>
  <body>
        <h1>校园音乐吧</h1>
        <a href="http://www.sohu.com">我的链接</a>
  </body>
</html>
```

上述代码的文档树如图 3-1 所示。树起始于文档节点，并由此继续伸出枝条，直到处于这棵树最低级别的所有文本节点和属性节点为止。

<html> 为根元素节点，<head>、<body>、<tilte>、<a>、<h1> 元素节点，“文档标题”、“我的链接”、“我的标题”为文本节点，href 为属性节点。

除文档节点之外的每个节点都有父节点。例如，<head> 和 <body> 的父节点是 <html> 节点，文本节点“校园音乐吧”的父节点是 <h1> 节点。

大部分元素节点都有子节点。例如，<head> 节点有一个子节点是 <title> 节点。<title> 节点也有一个子节点：文本节点“文档标题”。

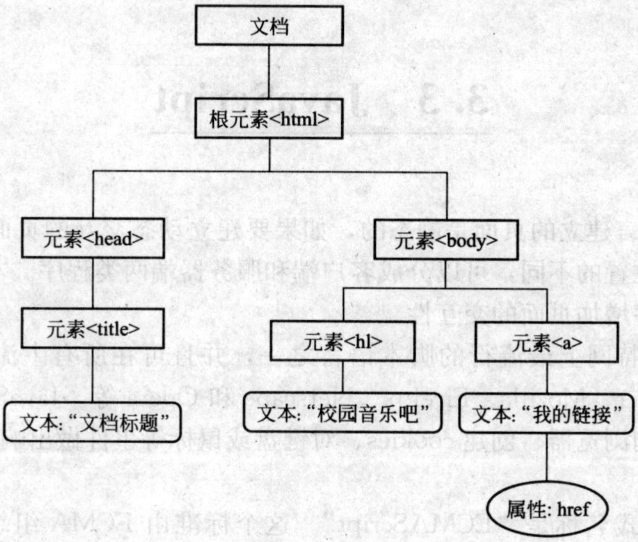

图 3－1　HTML 文档树

当节点分享同一个父节点时，它们就是同辈（同级节点）。例如，＜h1＞ 和 ＜a＞ 是同辈，因为它们的父节点均是 ＜body＞ 节点。

节点也可以拥有后代，后代指某个节点的所有子节点，或者这些子节点的子节点。例如，所有的文本节点都是 ＜html＞ 节点的后代。

节点也可以拥有先辈。先辈是某个节点的父节点，或者父节点的父节点，以此类推。例如，所有的文本节点都可把 ＜html＞ 节点作为先辈节点。

3.2.3　DOM 节点信息

每个节点都拥有包含着关于节点某些信息的属性，这些属性是：

- nodeName（节点名称）；
- nodeValue（节点值）；
- nodeType（节点类型）。

nodeName 属性表示节点的名称，不同类型的节点稍微有些差异。

对于元素节点，nodeName 是标签名称；对于属性节点，nodeName 是属性名称；对于文本节点，nodeName 永远是“＃text”；对于文档节点，nodeName 永远是“＃document”。

nodeValue 属性表示节点值。对于文本节点，nodeValue 属性是节点包含的文本；对于属性节点，nodeValue 属性包含的是属性值；nodeValue 属性对于文档节点和元素节点是不可用的。

nodeType 属性是可返回节点的类型。主要的节点类型的 nodeType 属性值如表 3－1 所示。

表 3－1　节点类型及 nodeType 属性值表

节点类型	nodeType 值	节点类型	nodeType 值
元素	1	注释	8
属性	2	文档	9
文本	3		

3.3 JavaScript

利用HTML语言建立的页面是静态的，如果要建立动态交互的页面，需要在网页中加入程序，依照执行位置的不同，可以分成客户端和服务器端两类程序。本节主要介绍如何在客户端使用脚本程序增加页面的交互性。

JavaScript是因特网上最流行的脚本语言之一，并且可在所有主流浏览器中运行，例如，Internet Explorer、Mozilla、Firefox、Netscape和Opera等。JavaScript被用来改进设计、验证表单、检测浏览器、创建cookies、对键盘或鼠标等事件做出响应、读写HTML元素等。

JavaScript的正式名称是"ECMAScript"。这个标准由ECMA组织发展和维护。ECMA-262是正式的JavaScript标准，它是基于JavaScript（Netscape）和JScript（Microsoft）的。ECMA-262的开发始于1996年，在1997年7月，ECMA会员大会采纳了它的首个版本。在1998年，该标准成为了国际ISO标准（ISO/IEC 16262）。目前，这个标准仍然处于发展之中。

3.3.1 在HTML中使用JavaScript

在HTML文件中，有两种方式使用JavaScript。第一种方法是直接将JavaScript脚本程序代码放在当前的HTML文档中。语法如下：

```
<script language="javascript">
    <!--
        JavaScript程序代码
    //-->
</script>
```

除了上述方法外，还有一种使用方法。可以将JavaScript程序代码写在一个单独的脚本文件中（.js文件）。然后使用如下代码在HTML文档中引入该脚本文件。

```
<script language="javascript" type="text/javascript" src="js/main.js">
</script>
```

尽管可以在网页的任何地方使用<script>标记，但是最好还是放在<head>标记之内，便于维护。

3.3.2 JavaScript语法

JavaScript是一种脚本语言，其语法和C/C++、Java、C#语言有许多相似的地方，大家在学习时，可以比较着学习。本节就简单介绍一下JavaScript语法。

1. 变量

变量是用于存储信息的容器。在 JavaScript 中，不须需要显示说明变量的类型，浏览器会根据变量的值决定变量的类型。变量名必须以字母或下划线开始，而且区分大小写。

变量说明的关键字是 var，其语法如下。

```
var 变量名;
```

下面 2 行代码声明了 3 个 JavaScript 变量：

```
var  x,y;
var  name;
```

在以上声明之后，变量并没有值，不过可以在声明它们时向变量赋值：

```
var x=5,y=10;
var name="xiaoming";
```

在为变量赋文本值时，请为该值加引号，name 就被认为是一个字符串变量，而 x 和 y 则被认为是整型变量。

除了在声明变量时为变量赋值外，也可以通过赋值语句向 JavaScript 变量赋值：

```
x=50;
name="zhangsan";
```

变量名在“=”的左边，值在“=”的右侧。

在以上语句执行后，变量 x 中保存的值是“50”，而 name 的值是“zhangsan”。

2. 运算符

JavaScript 运算符与 C/C++或 C#语言中的运算符非常相似，主要分为算术运算符、赋值运算符、比较运算符、逻辑运算符、条件运算符。

算术运算符用于执行变量或值之间的算术运算。包括加（+）、减（-）、乘（*）、除（/）、求余数（%）、累加（++）、递减（--）。

赋值运算符用于给 JavaScript 变量赋值，包括=、+=、-=、*=、/*、%=。

比较运算符在逻辑语句中使用，以测定变量或值是否相等。包括等于（==）、全等于（===，表示值和类型都相同）、不等于（! =）、大于（>）、小于（<）、大于等于（>=）、小于等于（<=）。

逻辑运算符用于测定变量或值之间的逻辑，主要包括与（&&）、或（||）、非（!）。

条件运算符和 C#语言中的一样，语法如下：

```
variablename=(condition)?value1:value2
```

【例 3-1】 根据角色变量不同，显示不同的欢迎信息。

```
<script language="javascript">
        var role="admin";//可以尝试赋其他值
        var welcome=(role=="admin")?"Hello,administrator!":"Hello"+role;
        alert(welcome);
</script>
```

如果变量 role 中的值是“admin”，则向变量 welcome 赋值“Hello，administrator!”，否则赋值“Hello”和角色的名称。你可以尝试将 role 的内容修改一下，看看程序结果。

备注：

需要特别强调的是，可以使用运算符“+”连接两个或多个字符串。在 JavaScript 中，字符串可以使用单引号，也可以使用双引号括起来。

如果把数字与字符串相加，结果将成为字符串。

3. 语句

JavaScript 中的语句和 C/C++语言中的语句几乎是一样的，主要包括条件语句和循环语句。

1) if 语句

在一个指定的条件成立时执行代码。主要包括如下 3 种格式：

格式 1：

```
if(条件)
{
语句;
}
```

在指定的条件成立时执行代码。

格式 2：

```
if(条件)
{
    语句 1;
}
else
{
    语句 2;
}
```

在指定的条件成立时执行语句 1，当条件不成立时执行语句 2。

格式 3：

```
if(条件 1)
{
    语句 1;
}
else if(条件 2)
{
    语句 2;
}else if(条件 3)
{
    语句 3;
}
```

使用这个语句可以选择执行若干块代码中的一个。

if 语句中的语句也可以再包括 if 语句，形成 if 语句嵌套形式。

2）switch 语句

使用 switch 语句可以选择执行若干块代码中的一个，如果没有匹配的值，就执行 default 中定义的语句，语法格式如下。

```
switch(变量)
{
    case 值 1:
        语句 1;
        break;
    case 值 2:
        语句 2;
        break;
    case 值 3:
        语句 3;
        break;
    default:
        语句 n;
}
```

3）for 语句

在运行次数已确定的情况下使用 for 循环，语法格式如下。

```
for(变量=开始值;变量<=结束值;变量=变量+步进值)
{
    需执行的代码
}
```

【例 3-2】 使用 for 语句循环打印循环变量 i。

```
<html>
<body>
<script type="text/javascript">
var i=0
for(i=0;i<=10;i++)
{
document.write(i)
document.write("<br/>")
}
</script>
</body>
</html>
```

本例调用 document 对象的 write 方法，循环 11 次打印循环变量 i 和
 字符串。在 html 标记中，
 是用来换行的。

程序运行结果如图 3－2 所示。

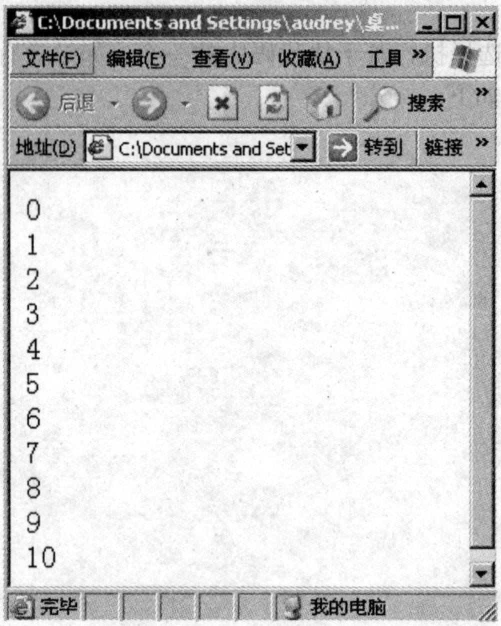

图 3－2 例 3－2 程序运行结果

4）while 语句

while 循环用于在指定条件为真时循环执行代码块中的代码，语法格式如下：

```
while(变量<=结束值)
{
    需执行的代码
}
```

5）do while 语句

利用 do...while 循环在指定条件为 true 时来循环执行代码。即使条件为 false 时，这种循环也会至少执行一次。这是因为在条件被验证前，这个语句就会执行。

6）break 语句

使用 break 语句来终止循环。

7）continue 语句

使用 continue 语句来终止当前循环，然后从下一个值继续执行。

8）for...in

用于遍历数组或者对象的属性。for ... in 循环中的代码每执行一次，就会对数组的元素或者对象的属性进行一次操作，语法格式如下：

```
for(变量 in 对象)
{
    在此执行代码
}
```

4. 注释

JavaScript 注释分两种，一种是单行注释，另一种是多行注释。单行的注释以//开始。多行注释以/ * 开头，以 * /结尾。

5. 函数

函数是由事件驱动的或者当它被调用时执行的可重复使用的代码块，函数定义的语法格式如下：

```
function 函数名(var1,var2,...,varX)
{
  代码;
}
```

其中 var1，var2 等指的是传入函数的变量或值。“{”和“}”定义了函数的开始和结束。如果函数没有参数，也不能省略函数名后的小括号。函数可以使用 return 语句从函数返回特定的值。

在函数内声明了一个变量后，就只能在该函数中访问该变量，当退出该函数后，这个变量会被撤销。这种变量称为局部变量。用户可以在不同的函数中使用名称相同的局部变量，这是因为只有声明过变量的函数能够识别其中的每个变量。

如果在函数之外声明了一个变量，则页面上的所有函数都可以访问该变量。这些变量的生存期从声明它们之后开始，在页面关闭时结束。

【例 3-3】 分析下列程序的运行结果。

```
<html>
<head>
<script type="text/javascript">
function displaymessage()
{
alert("Hello World!")
}
</script>
</head>
<body>
<form>
<input type="button" value="Hello!" onclick="displaymessage()">
</form>
</body>
</html>
```

假如上面的例子中的 alert（"Hello world!"）没有被写入函数，那么当页面被载入时它就会执行。现在，我们给按钮添加了 onClick 事件，并在 onClick 事件内调用了 displaymessage() 函数，这样只有当用户击中“Hello!”按钮时，脚本才会执行。显示一个“Hello World!”的对话框。

3.3.3 JavaScript 事件

JavaScript 能创建动态页面。事件是可以被 JavaScript 侦测到的行为。网页中的每个元素都可以产生某些可以触发 JavaScript 函数的事件。例如，可以在用户单击某按钮时产生一个 onClick 事件来触发某个函数。事件在 HTML 页面中定义。事件主要有鼠标事件和键盘事件。

下面介绍几个常用的事件。

1. onload 和 onUnload

当用户进入页面时触发 onload 事件，离开页面时就会触发 onUnload 事件。onload 事件常用来检测访问者的浏览器类型和版本，然后根据这些信息载入特定版本的网页。

2. onFocus，onBlur 和 onChange

onFocus、onBlur 和 onChange 事件通常相互配合用来验证表单。当一个对象获得焦点时就会触发 onFocus 事件，失去焦点时会触发 onBlur 事件，当文本框中的内容发生变化时会触发 onChange 事件。下面是一个使用 onChange 事件的例子。用户一旦改变了输入框的内容，checkE-mail()函数就会被调用。

```
<input type="text" size="30" id="E-mail" onchange="checkE-mail()">
```

3. onSubmit

当用户单击表单中的确认按钮时，会触发 onSubmit 事件，通常在该事件中验证页面所有的表单域。

4. onMouseOver 和 onMouseOut

当鼠标悬停在页面某个对象之上时，触发 onMouseOver，当移出该对象时触发 onMouseOut 事件。

3.3.4 JavaScript 对象

JavaScript 是面向对象的编程语言，允许用户定义自己的对象。对象是一种特殊的数据类型，它拥有方法和属性。JavaScript 能把浏览器的各个元件和信息作为对象读取出来，然后通过改变对象的值来动态修改浏览器元素和信息的表现内容。

JavaScript 的对象分为以下 4 种类型。

- 用户自定义对象：由程序人员根据需要自己创建的对象。
- 内置对象：JavaScript 语言自身提供的对象。包括 String、Array、Boolean、Number、Date、Math 和 RegExp。
- 浏览器对象：不是 JavaScript 语言自身的一部分，通常被大多数浏览器所支持的对象，包括 Window、navigator、location、history。
- 文档对象：是 DOM 的一部分。可以通过 document 对象来访问，包括 forms、button、text、radio 等。

图 3-3 是 JavaScript 语言的蓝图，包括了 JavaScript 对象模型。

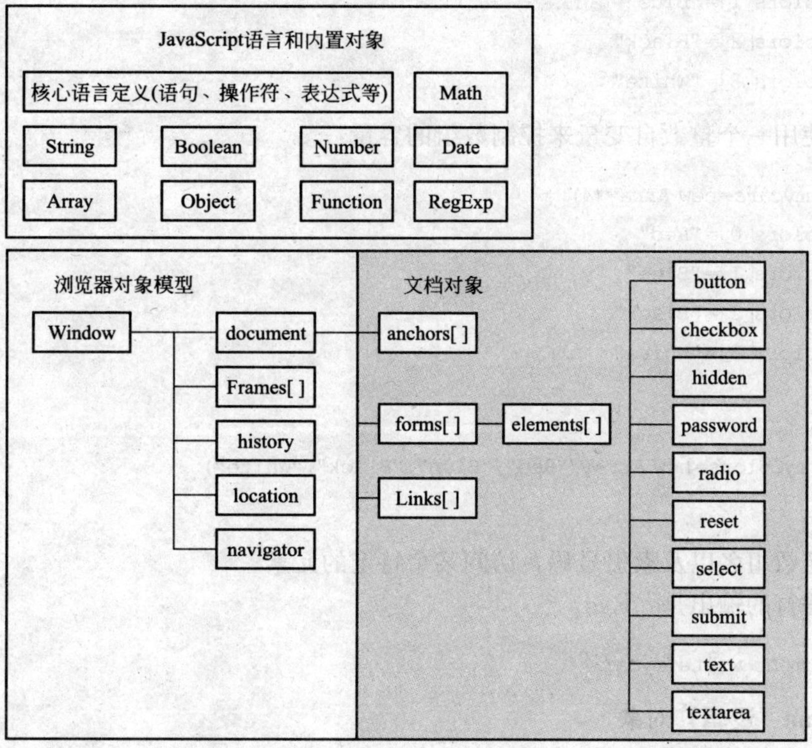

图 3－3 JavaScript 蓝图

首先介绍一下 JavaScript 几个内置对象。

1. String（字符串）对象

String 表示字符串，主要有如下几个方法和属性。

length 属性：计算字符串的长度。

indexOf 方法：定位字符串中某一个指定的字符首次出现的位置。

replace 方法：在字符串中用某些字符替换另一些字符。

substring 方法：取子串。

2. Array（数组）对象

数组对象的作用是使用单独的变量名来存储一系列的值。

定义数组：

可以使用关键词 new 来创建数组对象。下面的代码定义了一个名为 myArray 的数组对象。

```
var myArray=new Array();
```

有两种向数组赋值的方法（你可以添加任意多的值，就像可以定义你需要的任意多的变量一样）。

方法 1：

```
var myColors=new Array()
myColors[0]="Red"
```

```
myColors[1]="Blue"
myColors[2]="Black"
myColors[3]="White"
```

也可以使用一个整数自变量来控制数组的容量：

```
var mycars=new Array(4)
myColors[0]="Red"
myColors[1]="Blue"
myColors[2]="Black"
myColors[3]="White"
```

方法2：

```
var myColors=new Array("Red","Blue","Black","White")
```

访问数组：

通过指定数组名以及索引号码，访问某个特定的元素。

下面代码行的输出是：Red。

```
document.write(mycars[0])
```

3. Boolean（逻辑）对象

用于将非逻辑值转换为逻辑值（true或者false）。

4. Math（算数）对象

Math（算数）对象的作用是执行普通的算数任务。例如，可以调用round方法对一个数进行四舍五入；调用random方法产生一个随机数；使用max方法返回两个给定数中较大的数。

5. Date（日期）对象

Date对象用于处理日期和时间。可以通过new关键词来定义Date对象。以下代码定义了一个名为mydate的Date对象：

```
var mydate=new Date();
```

Date对象自动使用当前日期和时间作为其初始值。日期类型对象之间可以使用关系运算符比较大小。

Date对象还提供了parse()方法，尝试将一个字符串转换为日期类型。

除了内置的JavaScript对象以外，还可以使用JavaScript访问并处理所有浏览器对象和文档对象。

1. window对象

window对象是JavaScript层级中的顶层对象，表示浏览器窗口或一个框架。每当<body>、<frameset>或者<iframe>标签出现，window对象就会被自动创建。

window对象主要属性如表3-2所示，主要方法如表3-3所示。

除了上述属性外，document、navigator、screen、location、history对象也是window对象的只读属性。

表 3-2 window 对象主要属性

属 性	描 述
closed	返回窗口是否已被关闭
innerheight	返回窗口的文档显示区的高度
innerwidth	返回窗口的文档显示区的宽度
name	设置或返回窗口的名称
parent	返回父窗口
status	设置窗口状态栏的文本

表 3-3 window 对象主要方法

方 法	描 述
alert()	显示带有一段消息和一个确认按钮的警告框
blur()	把键盘焦点从顶层窗口移开
clearInterval()	取消由 setInterval()设置的 timeout
clearTimeout()	取消由 setTimeout()方法设置的 timeout
close()	关闭浏览器窗口
confirm()	显示带有一段消息以及确认按钮和取消按钮的对话框
createPopup()	创建一个 pop-up 窗口
moveTo()	把窗口的左上角移动到一个指定的坐标
open()	打开一个新的浏览器窗口或查找一个已命名的窗口
print()	打印当前窗口的内容
prompt()	显示可提示用户输入的对话框
resizeTo()	把窗口的大小调整到指定的宽度和高度
setInterval()	按照指定的周期（以毫秒计）来调用函数或计算表达式
setTimeout()	在指定的毫秒数后调用函数或计算表达式

window 对象是全局对象，所有的表达式都在当前的环境中计算。也就是说，要引用当前窗口根本不需要特殊的语法，可以把那个窗口的属性作为全局变量来使用。例如，可以只写 document，而不必写 window. document。同样，可以把当前窗口对象的方法当做函数来使用，如只写 alert（“test”），而不必写 window. alert（“test”）。

2. navigator 对象

navigator 对象实际上是一个 JavaScript 对象，而不是 HTML DOM 对象。navigator 对象是由 JavaScript Runtime Engine 自动创建的，包含有关客户机浏览器的信息。appName 属性包含了客户机浏览器的名称；appVersion 属性包含了客户机浏览器的平台和版本信息。

3. screen 对象

screen 对象实际上是一个 JavaScript 对象，而不是 HTML DOM 对象。screen 对象是由 JavaScript Runtime Engine 自动创建的，包含有关客户机显示屏幕的信息。每个 window 对象的 screen 属性都引用一个 screen 对象。screen 对象中存放着有关显示浏览器屏幕的信息。JavaScript 程序将利用这些信息来优化它们的输出，以达到用户的显示要求。availHeight 属性返回显示屏幕的高度（除 Windows 任务栏之外）；availWidth 返回屏幕的宽度（除 Windows 任务栏之外）；height 属性返回显示屏幕的高度；width 属性返回屏幕的宽度。

4. location 对象

location 对象和 screen 对象、navigator 对象一样，也是 JavaScript 对象，而不是 HTML DOM 对象。location 对象包含有关当前 URL 的信息。host 属性用于设置或返回主机名和当前 URL 的端口号；hostname 属性用于设置或返回当前 URL 的主机名；href 属性用于设置或返回完整的 URL 地址。

5. document 对象

document 对象代表整个 HTML 文档，可以根据 JavaScript 对象模型中的层次结构来访问页面中的每个元素。例如，要访问注册页面中学号文本框可以使用如下代码：

```
var stuNoTextBox=document.forms[0].txtUserName;
```

此外，document 对象也提供了以下几个方法。

- getElementById 方法：返回对拥有指定 id 的第一个对象的引用。
- getElementsByName 方法：返回指定名称的对象集合。
- write 方法：向文档写 HTML 表达式或 JavaScript 代码。
- writeln 方法：等同于 write 方法，不同的是在每个表达式之后写一个换行符。

3.4 CSS

HTML 标签原本被设计为用于定义文档内容，而文档布局则由浏览器来完成。由于两种主要的浏览器（Netscape 和 Internet Explorer）不断地将新的 HTML 标签和属性添加到 HTML 规范中，创建文档内容清晰地独立于文档表现层的站点变得越来越困难。为了解决这个问题，万维网联盟（W3C）在 HTML 4.0 之外创造出样式（Style）。目前，所有的主流浏览器均支持层叠样式表，即 CSS。

样式表定义了如何显示 HTML 元素，通常被保存在外部的 .css 文件中。通过编辑 CSS 文档，就可以改变站点中所有页面的布局和外观，大大提高了工作效率。

3.4.1 CSS 语法

CSS 语法由 3 部分构成：选择器、属性和值，语法格式如下：

```
selector{property:value;property:value}
```

选择器（selector）通常是用户希望定义的 HTML 元素或标签，属性（property）是用户希望改变的属性，并且每个属性都有一个值（value）。属性和值被冒号分开，这样就组成了一个完整的样式声明（declaration）。多个声明之间用分号隔开，最后一个声明后不需要添加分号。

下面是一段 CSS 代码：

```
body {
  color:red;
  background-image:url(../images/back.jpg);
}
```

上面这行代码的作用是将 body 元素内的文字颜色定义为红色，并且指定上级 images 目录下的 back.jpg 为 body 的背景图片。在上述例子中，body 是选择器，而包括在花括号内的部分是声明。color 和 background-image 为属性，red 和 url（../images/back.jpg）为值。

与 XHTML 不同，CSS 对大小写不敏感。不过存在一个例外：如果涉及与 HTML 文档一起工作的话，class 和 id 名称对大小写是敏感的。

3.4.2　选择器

选择器除了可以使用基本的 HTML 标记，如 BODY、A 和 H1，还可以有多种选择器类别，包括派生选择器、id 选择器、用户自定义的类、虚类等。下面分别介绍。

1. HTML 标记

HTML 标记是最典型的选择器类型，可以为某个或某些 HTML 标记应用样式，如网页中超链接标记 <a> 的样式定义。

```
a {
  font-size:12px;
  text-decoration:none;
}
```

有了上述定义后，网页中只要出现 <a> 标记的内容字体大小都是 12px，并且没有下划线修饰。

如果对于多个 HTML 标记应用相同的样式，可以对选择器进行分组，让分组的选择器共享相同的声明。用逗号将需要分组的选择器隔开。例如，对于

```
H1{text-align:center}
H2{text-align:center}
H3{text-align:center}
```

分组后可以转换成

```
H1,H2,H3{text-align:center}
```

H1、H2、H3 标记中的文本都被定义为居中显示。

2. 派生选择器

在 CSS 中，样式定义是可以继承的。所谓的继承，就是指在子元素没有样式定义时，它将继承父元素的样式定义。例如，在 <body> 标记中定义了样式，则在它之中的所有标记都将继承它的样式定义。

派生选择器允许用户根据文档的上下文关系来确定某个标签的样式。通过合理地使用派生选择器，可以使 HTML 代码变得更加整洁。

例如，若希望列表中的 strong 元素变为斜体字，而不是通常的粗体字，可以这样定义一个派生选择器：

```
li strong {
    font-style:italic;
    font-weight:normal;
}
```

请注意标记为 <strong> 的代码上下文关系：

```
<p><strong> 粗体字,不是斜体字,因为不在列表当中,所以这个规则不起作用。
</strong></p>
<ol>
  <li><strong> 斜体字。这是因为 strong 元素位于 li 元素内。</strong></li>
  <li>正常的字体。</li>
</ol>
```

在上面的例子中，只有 li 元素中的 strong 元素的样式为斜体字，无须为 strong 元素定义特别的 class 或 id，代码更加简洁。

3. id 选择器

id 选择器可以为标有特定 id 的 HTML 元素指定特定的样式。id 选择器以“#”开头来定义。

```
# logo {
    background-image:url(../images/logo.jpg);
    height:50px;
    width:120px;
}
```

上述代码为 HTML 页面中 id 为“logo”的元素定义了样式，高度为 50 个像素，宽度为 120 个像素，并且将上级 images 目录下的 logo.jpg 作为其背景图片。

在现代布局中，通常将 id 选择器和派生选择器结合在一起使用。

下述代码 id 为 mainForm 元素中的 tr 标记指定了背景图片。

```
# mainForm tr {
    background-image:url(../image1/back.jpg);
}
```

4. 用户自定义类

可以为某个标记定义类，也可以为所有的标记定义通用类，定义和使用方法如下。

- 为某个标记定义类

定义标记类的语法格式如下：

```
选择器.类名{属性 1:属性值 1;属性 2:属性值 2;……}
```

使用标记类的方法是在相应的标记中，通过增加 class 属性引用所定义的类，语法格式如下：

```
<标记名称 class="类名"></标记名称>
```

- 为所有的标记定义通用类

定义通用类的语法格式如下：

```
.类名{属性 1:属性值 1;属性 2:属性值 2;……}
```

使用通用类的方法是，在所有的标记中，都可以通过添加 class 属性引用所定义的类，语法格式如下：

```
<标记名称 class="类名"></标记名称>
```

下面的代码分别展示了它们的定义方法。

```
.labelDateTime {
    font-size:12px;
    line-height:150%;
    color:#448B49;
    text-decoration:none;
}
input.large {
    width:200px;
}
input.small {
    width:50px;
}
```

labelDateTime 为通用类，small 和 large 都是为 input 标记定义的专用类。

具体引用代码如下：

```
<td width="144" class="labelDateTime">今天是 2009 年 12 月 10 日</td>
<input type="text" id="txtUserName" name="txtUserName" class="small"/>
<input type="text" id="txtPwd" name="txtPwd" class="small"/>
```

5. 虚类

对于<a>标记，可以使用虚类的方式设置不同类型链接的显示方式。共有 3 种不同类型的链接，分别是未访问过的、已访问过的和当前选中这 3 种类型。可以通过指定相应的选择器来设置链接样式：

- 未访问过的使用 a：link 或：link
- 已访问过的使用 a：visited 或：visited
- 当前选中的使用 a：active 或：active

下列代码定义了超级链接的样式。

```
a:link{
font-size:12px;line-height:180%;color:#666;text-decoration:underline;
}
a:hover {
font-size:12px;line-height:180%;color:#4E8D22;text-decoration:none;
```

```
}
a:hover {
font-size:14px;color:#fff;font-weight:bold;text-decoration:underline;
}
```

3.4.3 属性

CSS 中的属性有很多，主要分为以下几类。

1）背景类

包括背景颜色（background-color）和背景图片（background-image）。

2）文本类

文本对齐方式（text-align）、行高（line-height）、文本装饰（text-decoration）等。

3）字体类

字体类型（font-family）、字体大小（font-size）、字体粗细（font-weight）。

4）边框类

内边距（padding ）、边框（border）、外边距（margin）。

在 CSS 中，width 和 height 指的是内容区域的宽度和高度。增加内边距、边框和外边距是不会影响内容区域的尺寸，但是会增加元素框的尺寸。

定义如下样式，宽度为 70 个像素，外边距为 10 个像素、内边距为 5 个像素。

```
# box {
   width:70px;
   margin:10px;
   padding:5px;
}
```

上述样式的显示效果图如图 3-4 所示。

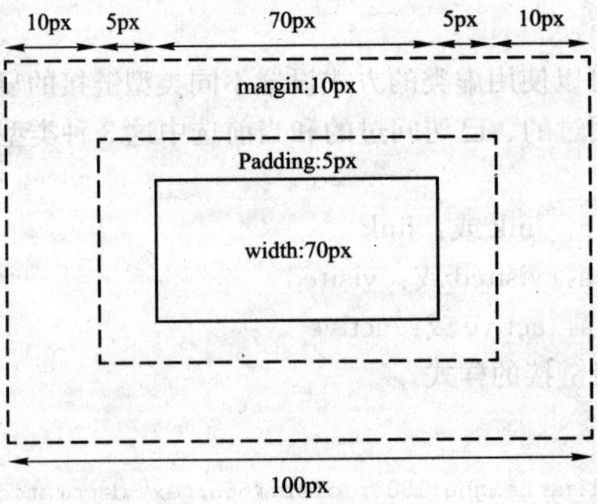

图 3-4 box 样式效果图

由于篇幅所限，本书对属性不做详细介绍，请大家参考 CSS 文档或其他相关书籍。

3.4.4 引用 CSS

级联样式表中，“级联”的意义是全局样式规则一直应用于 HTML 元素，直到由局部样式规则取代为止。在局部样式应用之后，全局样式规则与局部样式规则不冲突的部分将继续发挥作用。在 HTML 页面中使用样式表的方法有外部样式表、内部样式表和内嵌样式 3 种方式，3 种方式的优先级依次由低到高。

1. 外部样式表

当样式需要应用于很多页面时，外部样式表将是理想的选择。在使用外部样式表的情况下，可以通过改变样式文件来改变整个站点的外观。每个页面使用 <link> 标签链接到样式表。<link> 标签在（文档的）头部：

```
<head>
    <link rel="stylesheet" type="text/css" href="main.css"/>
</head>
```

浏览器会从文件 main.css 中读到样式声明，并根据它来格式文档。

外部样式表可以在任何文本编辑器中进行编辑。文件不能包含任何的 html 标签。样式表应该以 .css 扩展名进行保存。下面是本项目用到的样式表文件的一部分：

```
body {
     background-image:url("images/back40.gif");
}
input.small {
      width:50px;
}
.welcome{
    color:#0066FF;
}
hr{
     border:dashed;
     color:#CCCCCC;
     height:1px;
}
```

2. 内部样式表

当单个文档需要特殊的样式时，就应该使用内部样式表。用户可以使用 <style> 标签在文档头部定义内部样式表，格式如下：

```
<head>
  <style type="text/css">
      background-image:url(../image1/back.jpg);
  </style>
</head>
```

3. 内联样式

当样式仅需要在一个元素上应用一次时，可以使用内联样式。由于内联样式要将表现和内容混杂在一起，会损失掉样式表的许多优势，所以不建议大量使用内联样式。

要使用内联样式，需要在相关的标签内使用样式（style）属性。style 属性可以包含任何 CSS 属性。本例展示如何改变段落的颜色和左外边距：

```
<p style="color:sienna;margin-left:20px">
        This is a paragraph
</p>
```

项 目 任 务

项目任务——为登录页面添加 JavaScript 验证

在首页和登录界面中，只有当用户输入了合理的用户名和密码后才可以登录网站。因此，有必要在用户登录前对用户输入的用户名和密码进行验证。用户名和密码的规则是：不允许为空，并且长度在 3 和 16 之间，不包含单引号和双引号。如果用户的输入不符合上述规则，给出提示信息，并且不提交该表单。请使用 JavaScript 编写代码实现上述功能。

【实现方法】

由于要在首页和登录页面中使用 JavaScript 代码验证登录表单，因此可以将 JavaScript 代码写在一个单独的 main. js 文件中，为了使网站目录更加清晰，可以将 main. js 文件放在 js 目录中。

我们可以设计一个通用的函数 ValidateLoginForm 来完成用户名和密码字段的验证，它的参数是两个文本框对象的 ID，如果验证通过就返回 true，否则提示输入非法。

最后，可以通过 <form> 的 onSubmit 事件和上述函数关联起来。

【操作步骤】

(1) 打开校园音乐吧网站，在 JS 子目录下添加 main. js 文件，并定义 ValidateLogin-Form 函数。

```
function ValidateLoginForm(txtStuNoId,txtPwdId)
{
        var stuNo=document.getElementById(txtStuNoId).value;//用户名,即学号
        var pwd=document.getElementById(txtPwdId).value;//密码
        if(stuNo.length<3||stuNo.length>16||pwd.length<3||pwd.length>16)
        {
                alert("输入非法,学号和密码的长度必须在 3~16 之间!");
                return false;
        }
```

```
        if(stuNo.indexOf("\'")!=-1||stuNo.indexOf("\"")!=-1||pwd.indexOf("\'")!=-1||
        pwd.indexOf("\"")!=-1)
        {
            alert("学号和密码中不能包括单引号和双引号!");
            return false;
        }
        return true;
    }
```

上述代码使用文档对象（document）获取了用户名和密码框的值；然后通过 String 对象的 length 属性获取字符串的长度；通过 indexOf 方法查找字符串中是否含有指定的字符串；使用了 window 对象的 alert 方法显示提示信息。

（2）在 login. htm 文件 <head> 标记中引入 main. js 文件，代码如下：

```
    <head>
    <title>登录</title>
    <link href="css/main.css" rel="stylesheet" type="text/css"/>
    <script language="javascript" type="text/javascript" src="Js/main.js">
     </script>
    </head>
```

（3）在 login. htm 文件找到用户名和密码文本框 HTML 标记。记下其 id 属性的值。

```
<table width="100%" border="0" cellspacing="0" cellpadding="2">
    <tr>
        <td width="47%" align="right">用户名:</td>
        <td width="2%"> </td>
        <td width="51%" align="left">
            <input type="text" id="txtUserName" name="txtUserName"/>
      </td>
    </tr>
    <tr>
      <td align="right">密码:</td>
      <td>  </td>
      <td align="left">
              <input type="password" name="txtPwd" id="txtPwd"/>
      </td>
    </tr>
    <tr>
      <td colspan="3" align="center"><label>
         <input type="submit" name="btnLogin" value="登录"/>
         <input type="submit" name="btnClear" value="清空"/>
```

```
        </label></td>
    </tr>
</table>
```

(4) 找到用户名和密码框所属的窗体，添加 onSubmit 事件。

```
<form id="mainForm" action=""
 onSubmit="return ValidateLoginForm('txtUserName','txtPwd');">
```

由于用户名和密码框的 id 是作为字符串传给 ValidateLoginForm 函数的，因此必须为它们加上单引号或双引号，又因为 onSubmit 函数已经使用了双引号，因此函数内部要使用单引号，以免引起语法错误。

使用相同的方法可以为 index. html 首页添加登录验证功能。

项目任务——为校园音乐吧项目定义 CSS 样式

在本书第 2 章中，每个页面中有很多相同的 HTML 元素都使用 style 属性定义了元素的外观等属性，比如 body 标记，使用了值为 background-image：url（'Images/back. jpg '）的 style 属性定义页面主体部分的背景。这样的做法不仅工作量大，而且容易出错。为了使校园音乐吧网站所有的页面具有一致的页面风格，有必要为网站定义一套统一的 CSS 样式，并应用于每个页面。

【实现方法】

先对网站的各个页面布局和页面元素进行分析，抽象出各种选择符，然后定义其属性。

【操作步骤】

(1) 打开校园音乐吧网站，在根目录的 CSS 子目录中添加一个名为 main. css 样式表文件。

(2) 定义 CSS 内容。

定义 body 样式

```
body {
     font-family:Arial,Helvetica,sans-serif;
     font-size:12px;
     line-height:24px;
     color:#333333;
     background-image:url(../images/back.jpg);
     margin-top:0px;
 }
```

上述样式指定了 body 元素的字体为 Arial，如果没有该字体就使用 Helvetica 字体，最后尝试使用 sans-serif 字体；字体的大小为 12 像素；行高为 24 像素；背景为网站目录下 images 子目录中的 back. jpg 图片；body 的上边距为 0 像素。由于 body 是一个 HTML 标记类选择器，因此，只要在页面中引入该 css 文件，其样式就会自动应用到页面中。

定义子标题样式

```
.subtitle {
        font-family:Georgia,"Times New Roman",Times,serif;
        font-size:12px;
        line-height:20px;
        font-weight:bold;
        color:#003366;
        text-decoration:none;
        background:#FFFFE0 url(../images/bgTitle.jpg)right bottom;
  }
```

上述代码，定义了子标题的字体、字体大小、字体颜色和字体修饰、背景颜色和背景图片等属性。subtitle 是一个用户自定义类，需要在 HTML 页面中使用 class 属性将其应用到指定的元素上。

例如，在 index.html 页面中，可以使用如下代码将 subtitle 样式应用到“歌曲排行榜”子标题上。

```
<table border="0" width="100%" cellspacing="0" cellpadding="0">
 <tr>
   <td height="25" valign="middle" class="subtitle">
      <table width="100%" border="0" cellspacing="0" cellpadding="5">
         <tr>
      <td align="left"> 歌曲排行榜</td>
         <td align="right"><a href="moreHotMusic.html">More</a> ...</td>
         </tr>
     </table>
   </td>
</tr>
......
```

定义导航栏样式

```
.nav {
    font-family:Georgia,"Times New Roman",Times,serif;
    font-size:12px;
    line-height:20px;
    font-weight:bold;
    color:#003366;
    text-decoration:none;
    background-color:#FFFFE0;
```

```
    background-image:url(../images/bgTitle.jpg);
    background-position:right bottom;
}
```

导航栏样式和子标题样式一样，都是用户自定义类选择器，其用法和 subtitle 一样。

定义 logo 样式

```
#logo {
    background-image:url(../images/logo.jpg);
    height:50px;
    width:120px;
}
```

本网站没有使用 <img> 标记显示 logo 图片，而是使用 css 的 background-image 属性显示 logo 图片，并且指定了其高度和宽度。该样式是一个 id 选择器，因此需要在页面中定义一个名为 logo 的元素。例如在 index.html 页面中，相关代码如下：

```
<table width="760" height="50" border="0" cellpadding="0" cellspacing="0">
  <tr>
<td>
<table width="100%" height="120" border="0" cellpadding="0" cellspacing="0">
        <tr>
            <td width="120">
<a href="index.html"><div id="logo"> </div></a>
</td>
            <td width="640" valign="bottom">
                <div id="headerRight" align="right" class="text12_black">
<a href="reg.html">注册</a>|<a href="login.html">登录</a>
</div>
</td>
        </tr>
</table>
</td>
  </tr>
</table>
```

(3) 在各个 html 页面中引用 main.css 文件。

```
<head>
<title> 登录</title>
        <link href="css/main.css" rel="stylesheet" type="text/css"/>
</head>
```

(4) 根据实际情况，删除各页面 HTML 标记的 style 属性。

上机实战

上机实战——为注册页面添加 JavaScript 验证

编写一个 JavaScript 函数，用于验证注册页面（reg. htm）中用户输入数据的正确性，数据格式要求如下：

- 用户名和密码不能为空，其长度介于 3～16 个字符之间；
- 密码和确认密码输入必须一样；
- 必须输入姓名；
- 出生日期格式必须是正确的日期格式。

【要点提示】

定义此验证函数的名称为“ValidateRegForm”，由于只有在注册页面才会调用此函数，因此没有必要将该函数写在单独的 main. js 文件中，可以使用内嵌的方式，将该函数放在 reg. html 页面的 <head> 标记中。需求中要求验证的对象都是文本框对象，可以通过 document. getElementById()方法访问每个对象，然后取其 value 属性，这样就获得了用户输入的内容，它们都是 String 对象。可以调用 String 对象的 length 属性判断用户名、密码和姓名是否为空，长度是否在指定的范围内。通过 Date 对象的 parse 方法来判断用户输入的出生日期格式是否正确。

【参考代码】

在 reg. html 页面的 <head> 与 </head> 之间插入如下代码。

```
<script language="javascript" type="text/javascript">
   function ValidateRegForm()
   {
      var stuNo=document.getElementById("txtStuNo").value;//学号
      var pwd1=document.getElementById("txtPwd1").value;//密码
      var pwd2=document.getElementById("txtPwd2").value;//确认密码
      var stuName=document.getElementById("txtUserName").value;//姓名
      var birthday=document.getElementById("txtBirthday").value;//出生日期
      if(stuNo.length<3||stuNo.length>16||pwd1.length<3||pwd1.length>16)
      {
    alert("学号和密码不能为空,并且长度必须介于 3~16 之间!");
    return fasle;
      }
      if(pwd1!=pwd2)
```

```
        {
          alert("两次输入的密码不正确!");
      return false;
        }
        if(stuName.length==0)
        {
          alert("姓名不能为空!");
      return false;
        }
        var birth=Date.parse(birthday);
        if(birth.toString()=="NaN")
        {
          alert("出生日期格式不正确!");
      return false;
        }
        return true;
    }
</script>
```

习　题

1. 在main.js文件中定义函数IsEmptySearchField()，如果各页面搜索框（txtSearch）中有内容返回true，否则提示用户输入搜索内容并返回false。为"立即搜索"图片添加onClick事件，并调用IsEmptySearchField()函数。

2. 在main.css样式表中添加一个名为box的自定义类选择器，为首页中登录部分所在的table添加点画线边框效果，如图3-5所示。

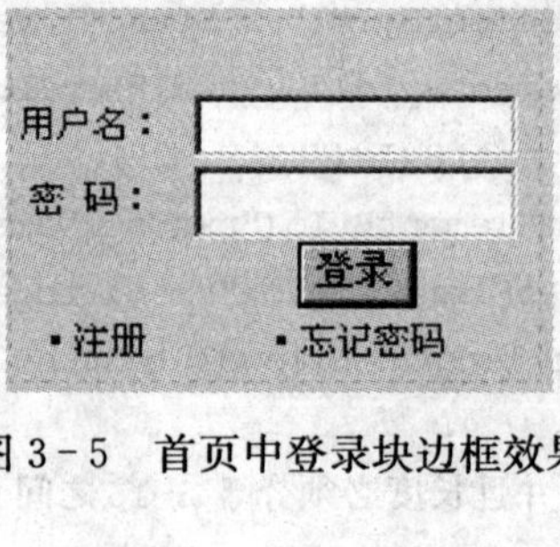

图3-5　首页中登录块边框效果

第4章

C# .NET 语言基础

本章要点

- ◆ C#数据类型
- ◆ 语句的作用及其使用
- ◆ 局部类和泛型的概念及其用法
- ◆ 面向对象的概念
- ◆ 面向对象的分析与设计

4.1 C#语言概述

C#是一种简洁的、类型安全的面向对象的语言，开发人员可以使用它来构建在.NET Framework上运行的各种安全、可靠的应用程序。使用C#，可以创建传统的Windows客户端应用程序、XML Web Services、分布式组件、客户端/服务器应用程序、数据库应用程序等。Visual Studio 2008提供了高级代码编辑器、方便的用户界面设计器、集成调试器和许多其他工具，可以更容易在.NET Framework 3.5版的基础上开发应用程序。

C#语法表现力强，而且简单易学。任何熟悉C/C++或Java的人都可以在很短的时间内上手。C#语法简化了C++的诸多复杂性，并提供了很多强大的功能，例如可为null的值类型、枚举、委托和直接内存访问，这些都是Java所不具备的。C#支持泛型方法和类型，从而提供了更出色的类型安全和性能。C#还提供了迭代器，允许集合类的实施者定义自定义的迭代行为，以便容易被客户端代码使用。在C# 3.0及更高版本中，语言集成查询(LINQ)表达式使强类型查询成为了一流的语言构造。作为一种面向对象的语言，C#同样也支持封装、继承和多态性的概念。

C#程序在.NET Framework上运行。.NET Framework是Windows的一个不可或缺的组件，包括一个称为公共语言运行库（CLR）的虚拟执行系统和一组统一的类库。

用C#编写的源代码被编译为一种符合公共语言基础结构（CLI）规范的中间语言(IL)。IL代码与资源（例如位图和字符串）一起作为一种称为程序集的可执行文件存储在磁盘上，通常具有的扩展名为.exe或.dll。程序集包含清单，它提供有关程序集的类型、版本、区域性和安全要求等信息。

执行C#程序时，程序集将加载到CLR中，这可能会根据清单中的信息执行不同的操作。然后，如果符合安全要求，CLR 就会执行实时（JIT）编译以将 IL 代码转换为本机机器指令。CLR 还提供与自动垃圾回收、异常处理和资源管理有关的其他服务。由 CLR 执行的代码有时称为“托管代码”，它与编译为面向特定系统的本机机器语言的“非托管代码”相对应。图 4－1 阐释了 C＃源代码文件、.NET Framework 类库、程序集和 CLR 的编译时与运行时的关系。

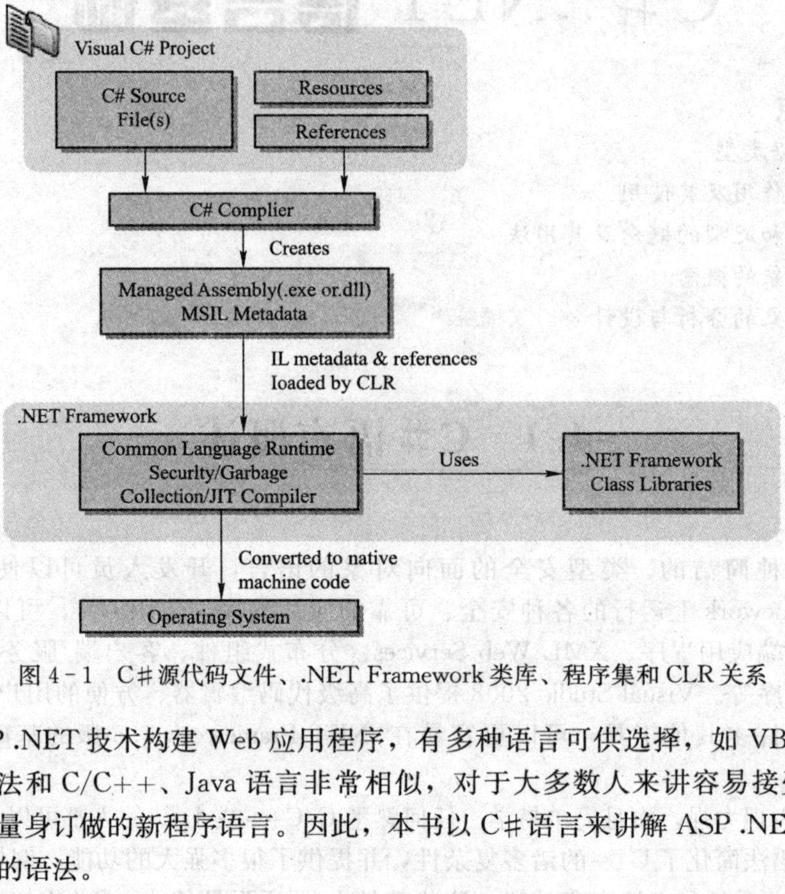

图 4－1　C＃源代码文件、.NET Framework 类库、程序集和 CLR 关系

使用 ASP .NET 技术构建 Web 应用程序，有多种语言可供选择，如 VB .NET、C＃。由于 C＃的语法和 C/C++、Java 语言非常相似，对于大多数人来讲容易接受，又是微软为 .NET 平台量身订做的新程序语言。因此，本书以 C＃语言来讲解 ASP .NET 技术，本章主要讲述 C＃的语法。

4.2　数据类型

C＃支持两种主要的数据类型：值类型和引用类型。值类型包含简单类型（字符类型、整数类型、布尔类型、小数类型和浮点类型）、结构类型和枚举类型。引用类型包含类类型、数组类型、接口类型和委托。此外，string 和 object 类型也属于 C＃内置的引用类型。引用类型的变量又称为对象，可存储对实际数据的引用。基于值类型的变量直接包含值，将一个值类型变量赋给另一个值类型变量时，将复制包含的值。这与引用类型变量的赋值不同，引用类型变量的赋值只复制对对象的引用，而不复制对象本身。

由于简单类型、结构类型和枚举类型相对比较简单，此处仅仅介绍 string 类型和数组类型的用法。

1. string 类型

C#中定义了一个 string 类型，专门用于对字符串的操作，这个类属于 System 命名空间，是 .NET 框架中 System. String 的别名。

字符串分规则字符串和逐字字符串。

规则字符串由双引号括起来的零个或多个字符串组成，并且在字符串中可以包含某些转义字符串（如 \t、\u15、\x34）等。规则字符串的定义格式如下。

```
string 字符串变量名[=字符串初值];
```

逐字字符串由@字符后跟双引号括起来的零个或多个字符串组成。逐字字符串只对字符串中的双引号转义符作为转义字符进行解释，其他转义字符一律作为单个字符进行处理，即用户定义成什么样，结果就是什么样。逐字字符串的语法格式如下。

```
string 字符串变量名[=@ 字符串初值];
```

字符串的应用非常广泛，在类的定义中封装了许多内部操作，可以直接使用，常用属性和方法如表 4-1 所示。

表 4-1 string 类的常用属性、重载运算符和方法及其作用

名　称	使用形式	作　用
Length 属性	str. Length	求 str 字符串的长度
==运算符	str1==str2	比较 str1 和 str2 是否相等
！=运算符	str1 ！=str2	比较 str1 和 str2 是否不等
+运算符	str1+str2	把 str2 连接到 str1 的后面
Insert 方法	str1. Insert（N，str2）	把 str2 插入到 str1 的 N 位置（从 0 开始）
Replace 方法	str. Replace（oldstr，newstr）	把 str 字符串中的 oldstr 替换为 newstr
Substring 方法	str. Substring（N1，N2）	从 str 的 N1 位置开始截取 N2 个字符
ToUpper 方法	str. ToUpper()	把 str 中的所有字母字符转换为大写字符
ToLower 方法	str. ToLower()	把 str 中的所有字母字符转换为小写字符
Trim 方法	str. Trim()	去掉 str 字符串首尾的空格
Format	string. Format（str，p1，p2）	类方法，用于参数 p1，p2 格式化 str 字符串

【例 4-1】 应用 Visual Studio 2008 创建一个控制台应用程序，输入如下代码，观看执行结果。

```
using System;
namespace ch4
{
    class Program
    {
        static void Main(string[]args)
        {
```

```
            string str1="欢迎";
            string str2="校园音乐吧";
            string str3="小强";
            //打印字符串 str1 的长度
            Console.WriteLine("str1 字符串的长度是:"+str1.Length.ToString());
            //判断两个字符串是否相等或不等
            if(str1==str2)
            {
                Console.WriteLine("str1==str2");
            }
            else if(str1!=str2)
            {
                Console.WriteLine("str1!=str2");
            }
            //测试 Insert 方法
            string str4=str2.Insert(str2.Length,str1);
            Console.WriteLine("str4="+str4);
            //使用 string 对象的 Format 方法格式化数据
            string str5="{0},{1}";
            str5=string.Format(str5,str4,str3);
            Console.WriteLine("str5="+str5);
            //取子串
            Console.WriteLine("str5.Substring(2,3)="+str5.Substring(2,3));
        }
    }
}
```

程序运行结果如图 4-2 所示。

2. 数组

数组是用来存储多个相同数据类型变量的一种数据结构，它在内存中是连续存放的，这些变量具有相同的名称，每一个这样的变量将其称为数组元素。数组元素通过下标相互区分，C#语言中数组的下标索引是从零开始编号的。

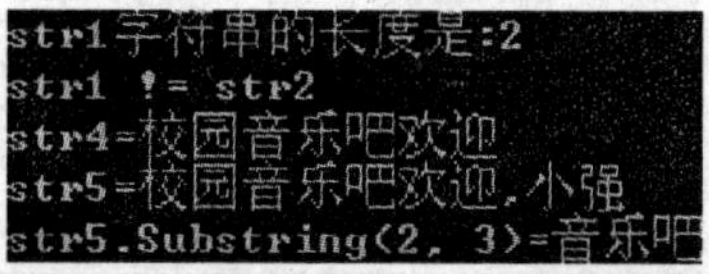

图 4-2　例 4-1 程序运行结果

在 C#语言中，数组是一种引用类型，要使用一个数组变量，必须先定义和分配存储空间，然后才可以使用数组元素。数组分为一维数组和多维数组。

1）一维数组的定义、分配和使用

一维数组是指只有一个下标的数组。一维数组的声明和分配内存空间的语法格式与功能如下：

［格式］：

```
数据类型符[]数组名=new 数据类型符[长度];
```

［功能］：定义一个名为“数组名”的数组，该数组的元素个数由“长度”指定，数组元素的数据类型由“数据类型符”确定。

例如：

```
int[]a=new int[4];
```

该语句定义了一个数组 a，该数组元素的数据类型是 int，具有 4 个元素。

其实，数组的声明和存储空间分配可以写成两条语句，上述语句也可以写成：

```
int[]a;//定义数组
a=new int[4];  //给数组分配存储空间
```

数组分配好存储空间后，数组元素被初始化，简单数值型数据类型被初始化为 0，逻辑型被初始化为 false，引用类型被初始化为 null。

如果上述初始化的值与预期不同，可以单独初始化每个数组元素，也可以在定义数组时，通过给数组元素赋初值来给数组分配存储空间，并确定数组元素的个数及各元素的初值，完成初始化任务。给数组元素赋初值的格式与功能如下：

[格式]：

```
数据类型符[]数组名={初值列表};
```

[功能]：定义一个名为“数组名”的数组，数组元素的数据类型由“数据类型符”确定，该数组的元素个数由“初值列表”中值的个数指定，“初值列表”是由逗号分隔开来的若干个值，它们作为初值依次赋值给相应的数组元素。例如：

```
int[]a={1,2,3,4}
```

上述语句定义了一个具有 4 个整数元素的数组 a，并依次为 x[0]、x[1]、x[2]、x[3] 赋初值 1，2，3，4。上述语句也可以写成：

```
int[]a=new int[]{1,2,3,4}
```

在 C# 中通常不把数组作为一个整体进行处理，参与运算和数据处理的一般都是数组元素。引用一维数组元素的一般形式如下：

```
数组名[下标]
```

例如，要将上述数组 a 的第 3 个元素的值修改为 100，代码如下：

```
a[2]=100;
```

由于 C# 数组的下标从 0 开始，因此第 3 个元素的下标为 2。

2) 多维数组的定义、分配和使用

多维数组是指多个下标的数组，多维数组中最常用的是二维数组，即有两个下标的数组。与 C/C++不同，C# 中的二维数组的每一行的数组元素个数可以相等，也可以不等。每行数组元素个数相等的二维数组称为方形二维数组，各行数组元素个数不同的数组称为参差数组。

方形二维数组的定义与分配如下：

[格式]：

```
数据类型符[,]数组名=new 数据类型符[长度 1,长度 2];
```

[功能]：定义一个名为“数组名”的二维数组，该数组的元素个数由“长度 1 * 长度 2”指定，数据元素的数据类型由“数据类型符”确定。

例如：

```
int[,]a=new int[3,4];//定义了一个3行4列的方形二维数组
```

和一维数组一样，上述数组的声明和分配存储空间可以写成两条语句，如：

```
int[,]a;
a=new int[3,4];
```

数组分配好内存空间后就需要初始化数组元素。也可以在定义数组时，通过给数组元素赋初值来给数组分配存储空间，并确定数组元素的初值，完成初始化任务。赋初值的语法格式和功能说明如下：

[格式]：

```
数据类型符[,]数组名={{初始列表1},{初始列表2},{初始列表3},…{初始列表n}};
```

[功能]：定义名为“数组名”的数组，同时给它的各行元素赋初值。二维数组的行数由{}分组的个数确定。方形数组要求每个初始列表的元素个数是相同的。例如：

```
int[,]b={{1,2,3},{4,5,6}};
```

该语句定义了具有6个元素的二维数组b，并依次赋初值，初值情况为：b[0，0]=1，b[0，1]=2，b[0，2]=3，b[1，0]=4，b[1，1]=5，b[1，2]=6。

上述语句也可以写成：

```
int[,]b=new int[3,4]{{1,2,3},{4,5,6}};
```

定义了二维数组后，就可以引用了。引用方形二维数组的格式如下：

```
数组名[下标1,下标2]
```

需要注意的是，各维的下标都是从0开始的。

参差数组的定义一般分为两步，首先定义二维数组占有的行数并分配行，然后定义每一行数组并分配存储空间。

(1) 分配行。

[格式]：

```
数据类型符[][]数组名=new数据类型符[行数][];
```

[功能]：定义一个名为“数组名”的参差数组，数组的行数由“行数”确定。例如：

```
int[][]x=new int[3][];
```

该语句定义了一个3行的参差数组x。

(2) 定义每一行数组元素。

分配了参差数组占有的行后，应为每一行分配数组元素的个数，第i行的数组元素个数分配的一般格式及功能如下：

[格式]：

```
数组名[i]=new数据类型符[长度];
```

[功能]：为参差数组的第 i 行分配数组元素的格式，元素个数由“长度”指定。例如：

```
x[o]=new int[4];
```

参差数组的引用方式和方形数组一样，只是要特别注意列的下标取值不要越界。

4.3　变量和常量

1. 常量

常量又叫常数，是在程序运行过程中其值保持不变的量。常量也有数据类型，如 int，long 或 string 类型。常量不需要事先定义，只要在程序中需要的地方直接写出该常量即可。常量的类型也不需要实际说明，其类型是由书写方法自动默认的。例如：

```
string name="小王";
```

上述代码中，“小王”就是一个常量，类型为字符串类型。

C#语言还可以声明一个或多个给定类型的常量，称为符号常量，符号常量在使用之前必须先定义。其声明格式及功能如下。

[格式]：

```
[常量修饰符] const 类型说明符 常量名=常量表达式;
```

[功能]：声明一个名为“常量名”的常量，该常量名与“常量表达式”是等价的。常量通常定义在类里面，作为类的成员，“常量修饰符”用来控制常量的可访问性，有 private、public、protected 等，默认为 private。

注意：

常量是静态的，通过类名直接访问。

2. 变量

变量是指在程序运行过程中其值可以发生变化的量。变量常用来保存程序运行过程中的输入数据、中间结果或者最终结果。

定义变量的一般格式及功能如下：

[格式]：

```
[变量修饰符] 类型说明符 变量名 1=初值 1,变量名 2=初值 2,..;
```

[功能]：定义了若干个变量，变量名由“变量名 1”、“变量名 2”等指定，变量的数据类型由“类型说明符”指定，变量修饰符包括 private、public、protected、internal、static 等，默认为 private。

当在类内定义一个变量时，如果变量修饰符包含 static 关键字，变量称为静态变量，否则称为普通变量或实例变量。静态变量只需创建一次，被所有的实例所共享。普通变量在对象实例化时分配存储空间，如果实例变量所在对象被销毁了，该变量也就从内存中被清除了。

注意：

静态变量只能通过类名引用，实例变量通过类的实例引用。

局部变量是指定义在块内的变量，是临时变量。所谓的块是指大括号之间的所有内容。局部变量从被声明的位置开始起作用，当块结束时，局部变量也随之消失。

使用局部变量需要注意初始化问题，局部变量需要人工赋值后才可以使用。

【例 4-2】 分析下列程序的运行结果。

```
using System;
namespace Ch4
{
    public class Ch4_2
    {
        public const string CHAPTERNAME="第 4 章"; //常量
        public static string BookName="ASP.NET"; //静态变量
        public string userName="小王";            //实例变量
        public static void Main()
        {
            string action="学习";                 //局部变量
            Ch4_2 ch42=new Ch4_2();               //局部变量
            string str=ch42.userName+action+Ch4_2.BookName+Ch4_2.CHAPTERNAME;
                                                   //局部变量
            Console.WriteLine(str);
        }
    }
    }
```

本例中定义了一个字符常量 CHAPTERNAME，一个静态变量 BookName 和一个实例变量 userName。在 Main 方法中首先定义了局部变量 action，并赋值，然后定义了一个 Ch4_2 类的一个对象 ch42，接着定义了局部变量 str。由于 userName 是一个实例变量，因此必须通过对象进行引用，而静态变量和常量都只能通过类名引用。

程序运行的结果是打印字符串“小王学习 ASP .NET 第 4 章”。

4.4 流程控制

C#语言中常用的流程控制语句有选择语句（if 和 switch）、循环语句（for，while，do..while)，以及跳出（break）和继续语句（continue）。由于C#语言的流程控制语句和 JavaScript 语言的流程控制语句几乎一样。在本书第 3.3.2 节 已经讲述了 JavaScript 语法，本书不在赘述。读者可以对照学习，也可以参考其他 C#相关书籍进行学习。

4.5　面向对象特性

高级语言出现不久就出现了面向过程的程序设计方法。面向过程的程序设计方法的基本策略就是把大的任务划分为许多小的模块。由于这种方法将数据和代码分离开来，随着程序规模的不断扩大，这种程序设计模式的弊端也暴露出来：程序开发的周期长、可重用性差、不易维护。

为了解决这些弊端，出现了面向对象的程序设计方法（Object Oriented Programming，OOP）。自 20 世纪 90 年代以来，成为了最主要的软件开发方法之一。面向对象的程序设计是一种基于结构分析的、以数据为中心的程序设计方法。面向对象程序设计的总体思路是：将数据及处理这些数据的操作都封装到一个称为类的数据结构中，在程序中使用的是类的实例，即对象。对象是代码和数据的集合，是封装好的一个整体。程序由一个个对象构成，对象之间通过一定的“相互操作”传递消息，在消息的作用下，完成特定的功能。

从软件工程角度讲，面向对象开发方法包括面向对象分析、面向对象设计和面向对象实现。面向对象开发方法有 G. Booch 提出的面向对象开发方法、P. Coad 和 E. Yourdon 提出的面向对象分析（OOA）和面向对象设计（OOD）方法、J. Rumbaugh 等提出的 OMT（Object Modeling Technology）方法等。为了统一各种面向对象方法的术语、概念和模型，1997 年推出了统一建模语言，即 UML（Unified Modeling Language）语言。它是一种面向对象的可视化建模语言，通过一组具有明确语义的图形符号，使各种方法的建模过程和表示统一起来，成为了面向对象建模的工业标准。常用的模型包含用例图（Use Case Diagram）、类图（Class Diagram）、状态图（Statechart Diagram）、活动图（Activity Diagram）、顺序图（Sequence Diagram）、构件图（Component Diagram）、配置图（Deployment Diagram）等。

用例图是用来从用户的观点描述系统的功能。它由一组用例、参与者及他们之间的关系所组成，我们已经在本书第 1 章中使用了该模型描述“校园音乐吧”项目的系统需求。

类图用来描述系统的静态结构，表示系统中的类、类与类之间的关系及类的属性和操作（或服务）。

其他模型请参考 UML 相关书籍。本书主要采用用例图描述系统需求，采用类图描述系统核心类的分析模型与设计模型。

4.5.1　命名空间、类和对象

命名空间就好比文件系统中的一个文件夹容纳多个文件一样，可以被看做某些类的容器。因为 .NET 有很多类，所以命名空间也是必要的。通过把不同的类放入不同的命名空间，可以把相关的类组织起来，避免命名冲突。

命名空间声明的语法格式如下。

[格式]：

```
namespace 空间名
{
```

主体
}

通常把具有相同性质和功能的东西所构成的集合称为类，它是创建对象的模板，用它可以产生多个对象。类所代表的是一个抽象概念或事物，在客观世界中实际存在的是类的实例，即对象。例如，人是一个抽象概念，可以称为类，在客观世界中存在的是一个个具体的人，比如张三、李四和王五。我们将张三、李四和王五这些具体的人称为“人”类的实例或对象。

类是具有相同属性和服务的一组对象的集合，它为属于该类的全部对象提供了统一的抽象描述，包括属性和服务两个主要部分。

例如：在“校园音乐吧”项目中，经过分析，“学生”是一个类，其属性有学号、姓名、性别、密码等，方法有登录系统、修改密码。学生类的UML类图表示方法如图4-3所示。

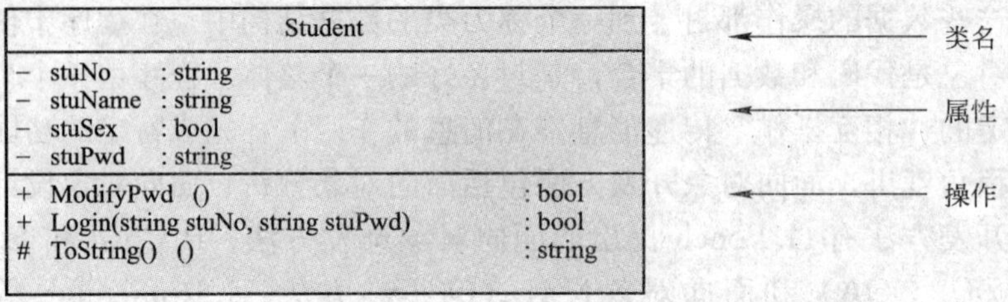

图4-3 Student类图

类图是一个被两条水平线分割为三栏的实线矩形。最上面一栏指明类的名称；中间一栏给出属性列表；最下面一栏列出所有的操作。

在C#中，使用类之前应先定义类，然后根据类生成一个个实例，即对象。定义类的一般格式如下。

[格式]：

```
[类修饰符] class 类名[:基类类名]
{
    成员定义列表;
}
```

[功能]：定义一个名为“类名”的类。

[说明]：

(1) C#支持的类修饰符主要有public、protected、private、abstract等，其含义如下。

- public：公有类，表示外界可以不受限制地访问该类。
- protected：保护类，表示可以从该类或该类的派生类中访问它。
- private：私有类，一般该类定义在另一个类中，只有在定义它的类中才可以访问它。
- abstract：抽象类，表示一种抽象概念，一般用于为派生类提供公共接口。抽象类只能作为其他类的基类，不能被实例化。

(2) 如果省略类修饰符，默认为private。

(3)“基类类名”用来定义该类的父类（基类）。

(4)“成员定义列表”声明该类包含的成员，如属性、字段、方法、事件等。

【例 4-3】 完成图 4-3 Student 类的定义。

```
public class Student
{
    private string stuNo;                          //字段  学号
    private string stuPwd;                         //字段  密码
    private string stuName;                        //字段  姓名
    private bool stuSex;                           //字段  性别
    public string StuNo                            //属性
    {
        get{return stuNo;}
        set{stuNo=value;}
    }
    public string StuPwd                           //属性
    {
        get{return stuPwd;}
        set{stuPwd=value;}
    }
    public string StuName                          //属性
    {
        get{return stuName;}
        set{stuName=value;}
    }
    public bool StuSex                             //属性
    {
        get{return stuSex;}
        set{stuSex=value ;}
    }
    public bool ModifyPwd()                        //方法
    {
        return true;
    }
    public bool Login(string stuNo,string stuPwd)  //方法
    {
        return true;
    }
    public override string ToString()              //方法
    {
        return null;
    }
}
```

类声明后，可以创建类的实例，创建类的实例使用 new 关键字。语法格式如下：

```
类名 实例名=new 类名([参数]);
```

创建完对象后，就可以访问对象的属性和服务了。下面的代码将学生对象 zhangsan 的姓名赋值给变量 stuName。

```
Student zhangsan=new Student();
String stuName=zhangsan.StuName;
```

4.5.2 属性、方法、字段和事件

属性表示对象的状态和特征。例如：对一个特定的学生来讲，有固定的学号、姓名和性别等特征信息。方法又称为操作或服务，是对象能够执行的一些操作，它体现了对象的功能。在 C# 中，通常用字段保存对象拥有的数据，属性用来控制对字段的访问。字段又称为域，代表与对象或类相关的变量。属性往往与一个私有字段相关联。常量和字段构成了 C# 的成员变量。事件是对象能够识别和响应的某些操作，在大多数情况下，事件是由用户的操作引起的，例如用户单击某个对象就触发了该对象的 Click 事件。事件也可以有系统触发，如窗体对象在被系统加载时会发生 Load 事件。用户可以自己编写事件代码来响应特定的事件，这样的代码称为事件过程，当一个事件发生时，将调用相应的事件过程。方法、属性和事件等构成了 C# 的成员函数。成员变量和成员函数都是类的成员。

(1) C# 字段的定义格式和功能说明如下。

[格式]：

```
[访问修饰符] 字段类型 字段名;
```

[功能]：在类中定义一个名为“字段名”的字段，该字段的类型由“字段类型”指定。字段的访问修饰符主要有 public、protected、private、static 等。

- public：公共成员，表示该成员允许类的使用者从外部访问该成员，为类提供外部接口。
- protected：保护成员，表示只有在该类或该类的派生类中才能访问。
- private：私有成员，仅限于该类中的成员可以访问，包括成员变量和成员函数。
- static：静态成员，和实例成员相对应，如果没有 static 保留字，则成员就是实例成员。静态成员属于类所有，实例成员属于实例所有。静态成员只能通过类名来访问，实例成员只能通过类的实例进行访问。

字段的声明可以参考 [例 4-3] 中代码。

(2) C# 属性的定义格式和功能说明如下。

[格式]：

```
[访问修饰符] 类型说明符 属性名{访问声明}
```

[功能]：在类中定义一个名为“属性名”的属性，该属性的类型由“类型说明符”指定。“访问声明”用来声明属性访问器。给属性赋值时使用 set 访问器，set 访问器始终使用 value 来设置属性的值。获取属性值时使用 get 访问器，get 访问器使用 return 语句返回属性的值。在“访问声明”中，如果只有 get 访问器，表示只读属性；如果只有 set 访问器，表

示只写属性；如果既有 get 访问器，也有 set 访问器，表示读写属性。

属性的定义可以参考［例 4-3］中代码。

(3) C#方法的一般定义格式和功能说明如下。

［格式］：

```
[访问修饰符] 返回值类型说明符 方法名 ([参数列表])
{
    实现部分;
}
```

［功能］：在类中定义一个名为“方法名”的方法。

［说明］：

- 如果修饰符为 static，则表明该方法是一个静态方法，否则为实例方法。
- 如果修饰符为 virtual，则称这个方法为虚方法，反之称为非虚方法。对于虚方法，它的执行方式可能被派生类改变，这种改变是通过重载实现。请参考本章 4.5.4 节内容。
- “参数列表”是可选的，方法即使没有参数，也不能省略方法后面的小括号。C#方法的参数有四种：值参数（按值传递）、引用参数（按地址传递）、输出参数和参数数组。

当方法的参数是一个值类型时，参数按值传递方式将实参值复制一份传递给形参，形参接受了实参的值后就与实参不存在任何联系。值参数的数据类型包括 int、bool、long 等简单值类型及结构、枚举类型参数。

当方法的参数是一个引用类型时，如 string、数组、类、接口等时，参数将按地址传递方式将实参的地址赋值给形式参数，对形参的修改也就是对实参的修改，这种方式又称为双向传递。通过引用传递参数可以改善程序的性能，因为它消除了对大型数据项（如对象）的复制。但是这种方式也减弱了程序的安全性，因为调用方法可以直接修改被调用者的数据。

如果希望一个值类型的参数也按照引用方式传值，可以在形参声明和实参调用前加上关键字 ref。

属性、方法的 UML 表示方法参考图 4-3。

4.5.3 封装、继承、多态

封装（Encapsulation），就是将用来描述客观事物的一组数据和操作组装在一起，形成一个类。也就是说类是对客观事物的一种高度抽象，是具有一组相同属性和操作的对象的集合。

类实际上是一种用户自定义的数据类型，和已经存在的数据类型用法相似，如 int、long、double 等，不同之处在于，类是为了与具体问题相适应而扩展了的数据结构。

封装是面向对象方法的一个重要原则，它将对象分成接口（可见的）和实现（不可见的）两部分。当我们从外部观察对象时，只需要了解对象所呈现的外部行为（即做什么），而不必关心它的内部细节（即怎么做）。例如，对于一台电视机对象来讲，它只需要对使用者暴露开/关、调节频道和调节音量等几个按钮就可以了，不需要向用户展示其内部实现细节。

继承（Inheritance），是指一个新类继承了原来类的全部属性和操作，并且增加了属于自己的新属性和新操作，那么这个新类称为派生类（或子类），原来的类是新类的基类（或父类）。

继承的概念来源于生活，如儿子长得像父亲，他继承了父亲的外貌，但与生活中的继承概念不同的是，类的继承是100%的继承，派生类必须继承基类所有的属性和操作，基类中具有的任何属性和操作在派生类中不需要描述，如果描述就有另一层含义。C#只支持单继承，即一个派生类只能有一个基类。继承简化了人们对现实世界的认识和描述，有利于软件复用。

在“校园音乐吧”项目，通过第1章的需求分析知道，系统中既有学生，也有管理员，管理员也是学生，只是他比普通学生有更多的功能。当一个类和另一个类存在“is a”这种关系的时候，就可以认为这两个类之间存在继承关系。继承关系的UML表示方法如图4-4所示。

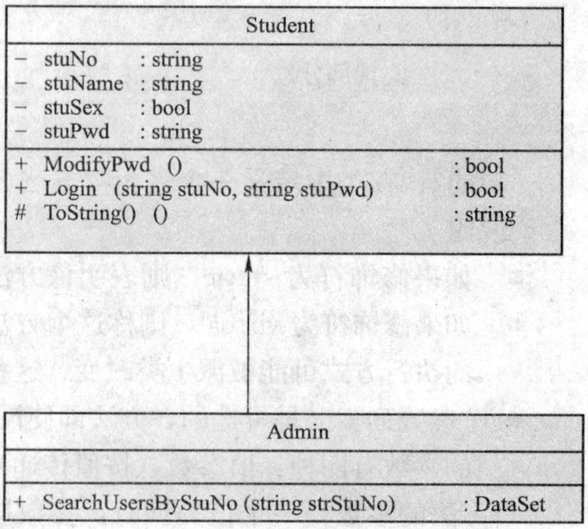

图4-4 继承关系的UML表示方法

继承关系用一条带有空心三角形的直线表示，并由子类指向父类。图4-4表明，Admin类继承了Student类，Admin类是子类，Student类是父类。Admin除了具有Student类所有的属性和操作外，还增加了一个SearchUsersByStuNo方法，用来模糊搜索所有注册的学生信息。DataSet返回值类型我们在后面章节详细讲述。

多态（Polymorphism）是指在父类中定义的属性和服务被子类继承后，可以具有不同的数据类型或表现出不同的行为。例如，无论是圆、正方形还是三角形，都可以抽象为一个称为形体的基类。所有的形体都能够被绘制、填充、移动、擦除和计算面积等，这些操作都可以通过方法来实现。形体基类有一个计算面积的方法，而正方形、三角形、圆子类等也具有了计算面积的方法，他们是从基类继承来的，但是正方形、三角形和圆等子类计算面积的方法是不同的，该如何实现呢？为了解决该问题，面向对象程序设计方法中提出了一个虚函数（Virtual function）的概念，即在基类中只定义抽象的方法，而具体的实现在派生类中定义。在派生类中利用覆盖（Override）可以对基类中已经声明的函数进行重新实现。这样，我们在圆、三角形和正方形等子类重新实现计算面积的方法，就能够正确地计算形体的面积了。

在［例4-3］Student类的定义中，可以看到ToString方法前添加了Override关键字，但是没有看到Student类有父类，这是什么原因呢？在C#中，所有的类都是从Object类继承来的，Object类提供一个虚的ToString方法，定义如下：

```
public virtual string ToString()
```

因此，Student类中ToString方法覆盖了Object基类中的ToString方法。

另外，重载也是一种多态性的一种体现。在下面4.5.4节讲述。

4.5.4 重载、消息

重载（Overload）指的是方法名称一样，但如果参数不同，就会有不同的实现。参数不同表现为参数个数不同或参数个数相同但参数的类型不同。例如，Console.WriteLine方法就有多个重载的方法，他可以接受一个字符串参数、整型参数甚至是bool参数。

重载主要有两类：方法重载及运算符重载。

消息（Message）是指对象间相互联系和相互作用的方式。对象之间通过消息传递方式进行通信。通常，一个对象向另一个对象发出消息请求某项服务，接收消息的对象响应该消息，触发所要求的服务操作，并将操作结果返回给请求服务的对象。

一个消息主要由 5 部分组成：发送消息的对象、接收消息的对象、消息名称、消息内容（参数）、反馈。消息名称就是这个对象中外界可知的某个方法的名字。

4.5.5 类之间关系

在面向对象语言中，类不是孤立存在，类与类之间是有关系的，关系包括泛化、聚合和组合、关联和依赖。

1. 泛化

泛化（Gerneralization），是一种非常重要的关系，通常用来表示类与类之间的继承关系。在 UML 类图中，泛化的表示方法参考图 4-4。

2. 关联

关联（Association）是一种结构化的关系，指一种对象和另一种对象有联系。当一个对象通过对另一个对象的引用去使用另一个对象的服务或操作时，两个对象之间便产生了关联。在 UML 类图中，关联用一条实线将类连接在一起。通常，如果关联是单向关联，则在关联端加箭头表示方向，如果是双向关联，则不需要箭头，如图 4-5 所示。计算机类和属主类之间的关系就是关联关系。

3. 聚合和组合

聚合（Aggregation）表示一个事物的部分与整体的一种松散的对象间关系，即 A 对象可以包含 B 对象，但 B 对象不一定是 A 对象的组成部分。

比如计算机和它的外围设备就是一种聚合关系。再比如汽车和停车场之间的关系，停车场中有汽车，但汽车不是停车场的一部分，汽车和停车场之间没有整体和部分的关系。

组合（Composition）表示一个事物的部分与整体的一种紧密的对象间关系，此时，构成整体类的部分类完全属于整体类。在一个合成对象里，部分与整体的生命周期是相同的。合成对象负责管理内部部分对象的创建和删除。整体对象不存在时，部分对象也会消失。

聚合和组合都是关联关系的一种，聚合和组合都比关联表示的关系强，组合表示的关系最强。聚合和组合强调的是整体与部分之间的关系。

关联与聚合、组合的区别在于以下方面。①关联关系所涉及的两个对象是处在同一个层次上的。比如人和自行车就是一种关联关系，不存在部分与整体的关系，因为人不是由自行车组成的。聚合和组合关系涉及的两个对象往往处于不同的层次上，一个代表整体，一个代表部分。比如计算机和它的显示器、键盘之间可以认为是一种聚合关系，计算机和内存、主板之间可以认为是一种组合关系，因为主板、显示器等都是电脑的组成部分。②对于聚合关系和组合关系，整体对象会制约它的组成对象的生命周期。部分类的对象不能单独存在，它的生命周期依赖于整体类的对象的生命周期，当整体消失，部分也就随之消失。

聚合和组合的区别在于：聚合关系可以被认为是“has-a”关系，组合关系是“contains-a”关系；聚合关系表示整体与部分的关系比较弱，而组合比较强；聚合关系中代表部分事物的对象与代表聚合事物的对象的生命周期无关，一旦删除了聚合对象不一定就删除了代表部分事物的对象。组合关系中一旦删除了组合对象，同时也就删除了代表部分事物的对象。

在 C# 中，与关联关系一样，聚合关系和组合关系也是通过实例变量来实现的。关联关系、聚合关系和组合关系在语法上是没办法区分的，只能从语义上才能更好地区分他们的区别。

聚合关系在 UML 中的表示法为在关联端加一个小空心菱形，菱形连接处代表整体事物类，称为聚合类，另一端连接处代表部分事物类，如图 4－5 所示。由于显示器、键盘和鼠标并不是计算机必备的组成部分，因此他们和计算机之间的关系是聚合关系。

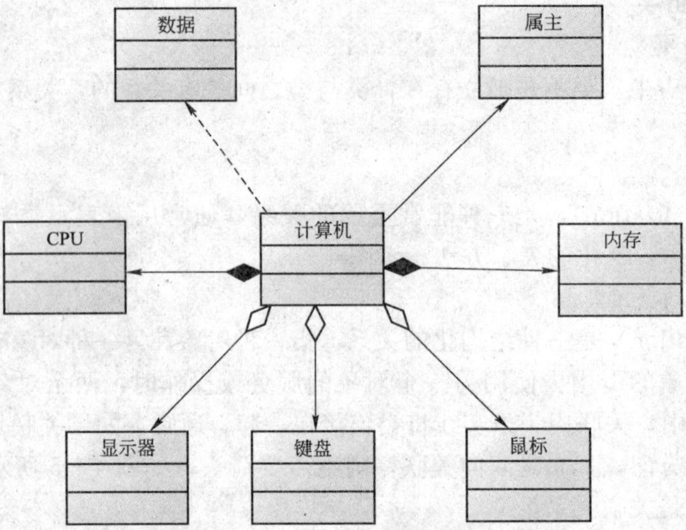

图 4－5　关联、依赖、聚合和组合关系

组合关系在 UML 中的表示法是在关联端加一个小实心菱形，菱形连接处代表整体事物类，称为组合类，另一端连接处代表部分事物类，如图 4－5 所示。计算机与内存、CPU 之间的关系是组合关系，因为内存和 CPU 是计算机必备的部分。

有的书中不区分聚合和组合关系，统称为聚集关系。

4. 依赖

依赖（Dependency）关系体现了类之间“使用和调用”关系，指特定事物的改变有可能影响使用该事物的事物，反之不成立。通常情况下，依赖关系体现在目标类的对象出现在局部变量或方法的参数中及静态方法的调用中。依赖与关联不同，依赖关系总是单项的。

依赖在 UML 图中用一个从客户指向提供者的虚箭头表示，如图 4－5 所示。计算机和数据之间存在依赖关系，因为计算机在进行计算时需要数据。

4.6　局部类、泛型

1. 局部类

自 C# 2.0 开始，C# 语言引入了局部类的概念，允许将类或结构的定义和实现分开放在多个文件中。通过使用 partial 关键字来标注分割，将类的一部分放在一个文件中，而将另一个部分放在一个不同的文件中。

局部类型支持可以用于类、结构和接口，但是不能包含局部枚举定义。局部类型是一个非常有用的功能。ASP .NET 2.0 将局部类用于 Code - Beside 类（从 Code - Behind 演变而来），单独存储页面中机器生成的部分。Windows 窗体使用局部类来存储 InitializeComponent 方法的可视化设计器输出以及成员控件。通过使用局部类型，两个或者更多的开发人员可以工作在同一个类型上，同时都可以从源控制代码中签出其文件而不互相影响。

局部类型在实际使用时也有一些限制：

- 局部类型只适用于类、接口和结构体，不支持委托和枚举。
- 同一个类型的各个部分都必须有修饰符 partial。
- 使用局部类时，一个类的各个部分必须放在相同的命名空间。
- 一个类的各个部分必须被同时编译。换言之，C# 不允许对一个类的各个部分单独编译。

2. 泛型

泛型是 C# 2.0 引入的最强大的功能之一。通过泛型可以定义类型安全的数据结构，而无须使用实际的数据类型。可以避免强制类型转换或装箱操作带来的成本或风险，显著提高性能并得到更高质量的代码。在概念上，泛型类似于 C++模板，但是在实现和功能方面存在明显差异。

泛型通常与集合及作用于集合的方法一起使用。.NET Framework 2.0 版类库提供一个新的命名空间 System. Collections. Generic，其中包含几个新的基于泛型的集合类。建议面向 2.0 版以上的所有应用程序都使用新的泛型集合类，而不要使用旧的非泛型集合类，如 ArrayList。

下面举一个例子讲述泛型的用法。

考虑一种普通的、提供传统 Push()和 Pop()方法的数据结构（例如，堆栈）。在开发通用堆栈时，需使用它来存储各种类型的实例。在 C# 1.1 下，必须使用基于 Object 的堆栈，这意味着，在该堆栈中使用的内部数据类型是难以归类的 Object，并且堆栈方法与 Object 交互。Stack 的实现代码原型如下：

```
public class Stack
{
    object[] m_Items;
    public void Push(object item){...}
    public object Pop(){...}
}
```

因为 Object 是规范的 .NET 基类型，所以使用基于 Object 的堆栈可以保存任何类型的数据项。Stack 类的通常使用方法如下：

```
Stack stack=new Stack();
stack.Push(1);
stack.Push(2);
int number=(int)stack.Pop();
```

上述实现方案，当Stack处理值类型时，会出现装箱、拆箱操作，这将在托管堆上分配和回收大量的变量，若数据量大，则性能损失非常严重。在处理引用类型时，虽然没有装箱和拆箱操作，但将用到数据类型的强制转换操作，增加处理器的负担。

下面是用泛型来重写上面的栈，用一个通用的数据类型T来作为一个占位符，等待在实例化时用一个实际的类型来代替。

```
public class Stack<T>
{
    private T[] m_item;
    public T Pop(){...}
    public void Push(T item){...}
}
```

类的写法不变，只是引入了通用数据类型T就可以适用于任何数据类型，并且是类型安全的。这个类的调用方法如下：

```
//实例化只能保存int类型的类
Stack<int>a=new Stack<int>(100);
a.Push(10);
int x=a.Pop();
//实例化只能保存string类型的类
Stack<string> b=new Stack<string>(100);
b.Push(100); //这一行编译不通过,因为类b只接收string类型的数据
b.Push("xxxx");
string y=b.Pop();
```

这个类和基于Object实现的类有着截然不同的区别。

- 它是类型安全的。实例化了int类型的栈，就不能处理其他数据类型的数据。
- 无须装箱和拆箱。这个类在实例化时，按照所传入的数据类型生成本地代码，本地代码数据类型已确定，所以无须装箱和拆箱。
- 无须类型转换。

项 目 任 务

项目任务——应用面向对象的思想对校园音乐吧项目建立分析与设计模型

应用面向对象的思想，对“校园音乐吧”项目进行详细分析和设计，并抽象出核心类。

【实现方法】

初学者通常接到一个软件项目后，经过简单的需求分析后，就急于进入编码阶段，这可

能会给软件开发带来很多问题。由于前期需求分析不到位，后期对软件的修改就难以避免，甚至推倒重来，大大浪费了时间和精力，导致项目进度延期、开发成本上升。因此，在进入编码阶段之前，应该重视软件的分析与设计。

可以借助一些辅助软件工程工具帮助完成面向对象的分析与设计建模工作，常用的建模工具有 IBM Rational Rose、Sybase PowerDesigner、Visual UML 及 Together 等，可以到各软件的官方网站下载试用版。

面向对象的软件开发方法和设计技术有很多，在此主要介绍面向对象的分析过程和设计过程需要遵循的原则。

在分析阶段，需要充分地研究用户需求，认识清楚系统责任。根据问题域和系统责任的复杂性，抽象出多层次的子问题域，用包及相应的抽象机制来描述各个子问题域的信息。通过对问题域的分析研究，建立用例图、类图、状态图和顺序图。

在设计阶段，应该考虑与实现有关的问题，建立针对具体实现环境的面向对象的设计模型。

在建模过程中，应借鉴以往同类系统的面向对象分析与设计的结果，尽可能加以复用。

1. 面向对象分析

分析阶段的主要目标是建立系统分析模型。即根据项目需要，有选择地建立一组用例图、一组类图、一组顺序图和一组状态图。

分析阶段的主要活动包括以下几种。

1）初步划分子系统

若要建立的软件系统规模很大或构成较为复杂，要按照用户需求及相关业务模型或领域模型，对其进行分解，划分成几个子系统。对于小型系统可以不划分子系统。本书所用项目“校园音乐吧”规模较小，没有划分子系统。

2）建立用例图

该阶段主要包括以下几个步骤。①确定系统边界。②定义参与者。结合问题域，从用户需求、业务模型（或领域模型）中发现参与者，凡是与系统直接进行交互的系统以外的事物都可以是参与者。常见的参与者包括人员、设备、外部系统等。③定义用例。针对每一个参与者，考虑它使用系统的每一项功能的过程，以发现用例；然后对每个用例用文字进行描述，叙述清楚用例与参与者交互的序列；接着确认用例，看是否需要合并或分解用例；通常还需要描述非功能方面的需求。④建立用例图。包括建立参与者与用例间的关系、建立用例之间的包含与扩展关系。⑤重新组织子系统。把支持一个特定业务过程或参与者的用例分成一组，形成一个包；或者把具有包含或扩展关系的用例放入一个包中。结合分组情况，重新组织子系统。

对于“校园音乐吧”项目，用例图参考本书第 1 章内容。

3）建立类图

面向对象分析的一个主要活动就是建立系统类图。主要包括以下几个步骤。①发现类及对象。从以下几个方面寻找候选类及对象。从问题域出发，考虑其中的人员、组织、物品、设备、事件、表格和结构等；考虑与系统边界有关的人员、设备和外部系统；从系统责任出发，考虑每项系统功能。然后对发现的类和对象进行审查和筛选。最后，描述所识别出来的类。②定义属性。首先，按照常识和当前的问题域，根据系统责任的要求，确定类应该有哪些属性。然后对属性进行审查和筛选。丢弃没有用的、重复的属性。最后，把属性放置到由它直接描述的类中。③定义服务（方法）。从系统的责任、问题域和对象的状态发现服务。然后对服务进行审查和调整。识别主动服务。最后，将服务放置到所描述的类中。④建立关系。通过分析，建立类之间的泛化、聚合、组合、关联和依赖关系。⑤建立包。根据需要建立包及包之间的关系。⑥详细说明。对类图中的类进行详细说明。

根据上述指导原则，“校园音乐吧”项目的分析类图如图 4－6 所示。

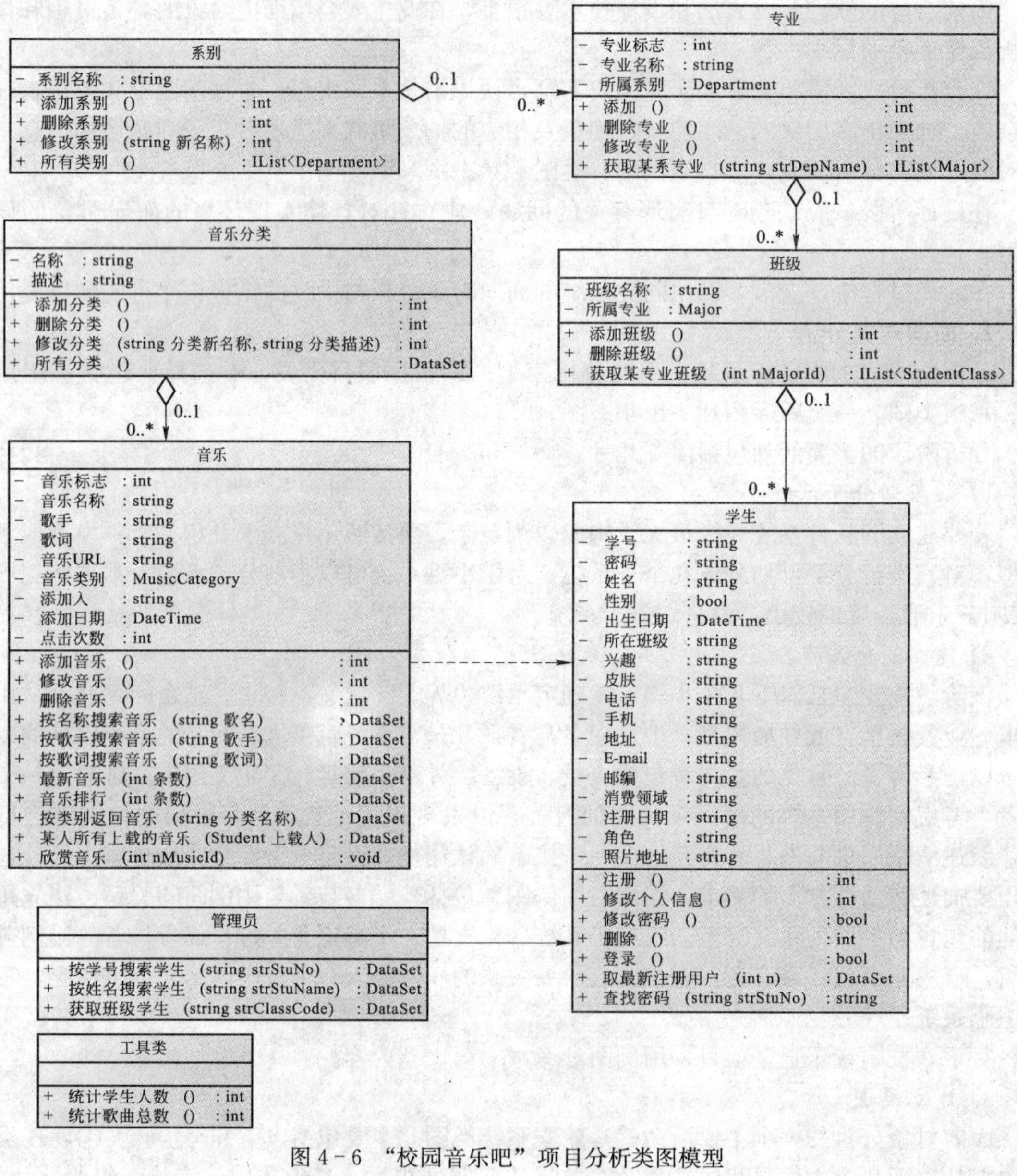

图 4－6 “校园音乐吧”项目分析类图模型

系别与专业，专业与班级、班级与学生，以及音乐类别与音乐类之间都是聚合关系。比如，班级和学生之间是一种聚合关系，因为一个班级包括多名学生。由于在音乐类中，“某人所有上传的音乐”方法中使用了学生类（Student）类作为参数，因此音乐类依赖于学生类。很明显，管理员和学生类之间存在泛化关系。

4）建立顺序图

顺序图基于用例详细而直观地描述了对象之间及对象与参与者之间的关系。可对一个用例或其中的一个行为序列建立顺序图，也可以对多个行为序列中的协作对象建立顺序图。

由于篇章所限，本书没有详细阐述顺序图的相关知识，请参考 UML 和软件工程相关书籍。

5）建立状态图

一个状态图应只注重于系统动态交互的一个方面，仅包含对理解这个方面是重要的那些元素，且提供的细节与当前的抽象层次要相一致。

由于篇章所限，本书没有详细阐述状态图的相关知识，请参考 UML 和软件工程相关书籍。

2. 面向对象设计

有了前面面向对象分析的基础，接下来就需要考虑与实际实现有关的问题，建立设计模型。面向对象的设计分为 4 个部分：问题域部分、界面交互部分、任务管理部分和数据管理部分。

1）面向对象设计的问题域部分

把面向对象分析中产生的类图直接引入设计的问题域部分，根据具体的实现环境，对其进行调整、增补和改进。

2）面向对象设计的界面交互部分

按照用户要求，设计系统的人与计算机交互的界面。Web 应用程序对界面设计的水准要求较高。一个糟糕设计的界面将使其潜在的用户失望，并且可能导致用户到别的站点去。界面必须“抓住潜在的用户”。Web 应用程序界面设计的指导原则有以下几个方面。

- 页面风格一致，简洁明了。一个网站应该有统一的页头和页脚部分。
- 导航清晰一致，而且应该在所有用户可以到达的页面上可用。比如，在“校园音乐吧”项目中，用户可以在任何一个页面上返回到首页、进入到登录或注册页面。
- 重视美学因素。在 Web 项目开发中，色彩搭配、页面布局都应该有专门的美工人员参与。

“校园音乐吧”项目的界面设计已经在第 2 章讲述。由于还没有讲到 ASP .NET 控件相关知识，在此不做界面交互类的设计。

3）面向对象设计的任务管理部分

为系统中的任务管理进行建模。首先识别系统中的任务，包含由事件驱动的任务、由时钟驱动的任务等，然后审查每个任务并定义各任务。

在“校园音乐吧”项目中，没有相关需求，因此不需要对任务管理部分进行建模。

4）面向对象设计的数据管理部分

为了存储问题域的持久对象，封装对这些对象的查找和存储机制，以及为了隔离数据管理方法的影响，要提供在数据管理系统中存储和检索对象的基本结构。可以通过定义与数据存储系统交互的专门对象来负责对象存储及检索，也可以通过对象自己进行存储管理。数据管理部分设计包括数据存放设计和相应服务设计。数据存放设计要确定存放方式，如文件、关系数据库或面向对象数据库等；如果采用关系数据库存放方式，还需要确定类及类之间关系（包括关联、聚合、泛化）的存储设计方案。服务设计包括为每个存储对象的类增加属性和服务，用来告诉各对象如何存储自己和检索被存储的对象。

大部分软件项目都需要使用关系数据库来存放信息，“校园音乐吧”项目的数据库设计将在第 5 章 ADO .NET 讲述。图 4-7 是“校园音乐吧”项目的设计类图。

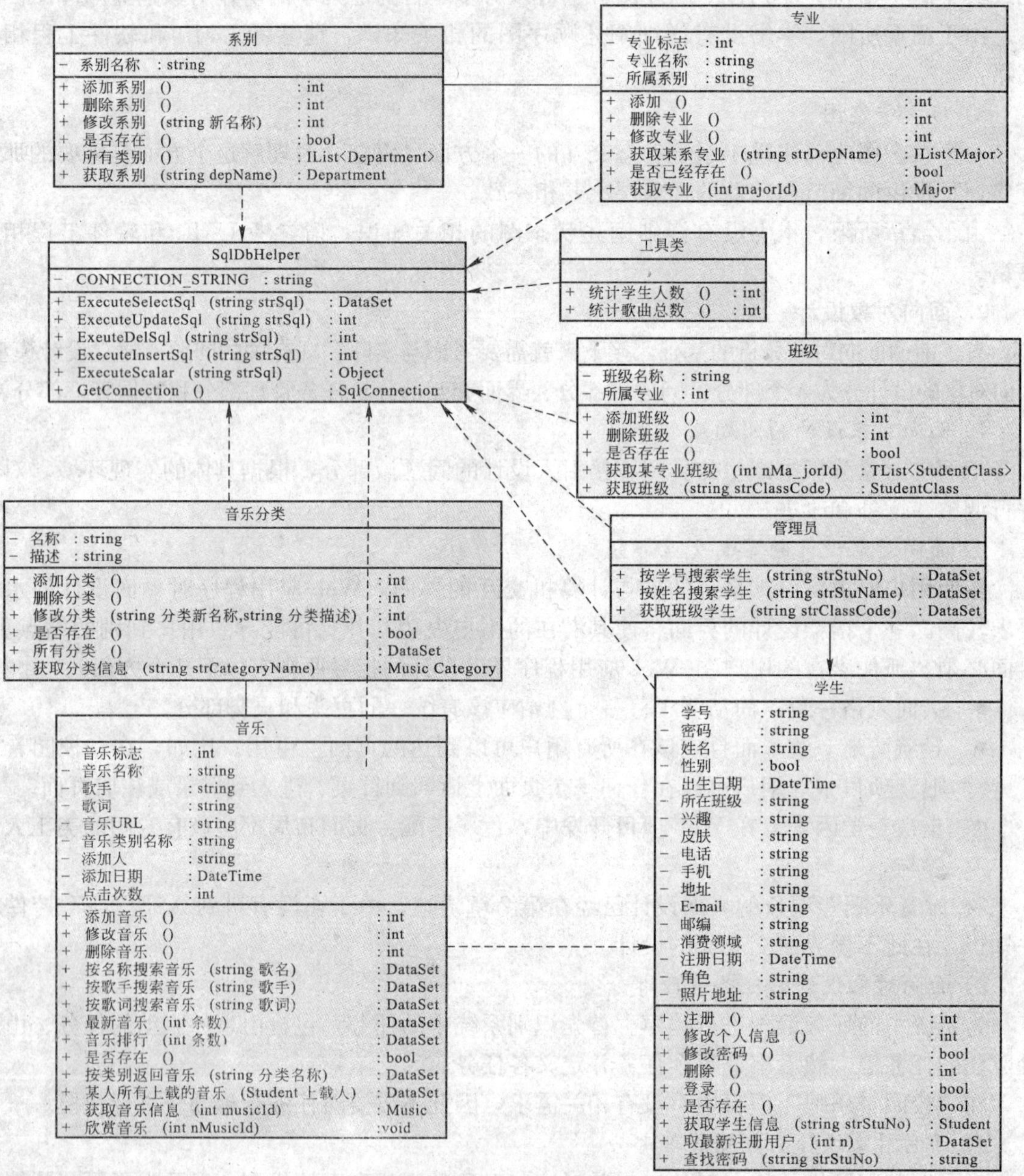

图 4-7 “校园音乐吧”项目设计类图模型

不同的人员对同一个项目进行分析，得到的分析模型和设计模型不尽相同，不能说哪个方案正确或哪个方案错误，一般都是他们考虑的重点不同而造成的。但是方案之间一般会有优劣之分。经验丰富的设计人员往往使得设计模型具有很高的可扩展性、可维护性及适应性。由于本书面向的读者，都是初学者，为了尽可能简单地讲解面向对象的思想，因此，图 4-7 设计模型没做过多的优化。

“校园音乐吧”项目的设计模型相对于分析模型有了很大变化。首先，在设计模型中，我们考虑了数据管理部分的服务实现。模型新增加了一个 SqlDbHelper 类完成对关系数据库的操作，包括插入数据、删除数据、修改数据及检索数据等。其他所有的类，要实现数据持久化或检索对象，都必须调用 SqlDbHelper 类的相关方法。同时，大部分类还增加了检索对象的方法，如学生类增加了“获取学生信息”服务，用来从数据库中检索一个指定学生的信息。

其次，类之间的关系也发生了改变。例如，在分析阶段中，系别和专业之间存在聚合关系。由于在实际实现时，系统将所有的数据存储在关系数据库中，现在不一定非要在系别和专业两个类之间保持聚合关系，而只需要在专业类中保持其所属系别的名称就可以了。专业和班级，班级和学生，以及音乐类别和音乐之间的关系也是如此。

此外，设计模型仅包括了问题域部分和数据管理部分相关类设计，没有包括界面部分类设计。由于项目没有涉及任务相关内容，因此也没有任务管理部分类的设计。

下面给出部分类的接口定义，其他类的接口定义在上机实战部分和习题中完成。

下面的类都可以通过如下方法添加到网站中：打开校园音乐吧网站，右击网站的 App_Code 目录，选择【添加新项】命令，然后选择【类】模板，并改名为下面的类的名称，单击【添加】按钮，就添加了一个新类。将内容按照如下代码进行修改。

系别类（Department. cs）定义：

```
using System;
using System.Data;
using System.Collections;
using System.Collections.Generic;
public class Department
{
    /// <summary>
    /// 院系名称
    /// </summary>
    private string departmentName;
    public string DepartmentName
    {
        get{return departmentName;}
        set{departmentName=value;}
    }
    /// <summary>
    /// 缺省构造函数
    /// </summary>
    public Department()
    {
        departmentName="";
```

```
}
/// <summary>
/// 重载构造函数
/// </summary>
/// <param name="strDepName"> 院系名称</param>
public Department(string strDepName)
{
    departmentName=strDepName;
}
/// <summary>
/// 添加一个新的院系
/// </summary>
/// <returns></returns>
public int AddDepartment()
{
    //throw new NotImplementedException();
}
/// <summary>
/// 删除指定的院系
/// </summary>
/// <returns></returns>
public int Del()
{
    throw new NotImplementedException();
}
/// <summary>
/// 修改当前院系名称
/// </summary>
/// <param name="strNewName"></param>
/// <returns></returns>
public int Modify(string strNewName)
{
    throw new NotImplementedException();
}
/// <summary>
/// 判断当前院系是否存在
/// </summary>
/// <returns></returns>
public bool IsExist()
{
    throw new NotImplementedException();
}
```

```
    /// <summary>
    /// 获取所有的院系列表
    /// </summary>
    /// <returns></returns>
    public IList<Department> GetAll()
    {
        throw new NotImplementedException()
    }
    /// < summary>
    /// 获取院系实体
    /// </summary>
    /// <param name="depName"></param>
    /// <returns></returns>
    public Department GetModel(string depName)
    {
        throw new NotImplementedException()
    }
}
```

专业类（Major.cs）定义：

```
using System;
using System.Data;
using System.Collections;
using System.Collections.Generic;
public class Major
{
    /// <summary>
    /// 专业标识
    /// </summary>
    private int majorId;
    public int MajorId
    {
        get{return majorId;}
        set{majorId=value;}
    }
    /// <summary>
    /// 专业名称
    /// </summary>
    private string majorName;
    public string MajorName
    {
```

```
        get{return majorName;}
        set{majorName=value;}
    }
    /// <summary>
    /// 所属院系
    /// </summary>
    private string departmentName;
    public string DepartmentName
    {
        get{return departmentName;}
        set{departmentName=value;}
    }
    /// <summary>
    /// 缺省构造函数
    /// </summary>
    public Major()
    {
        majorId=-1;
        majorName="";
        departmentName="";
    }
    /// <summary>
    /// 重载构造函数
    /// </summary>
    public Major(int nId,string strName,string strDepName)
    {
        majorId=nId;
        majorName=strName;
        departmentName=strDepName;
    }
    /// <summary>
    /// 添加新专业
    /// </summary>
    /// <returns></returns>
    public int AddMajor()
    {
        throw new NotImplementedException();
    }
    /// <summary>
    /// 删除当前专业
    /// </summary>
    /// <returns></returns>
```

```
    public int Del()
    {
        throw new NotImplementedException();
    }
    /// <summary>
    /// 修改当前专业
    /// </summary>
    /// <returns></returns>
    public int Modify()
    {
        throw new NotImplementedException();
    }
    /// <summary>
    /// 获取某个院系所有的专业
    /// </summary>
    /// <returns></returns>
    public IList<Major>GetMajorsByDep(string strDepName)
    {
        throw new NotImplementedException();
    }
    /// <summary>
    /// 判断当前专业是否存在
    /// </summary>
    /// <returns></returns>
    public bool IsExist()
    {
        throw new NotImplementedException();
    }
    /// <summary>
    /// 获取一个专业实体
    /// </summary>
    /// <param name="majorId"></param>
    /// <returns></returns>
    public Major GetModel(int majorId)
    {
        throw new NotImplementedException();
    }
}
```

班级类（StudentClass. cs）定义：

```
using System;
```

```
using System.Data;
using System.Collections;
using System.Collections.Generic;
public class StudentClass
{
    /// <summary>
    /// 班级名称
    /// </summary>
    private string classCode;
    public string ClassCode
    {
        get{return classCode;}
        set{classCode=value;}
    }
    /// <summary>
    /// 所属专业
    /// </summary>
    private int majorId;
    public int MajorId
    {
        get{return majorId;}
        set{majorId=value;}
    }
    /// <summary>
    /// 缺省构造函数
    /// </summary>
    public StudentClass()
    {
        classCode="";
        majorId=-1;
    }
    /// <summary>
    /// 重载构造函数
    /// </summary>
    /// <param name="strClassCode"></param>
    /// <param name="nMajorId"></param>
    public StudentClass(string strClassCode,int nMajorId)
    {
        classCode=strClassCode;
        majorId=nMajorId;
    }
    /// <summary>
```

```
    /// 添加新班级
    /// </summary>
    /// <returns></returns>
    public int AddClass()
    {
        throw new NotImplementedException();
    }
    /// <summary>
    /// 删除当前班级
    /// </summary>
    /// <returns></returns>
    public int Del()
    {
        throw new NotImplementedException();
    }
    /// <summary>
    /// 判断当前班级是否存在
    /// </summary>
    /// <returns></returns>
    public bool IsExist()
    {
        throw new NotImplementedException();
    }
    /// < summary>
    /// 获取某个专业所有的班级
    /// </summary>
    /// <param name="nMajorId"></param>
    /// <returns></returns>
    public IList<StudentClass>GetMajorClassess(int nMajorId)
    {
        throw new NotImplementedException();
    }
    /// <summary>
    /// 获取班级实体
    /// </summary>
    /// <param name="classCode"></param>
    /// <returns></returns>
    public StudentClass GetModel(string strClassCode)
    {
        throw new NotImplementedException();
    }
}
```

上机实战

上机实战——完成学生类、管理员类、SqlDbHelper类的接口定义

参考项目任务一节内容，完成中学生类、管理员类、SqlDbHelper类的接口定义。

【要点提示】

参考项目任务一节，主要完成类、属性和方法的定义。

【参考代码】

学生类（Student.cs）定义：

```
using System;
using System.Data;
public class Student
{
    /// <summary>
    /// 学号,用户名
    /// </summary>
    private string stuNo;
    public string StuNo
    {
        get{return stuNo;}
        set{stuNo=value;}
    }
    /// <summary>
    /// 登录密码
    /// </summary>
    private string stuPwd;
    public string StuPwd
    {
        get{return stuPwd;}
        set{stuPwd=value;}
    }
    /// <summary>
    /// 姓名
    /// </summary>
    private string stuName;
    public string StuName
```

```
{
    get{return stuName;}
    set{stuName=value;}
}
/// <summary>
/// 性别
/// </summary>
private bool stuSex;
public bool StuSex
{
    get{return stuSex;}
    set{stuSex=value;}
}
/// <summary>
/// 出生日期
/// </summary>
private DateTime stuBirthday;
public DateTime StuBirthday
{
    get{return stuBirthday;}
    set{stuBirthday=value;}
}
/// <summary>
/// 所在班级
/// </summary>
private string classCode;
public string ClassCode
{
    get{return classCode;}
    set{classCode=value;}
}
/// <summary>
/// 兴趣爱好
/// </summary>
private string stuHobbies;
public string StuHobbies
{
    get{return stuHobbies;}
    set{stuHobbies=value;}
}
/// <summary>
/// 个人空间  主题皮肤
```

```
/// </summary>
private string stuTheme;
public string StuTheme
{
    get{return stuTheme;}
    set{stuTheme=value;}
}
/// <summary>
/// 联系电话
/// </summary>
private string stuTel;
public string StuTel
{
    get{return stuTel;}
    set{stuTel=value;}
}
/// <summary>
/// 手机
/// </summary>
private string stuMobile;
public string StuMobile
{
    get{return stuMobile;}
    set{stuMobile=value;}
}
/// <summary>
/// 联系地址
/// </summary>
private string stuAddress;
public string StuAddress
{
    get{return stuAddress;}
    set{stuAddress=value;}
}
/// <summary>
/// E-mail
/// </summary>
private string stuE-mail;
public string StuE-mail
{
    get{return stuE-mail;}
    set{stuE-mail=value;}
```

```
}
/// <summary>
/// 邮编
/// </summary>
private string stuPost;
public string StuPost
{
    get{return stuPost;}
    set{stuPost=value;}
}
/// <summary>
/// 每月主要消费领域
/// </summary>
private string stuExpenseArea;
public string StuExpenseArea
{
    get{return stuExpenseArea;}
    set{stuExpenseArea=value;}
}
/// <summary>
/// 注册日期
/// </summary>
private DateTime regDate;
public DateTime RegDate
{
    get{return regDate;}
    set{regDate=value;}
}
/// <summary>
/// 用户角色
/// </summary>
private bool role;
public bool Role
{
    get{return role;}
    set{role=value;}
}
/// <summary>
/// 用户封面照片
/// </summary>
private string stuPhotoUrl;
public string StuPhotoUrl
```

```
{
    get{return stuPhotoUrl;}
    set{stuPhotoUrl=value;}
}
/// <summary>
/// 学生注册
/// </summary>
/// <returns></returns>
public int Register()
{
 throw new NotImplementedException();
}
/// <summary>
/// 修改个人信息,不包括密码和角色
/// </summary>
/// <returns></returns>
public int ModifyInfo()
{
    throw new NotImplementedException();
}
/// <summary>
/// 修改密码
/// </summary>
/// <returns></returns>
public bool ModifyPwd()
{
    throw new NotImplementedException(); }
/// <summary>
/// 删除一个会员
/// </summary>
/// <returns></returns>
public int Del()
{
    throw new NotImplementedException(); }
/// <summary>
/// 用户登录
/// </summary>
/// <returns></returns>
public bool Login()
{
    throw new NotImplementedException();
}
```

```
/// <summary>
/// 判断一个会员是否存在
/// </summary>
/// <returns></returns>
public bool IsExist()
{
    throw new NotImplementedException();
}
/// <summary>
/// 获取会员信息
/// </summary>
/// <param name="stuNo"></param>
/// <returns></returns>
public Student GetModel(string strStuNo)
{
    throw new NotImplementedException();
}
/// <summary>
/// 取最近注册 n 个用户
/// </summary>
/// <param name="n"></param>
/// <returns></returns>
public DataSet GetNewUsers(int n)
{
    throw new NotImplementedException();
}
/// <summary>
/// 获取指定用户的密码
/// </summary>
/// <param name="strStuNo"></param>
/// <returns></returns>
public string GetPassword(string strStuNo)
{
    throw new NotImplementedException();
    } }
```

管理员类（Admin. cs）定义：

```
using System;
using System.Data;
using System.Collections;
using System.Collections.Generic;
```

```
public class Admin : Student
{
    /// <summary>
    /// 按学号搜索学生
    /// </summary>
    /// <param name="strStuNo"></param>
    /// <returns></returns>
    public static DataSet SearchUsersByStuNo(string strStuNo)
    {
        throw new NotImplementedException();
    }
    /// <summary>
    /// 按名称搜索学生
    /// </summary>
    /// <param name="strStuName"></param>
    /// <returns></returns>
    public static DataSet SearchUsersByStuName(string strStuName)
    {
        throw new NotImplementedException();
    }
    /// <summary>
    /// 取一个班级所有的学生
    /// </summary>
    /// <param name="strClassCode"></param>
    /// <returns>< /returns>
    public static DataSet GetUsersByClassCode(string strClassCode)
    {
        throw new NotImplementedException();
    }
}
```

SqlDbHelper类（SqlDbHelper. cs）定义：

```
using System;
using System.Data;
using System.Data.SqlClient;
using System.Collections;
using System.Collections.Generic;
public class SqlDbHelper
{
    private static string CONNECTION_STRING= "";
    //public string connectionString;
```

```
/// <summary>
/// 执行 Select 语句,
/// </summary>
/// <param name="strSql"></param>
/// <returns></returns>
public static DataSet ExecuteSelectSql(string strSql)
{
    throw new NotImplementedException();
}
/// <summary>
/// 执行 UPDATE 语句
/// </summary>
/// <param name="strSql"></param>
/// <returns></returns>
public static int ExecuteUpdateSql(string strSql)
{
    throw new NotImplementedException();
}
/// <summary>
/// 执行 Delete 语句
/// </summary>
/// <param name="strSql"></param>
/// <returns></returns>
public static int ExecuteDelSql(string strSql)
{
    throw new NotImplementedException();
}
/// <summary>
/// 执行 Insert 语句
/// </summary>
/// <param name="strSql"></param>
/// <returns></returns>
public static int ExecuteInsertSql(string strSql)
{
    throw new NotImplementedException();
}

public static Object ExecuteScalar(string strSql)
{
    throw new NotImplementedException();
}
    public SqlConnection GetConnection()
```

```
    {
        throw new NotImplementedException();
    }
}
```

习　题

1. 完成项目任务一节中音乐类的接口定义。
2. 完成项目任务一节中音乐类别类的接口定义。
3. 完成项目任务一节中系统工具类的接口定义。

第 5 章 ADO .NET

本章要点

- 数据库基本概念
- 数据库设计
- SQL 语言
- ADO .NET 组件

5.1 数据库系统概述

数据库技术是计算机应用领域重要的一个分支，建设一个功能完善的网站更是离不开它。本节介绍数据库的一些基本概念。

5.1.1 数据库

数据库是按照某种特定的结构（数据模型）存储在数字存储设备（如计算机硬盘）上，能为多个用户共享的相关数据集合。

5.1.2 数据库管理系统

数据库管理系统是指一个管理数据库的软件，简称 DBMS（Data Base Management System）。DBMS 使用户能方便地定义数据、操纵数据，并能够保证数据的安全性、完整性，以及多用户对数据的并发使用和发生故障后的系统恢复。

5.1.3 数据库系统

数据库系统是指包含了硬件、软件、数据库及数据库管理员在内的一整套系统的总称。这里的软件主要包括支持 DBMS 及支持 DBMS 运行的操作系统。

5.1.4 数据模型

在数据库中，数据是按照某种结构存储的，称为数据模型。数据模型主要有 3 种，即层次模型、网状模型和关系模型。目前最常用的数据库系统模型是关系模型。关系模型是以集合论中的关系（Relation）概念为基础发展起来的数据模型，用二维表格结构表示数据模型。

图 5-1 即是关系数据库中用来存储数据的二维表格示例。表中纵的一列叫做一个字段，“MajorName”就是选中字段的名称。表中横的一行叫做一个记录，图中选择了第 2 条记录，也就是“信息安全技术”的相关信息。纵横交叉的地方叫做值。

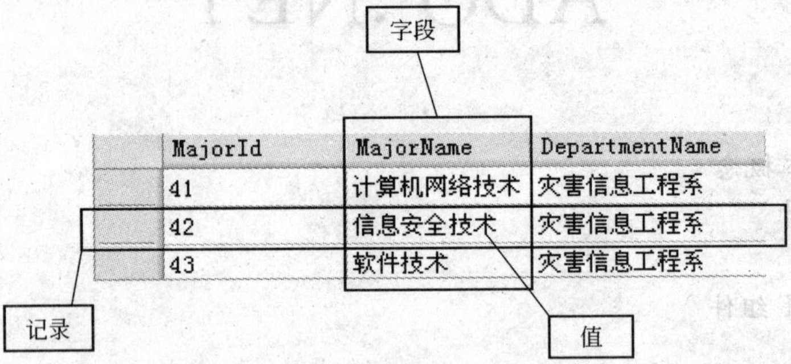

图 5-1　关系数据库中的表

5.1.5　SQL Server 2005 Express 数据库简介

SQL Server 2005 Express 是一种关系型数据库管理系统。SQL Server 2005 Express 是微软推出的基于 SQL Server 2005 技术构建的免费易用的轻型数据库。在 VS 2008 中集成了 SQL Server 2005 Express，在安装 VS 2008 时，如果选择了默认安装，SQL Server 2005 Express 数据库就已经包含在里面了。

5.2　数据库设计

数据库设计包括概念设计、逻辑设计、物理设计 3 个阶段。

（1）概念设计是将用户的数据需求进行综合和抽象，转化为一个统一的概念模型，概念模型也称信息模型，它是根据人们的需要对现实世界中的事物及事物之间的联系进行抽象而建立起的模型。概念模型是从现实世界过渡到机器世界的中间层。

概念模型包括实体、属性、联系 3 个基本成分，3 个成分表示的意义如下。

① 实体：即现实世界的人或物，通常用来表示某类数据的集合，其范围可大可小。例如学生、班级、专业、院系、音乐、音乐类别都是实体。

② 联系：描述实体之间存在的关系，例如学生“属于”班级、学生“上传”音乐等句子中的“属于”和“上传”都代表实体之间的联系。联系可分为一对一、一对多和多对多等类型。

③ 属性：表示实体或联系的某种特性，例如学生有学号、姓名、性别、生日等属性。

为了直观地表示出概念模型，人们往往把它绘制成各种图形。E-R 图，即实体-联系（Entity-Relationship）图，就是现在最为常用的一种用来描述概念模型的图形。在 E-R

图中，用矩形表示实体，椭圆表示属性，菱形表示联系，最后用线段连接相关的对象。

(2) 逻辑设计就是指确定数据库的逻辑结构。对于关系数据模型，就是要将概念设计中的 E－R 图中的所有实体和联系都用关系来表示。

(3) 物理设计就是指在数据库管理系统上实现数据库的创建。确定了关系模型，并确定了所使用的数据库管理系统后，就可以确定数据库的结构，包括数据库的名称，数据库中各个表的名称，各数据字段的名称、类型和宽度，以及要建立的索引、关系和各种约束，并最终在数据库管理系统上创建数据库。

【例 5－1】 设计校园音乐吧的数据库。

1. 概念设计

校园音乐吧的数据库 E－R 图如图 5－2 所示。

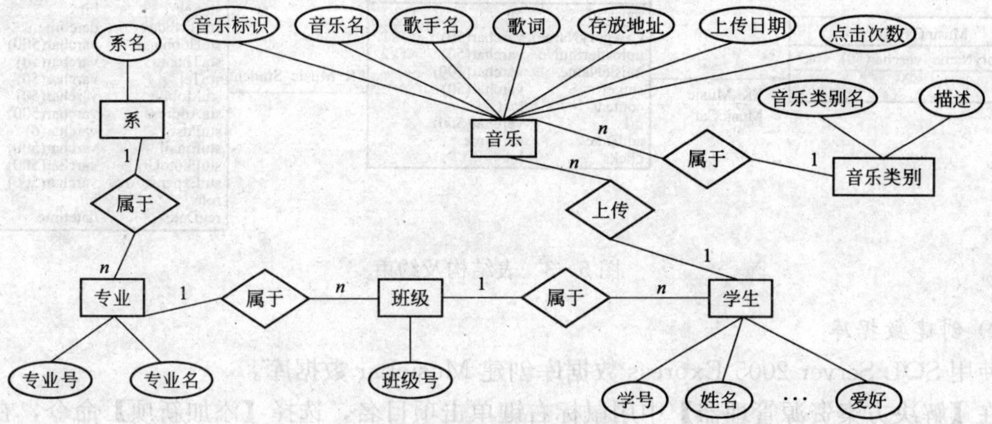

图 5－2　校园音乐吧数据库 E－R 图

2. 逻辑设计

把 E－R 图转化为关系模型，专业和系两个实体之间一对多的联系应该反映到关系专业中，即在关系专业中加入一个系名属性，在物理设计中该属性就是表中的外键约束。E－R 图中的其他的一对多的联系也是如此转化。若是多对多的联系，则应该转化成一个关系，而不是关系里的一个属性。下面是校园音乐吧数据库应该有的 6 个关系。

系（<u>系名</u>）

专业（<u>专业号</u>，专业名，系名）

班级（<u>班级号</u>，专业号）

学生（<u>学号</u>，班级号，密码，姓名，性别，生日，爱好，主题皮肤，固定电话号，移动电话号，地址，E-mail，照片路径，消费领域，角色）

音乐（<u>音乐标识</u>，音乐类别名，上传者学号，音乐名，歌手名，歌词，存放地址，上传日期，单击次数）

音乐类别（<u>音乐类别名</u>，描述）

3. 物理设计

1) *表结构设计*

表结构及约束如图 5－3 所示。矩形的上半部分表示表名，下半部分是表的各个字段名、字段的数据类型、主键（<pk>）或外键 <FK>，带箭头的横线上标明了外键约束名称，箭头指向主键表，如FK_MAJOR_DEPARTMENT约束，箭头方向指向Department表，说明Major表中外键DepartmentName的值参照Department表中DepartmentName的值，若与其不一致，则产生外键冲突。

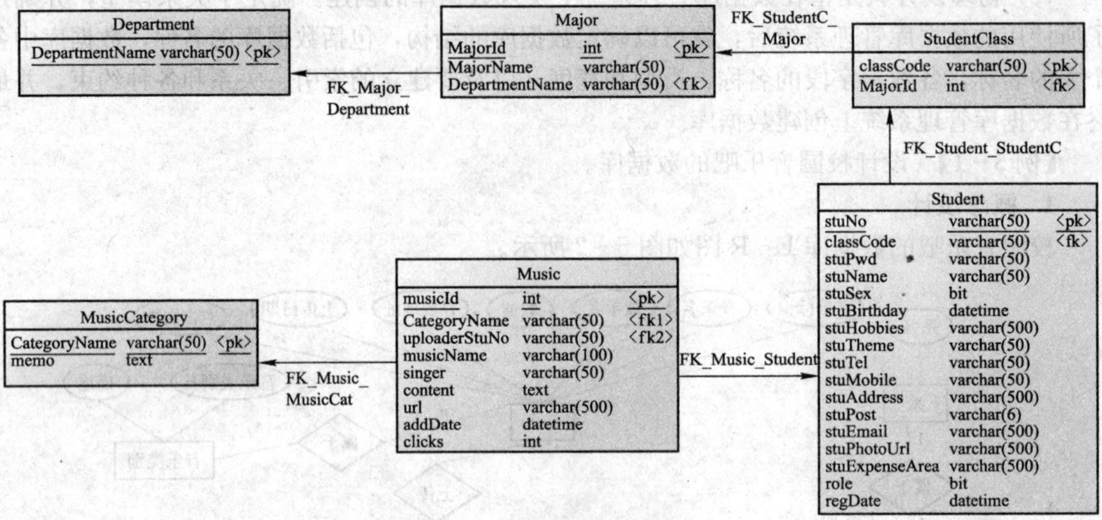

图5-3 表结构及约束

2）创建数据库

使用SQL Server 2005 Express数据库创建MusicBar数据库。

在【解决方案资源管理器】中用鼠标右键单击项目名，选择【添加新项】命令，在弹出的【添加新项】对话框中选择“SQL Server数据库”，在“名称”后面的输入框中输入“MusicBar. mdf”。

单击【添加】按钮，弹出5-4所示的对话框，单击【是】按钮，将数据库文件MusicBar. mdf保存到App_Data文件夹中。

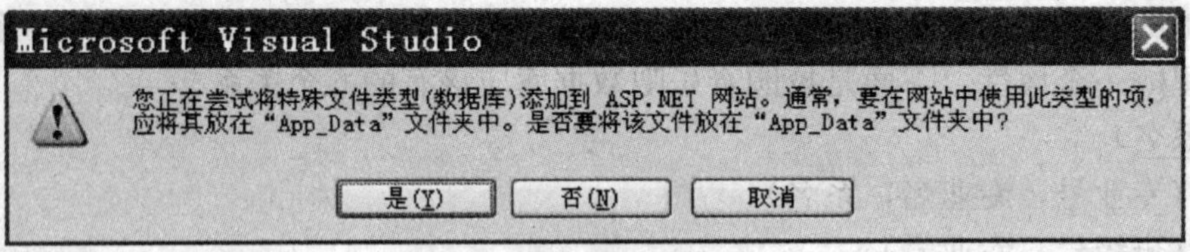

图5-4 添加数据库文件到App_Data文件夹确认对话框

3）创建数据表

通过【视图】菜单中的【服务器资源管理器】命令打开【服务器资源管理器】窗口，如图5-5所示。使用【服务器资源管理器】窗口可以连接、查看和添加数据库文件，还可以完成表、视图、存储过程、触发器、外键约束的添加、删除和修改操作。

右击【表】结点，选择【添加新表】命令，弹出表结构的【定义窗口】，如图5-6所示。设计Department表，输入列名DepartmentName，数据类型为varchar（50），设置DepartmentName字段为主键，方法是在DepartmentName这一行右击，在弹出菜单中选择【设置主键】命令。

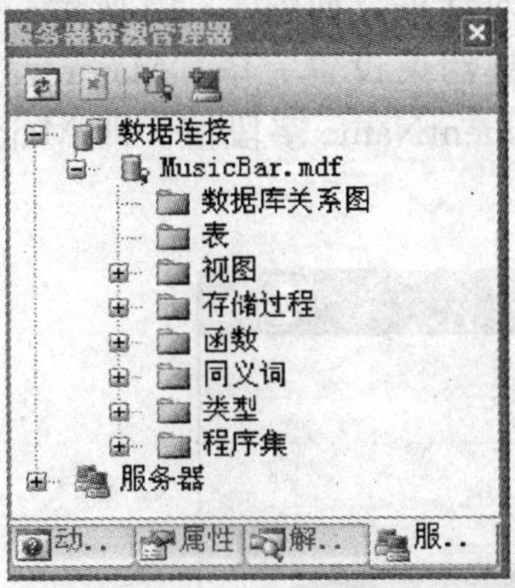

图 5-5 服务器资源管理器窗口

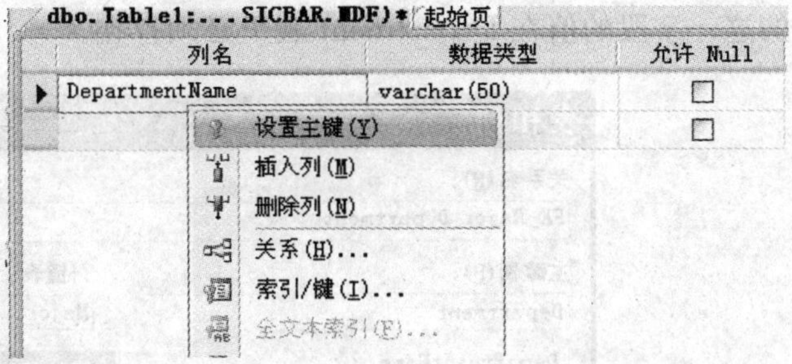

图 5-6 表结构定义窗口

单击工具栏上的【保存】按钮，弹出【选择名称】对话框，输入表名 Department，单击【确定】按钮，此时完成了 Department 表的创建。如图 5-7 所示。

按照相同的步骤创建 Major 表，如图 5-8 所示。

图 5-7 选择名称对话框

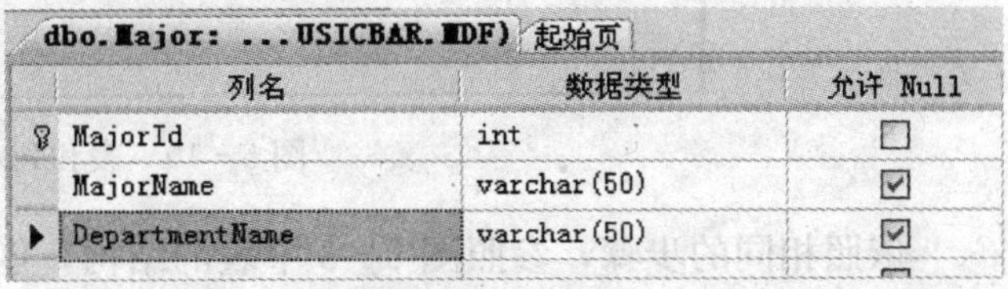

图 5-8 Major 表

接下来为 Major 表创建外键关系。在 Major 表的【定义窗口】的任意位置右击，选择【关系】命令。弹出【外键关系】对话框，如图 5-9 所示。在"(名称)"后面的文本框中将名称改为 FK_Major_Department。

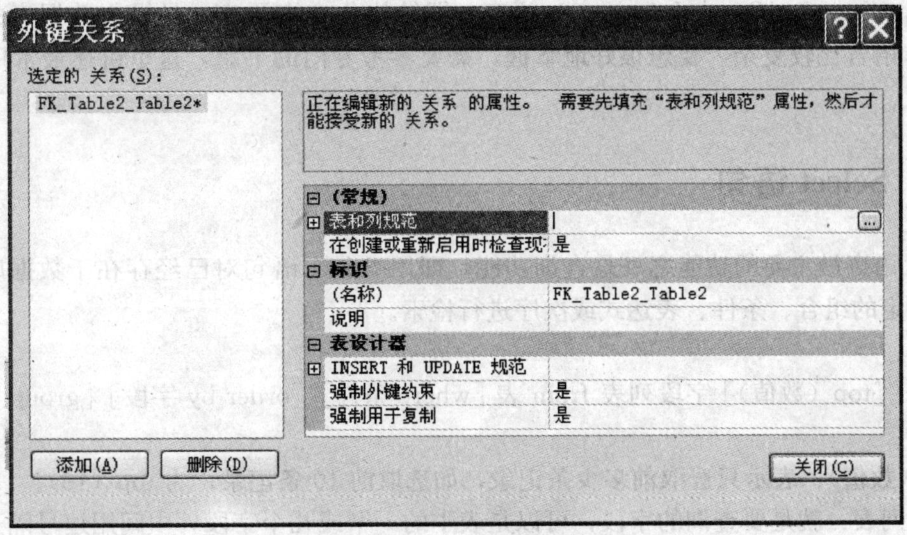

图 5-9 外键关系对话框

单击【表和列规范】后面的 按钮，弹出【表和列】对话框，如图 5-10 所示，按照图中所示进行设置。单击【确定】按钮，Major 表中的外键约束设置完毕。Major 表里的 DepartmentName 字段值是参照 Department 表里的 DepartmentName 字段值。即 Major 表里的这一字段的值在 Department 表里必须存在。

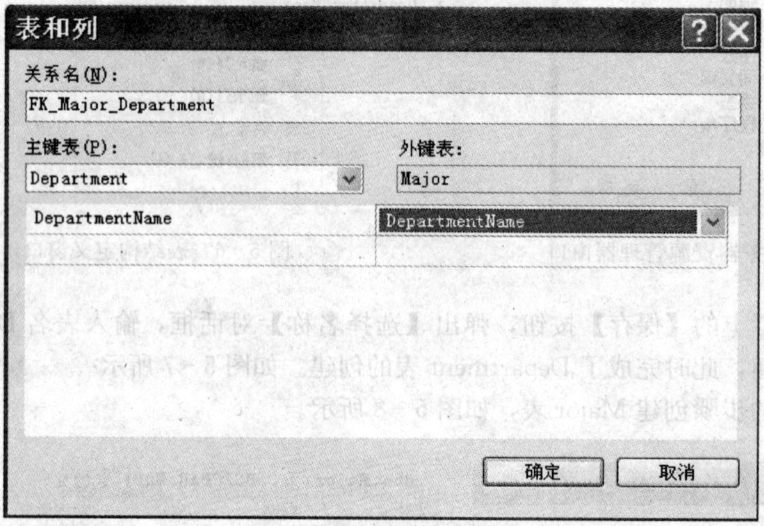

图 5-10　表和列对话框

依照相同的步骤，参照图 5-3 中表的结构，创建其他的表，并添加相应的外键。

5.3 SQL 语言

SQL（Stucture Query Language）语言，即结构化查询语言，是操作数据库的标准语言。SQL 语言比较复杂，要想很好地掌握，需要参考专门的书籍，这里讲述最常用的 SQL 语句。

5.3.1 Select 语句

SQL 语言最主要的功能之一是查询功能，即用 Select 语句对已经存在于数据库中的数据按照特定的组合、条件、表达式或次序进行检索。

语法：

select [top（数值）] 字段列表 from 表 [where 条件] [order by 字段] [group by 字段]

说明：

top（数值）：表示只选取前多少条记录，如选取前 10 条记录，为 top（10）。

字段列表：就是要查询的字段，可以是表中的一个或几个字段，中间用逗号隔开。

表：就是要查询的数据表，如果是多个表，中间用逗号隔开。

条件：就是查询时要求满足的条件。

order by：按字段排序，asc 表示升序排列，desc 表示降序排列，默认为升序排列。

group by：表示分组。

下面举一些常见的例子。

1）选取指定表中的全部数据

select * from Department

2）选取指定表中的指定字段数据

选取 Major 表中 MajorId－MajorName－DepartmentName 字段的数据，各个字段之间要用逗号隔开

select MajorId，MajorName，DepartmentName from Major

3）选取满足条件的若干条记录

选取属于信息工程系的所有专业

select * from Major where DepartmentName='信息工程系'

选择属于信息工程系的所有专业的专业号、专业名

select MajorId，MajorName，DepartmentName from Major where DepartmentName='信息工程系'

4）选取指定表中前若干条记录

select top 10 * from Music

5）查询结果排序

查询所有音乐，按单击次数降序排序，即排在最前面的音乐就是热门音乐，人气最高的音乐

select * from Music order by musicid desc

查询最热门的 10 首音乐

select top 10 * from Music order by clicks desc

查询所有音乐，按音乐标识降序排序，这里标识号越大，证明上传时间越近

select * from Music order by musicid desc

查询最新上传的 10 首音乐

select top 10 * from Music order by musicid desc

查询最新注册的 5 名学生

select * from student order by regDate desc

6）模糊查询

有时候查找条件可能不太精确，比如，查询所有名字中有“强”字的学生

select * from student where stuName like '%强%'

查询所有学号中有“04”字符的学生

select * from Student where stuNo like '%04%'

备注：

%代表任意字符。

7）查询满足条件的记录的总数

查询信息工程系中一个有多少个专业，查询语句返回的是满足条件的记录的条数

select count（*）from Department where DepartmentName='信息工程系'

查询编号是“1”的专业是否存在，若查询语句返回值不大于 0，则表明此专业不存在

select count（*）from Major where MajorId='1'

8）多表查询

有时需要从多个表中组合查询。如查询“信息技术系”所有的班级编号及班级的专业名称，由于班级编号字段在 StudentClass 表中，而专业名称和系名称在 Major 表中，两者以专业号（MajorId）相联系。

SELECT StudentClass. classCode，Major. MajorName

FROM StudentClass INNER JOIN

Major ON StudentClass. MajorId=Major. MajorId

WHERE（Major. DepartmentName='信息工程系'）

备注：

在选取各个表的字段时，要标明是哪个表的字段。

from 子句通过 inner join 给出两个表之间的连接条件，inner join 是内连接的意思，表示返回的结果集中只包含满足连接条件的记录。除此之外还有交叉连接和外连接，请参考专门的 SQL 书籍。

可以使用 SQL Server 2005 Express 建立查询，检验查询语句的执行结果，步骤如下。

在【服务器资源管理器】窗口中右击【表】结点，选择【新建查询】命令，在弹出的【添加表】对话框中直接单击【关闭】按钮，此时打开了【查询】窗口，如图 5-11 所示，在【查询】窗口的第 3 个子窗口中输入此查询语句，然后右击任意位置，选择【执行 SQL】命令，则会在第 4 个子窗口中显示查询结果。

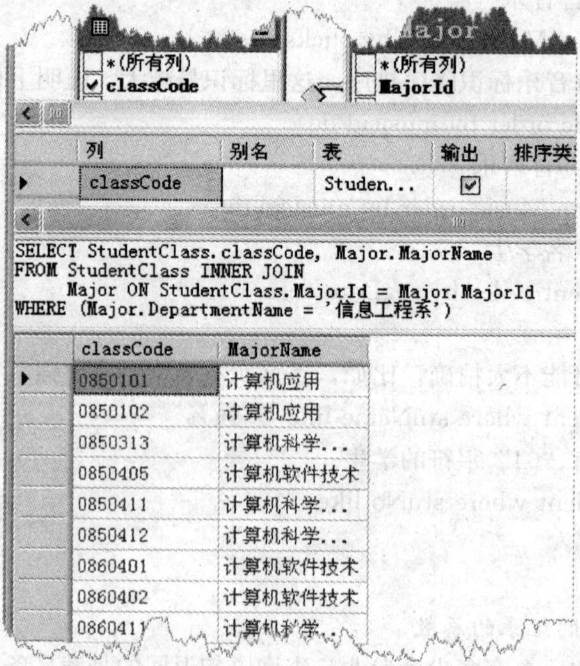

图 5-11　查询窗口

9）利用 group by 分类汇总

若在数据查询时需要对表中数据按照一定的条件进行分类汇总或是求平均值，就要在 select 语句中使用 group by 语句。使用 group by 子句进行数据查询可得到数据分类的汇总统计、平均值或其他的统计信息。

求各个班级的学生人数，语句如下。

```
SELECT classCode, COUNT (*) AS StudentNumber
FROM Student
GROUP BY classCode
```

查询结果如图 5－12 所示。

classCode	StudentNumber
0850411	2
0860411	1

图 5－12　查询结果

5.3.2 Insert 语句

使用 insert 语句可以向表中添加一条记录，也就是在表中插入一行数据。没有数据的表只是一个空的表结构，没有任何意义。

语法：

insert into 表（字段 1，字段 2，…）values（字段 1 的值，字段 2 的值，…）

说明：

利用上述语句可以给表中全部或部分字段赋值。values 括号中字段值的顺序必须与前面括号中字段一一对应。各个字段之间、字段值之间用逗号分开。

若某个字段的类型是字符串类型、日期型或文本类型，则该字段值两边需要加单引号；数值型字段不用加引号（加上也不错）；若字段是标识列，则不要给该字段赋值，因为 SQL Server 2005 Express 会按标识种子和标识增量的值自动产生一个值，赋值给标识列的字段；若某个字段允许空值，想输入空值的话，则给字段值赋值为 null，null 两边不加引号。

下面举一些向表中增加一条记录（一行）的常见例子。

（1）向表中插入一行记录，仅包含一个字段

insert into Major（MajorId）values（'1'）

（2）向表中插入一行记录，包含多个字段

insert into Major（MajorId，MajorName）values（'2'，'计算机软件技术'）

（3）向表中插入一条完整的记录

insert into Major（MajorId，MajorName，DepartmentName）values（'3'，'计算机应用'，null）

5.3.3 Update 语句

数据插入表中后，对数据的修改可以使用 update 语句。

语法：

update 表 set 字段 1＝字段值 1，set 字段 2＝字段值 2，…［where 条件］

说明：

update命令可以用来更新表中部分或全部的记录。其中的“where条件”是用来指定更新条件，其用法同select语句中“where条件”的用法。凡是符合条件的记录都被更新，如果没有符合条件的记录则不更新。

如果省略“where条件”，将更新数据表内全部记录。

如果想更新数据，也可以先删除再添加。不过，这样的话标识列字段的值就会改变，而一般情况下，该字段的值不允许改变。所以建议还是用更新语句，因为它只更新指定的字段。

下面举一些常用的例子。

1）修改表中某一条记录的一个字段的值

如，修改专业（Major）表中专业编号（MajorId）为2的记录的系名（DepartmentName）为“信息工程系”

update Major set DepartmentName='信息工程系' where MajorId='2'

2）修改表中某一条记录的多个字段的值

update Major set MajorName='计算机科学与技术'，DepartmentName='信息工程系' where MajorId='1'

3）修改表中多条记录的字段值

UPDATE Major SET DepartmentName='信息工程系' WHERE (MajorId BETWEEN 1 AND 3)

5.3.4 Delete语句

可以使用delete语句删除表中的记录。

语法：

delete from 表［where 条件］

说明：

“where条件”与select中的用法一样。凡是符合条件的记录都会被删除，如果没有符合条件的记录则不删除。

如果省略“where条件”，将删除所有数据。

下面举一些常用例子。

1）删除表中一条记录

如，删除专业编号（MajorId）为1的记录

delete from Major where MajorId='1'

2）删除表中多条记录

如，删除“信息工程系”的全部专业

delete from Major where DepartmentName='信息工程系'

3）删除表中全部数据

delete form Major

5.4 ADO .NET

SQL 语言可以操作关系数据库。但在 .NET 中无法直接使用 SQL 语言。.NET 中提供了 ADO .NET 组件来访问和操作数据库。ADO .NET 组件，简单地说就是一组相关的类，通过这些类的对象可以完成查询、添加、修改、删除任何类型数据源的数据信息。这些类主要包括 Connection、Command、DataReader、DataAdapter、DataSet。访问和操作不同的数据库，需要使用不同的数据提供程序。常见的关系数据库有 Access 数据库、SQL Server 数据库、.Oracle 数据库、MySQL 数据库等。.NET 中提供了四类数据提供程序，这四种数据提供程序如下。

(1) SQL Server .NET Framework 数据提供程序：提供对 SQL Server 7.0 版和更高版本的数据源的访问。使用 System. Data. SqlClient 命名空间。

(2) OLE DB .NET Framework 数据提供程序：提供对 OLE DB 的数据源进行访问，OLE DB 是一种技术标准，通过 OLE DB 可以访问 Access 数据库、Excel 数据文件、SQL Server 及 Oracle 早期版本等。使用 System. Data. OleDb 命名空间。

(3) ODBC .NET Framework 数据提供程序：提供对 ODBC 数据源进行访问。使用 System. Data. Odbc 命名空间。

(4) Oracle .NET Framework 数据提供程序：提供对 Oracle 8 1.7 版本和更高版本数据源的访问。使用 System. Data. OracleClient 命名空间。

数据提供程序中包含可 Connection、Command、DataReader、DataAdapter 类。根据数据提供程序的不同，这四个类分别有四个版本，即 SqlConnection、SqlCommand、SqlDataReader、SqlDataAdapter；OleDbConnection、OleDbCommand、OleDbDataReader、OleDbDataAdapter；OdbcConnection、OdbcCommand、OdbcDataReader、OdbcDataAdapter；OracleConnection、OracleCommand、OracleDataReader、OracleDataAdapter。这里介绍使用 ADO .NET 访问 SQL Server 数据库的知识，因为 ADO .NET 和 SQL Server 数据库都是微软公司的产品，微软做了一些优化，使用 ADO .NET 访问 SQL Server 数据库效率会更高一些，访问其他的数据库的代码都和此相似，只不过把这四个类换成和数据库相对应的其他版本即可，注意，使用不同的数据提供程序，需要引入不同的命名空间。

5.4.1 创建和使用数据库连接

ADO .NET 进行访问数据库时，首先必须创建与数据库的连接。连接 SQL Server 2005 Express 数据库是通过 SqlConnection 对象来实现的。

要想和数据库进行连接就必须给足 Connection 对象它要连接的数据库的信息，这些信息包括数据库服务器名称、数据库名称、身份验证方式、数据库登录账户、账户密码等。由这些信息组成的字符串称为“数据库连接字符串”。

string CONN_STR=@“Data Source=.\SQLEXPRESS；AttachDbFilename=|DataDirectory|MusicBar.mdf；Integrated Security=true；

备注：

Data Source 指定数据库服务器名。这里的"."表示本机，表示本机的写法还有"(local)"、"127.0.0.1"、"本机的机器名"，SQLEXPRESS 是服务器名称；如果数据库不在本机上，可以写远程数据库服务器的 IP 地址和服务器名称。

AttachDbFilename 指定数据库文件名称，|DataDirectory|代表当前网站下的 App_Data 目录。

Integrated Security=true 表示使用的身份验证方式是集成 Windows 验证。

除此以外，还可以用 server 指定数据库服务器名，使用 database 指定数据库名，使用 uid 指定数据库登录账户，使用 pwd 指定登录账户的密码，使用 Connect Timeout 设置连接超时时间。

有了数据库连接字符串后，就可以建立数据库连接对象了，如下：

SqlConnection conn=new SqlConnection (CONN_STR)；

建立了数据库连接对象后，如果需要通过该连接访问数据库里面的数据，还需要使用 Open 方法打开数据库连接，如下：

conn.Open()；

如果该数据库连接使用完了，需要调用 Close()方法关闭连接，如下：

conn.Close()；

备注：

每个数据库都是有连接数限制的，因此在使用完连接后应及时地关闭连接。

5.4.2 执行 SQL 语句

使用 Connection 对象建立好到数据库的连接后，就可以使用 Command 对象执行 SQL 语句或存储过程，从而实现对数据库的具体操作。

使用 Command 对象执行 SQL 语句的一般步骤如下。

1）通过 Command 类的构造函数建立 Command 对象

SqlCommand comm=new SqlCommand()；

2）设置 Command 对象使用的数据库连接，使用 Connection 属性进行设置

comm.Connection=conn；

3）使用 CommandType 属性设置 Command 对象要执行的命令类型

comm.CommandType=CommandType.Text；

CommandType 是枚举类型，其枚举值有：Text（SQL 语句，为默认值）、StoredProcedure（存储过程名）、TableDirect（返回所有列的表名，只适用于 OLEDB）

4）通过 CommandText 属性设置要执行的 SQL 语句或是要执行的存储过程名

comm.CommandText="insert into Major (MajorId，MajorName) values ('3'，'计算机应用')"；

步骤 1）到 4）可简写为：

SqlCommand comm = new SqlCommand ("insert into Major (MajorId，MajorName) values（'3'，'计算机应用'）"，conn）；

5）调用 Command 对象的 Execute 方法执行 SQL 语句

conn. Open()；

comm. ExecuteNonQuery()；//执行插入、更新、删除语句时使用的方法。

object obj＝comm. ExecuteScalar()；//执行返回单个值的命令

SqlDataReader dr＝comm. ExecuteReader()；//执行查询语句

conn. Close()；

才开始真正执行 Command 对象中的 SQL 语句，也就是说步骤 4）中的 SQL 语句要是有错误的话，到步骤 5）的位置会报错。

Command 对象中的 3 种不同 Execute 方法如下。

（1）ExecuteNonQuery 方法：执行不返回记录的命令，如插入、更新、删除，此方法的返回值是受影响的行数。

（2）ExecuteScalar 方法：常用来执行返回单个值的命令，如 select count（＊）from Major where MajorId＝'1'。

（3）ExecuteReader 方法：执行查询命令，并将查询命令的结果集作为一个 DataReader 对象返回。

通过 Command 对象的 ExecuteReader 方法获取 DataReader 对象是一个与数据库关联的、只向前的只读数据流。不可以通过 DataReader 对象来修改数据，该对象也不适于进行数据绑定。DataReader 对象以行为单位来读取数据，通过 Read 方法来读取。

5.4.3 通过数据集保存数据

DataSet 类又称数据集，相当于一个内存中的小型数据库，一个 DataSet 类的对象代表一组完整的数据，包括表格、约束等。DataSet 中的数据可以来源于数据库，也可以自己创建表，添加数据，操作数据。来源于数据库的数据是通过 DataAdapter 对象的 Fill 方法进行填充的。

DataAdapter 对象是介于数据库和 DataSet 对象之间的数据桥梁。通过它不但可以把数据库中满足条件的数据填充到 DataSet 对象中，还可以把 DataSet 中的数据修改更新回数据库（使用 Update 方法）。也就是说，DataSet 对象与数据库之间是断开的，没有任何联系的，它们之间的数据交换都要通过 DataAdapter 对象实现。

下面的代码是使用 DataAdapter 填充 DataSet 的典型情况。

```
string CONN_STR=@ "Data Source= .\SQLEXPRESS;AttachDbFilename= |DataDirectory|Music-
Bar.mdf;Integrated Security=true";
SqlConnection conn=new SqlConnection(CONN_STR);
string strSql="select top 10* from Music order by clicks desc";
SqlDataAdapter da=new SqlDataAdapter(strSql,conn);
DataSet ds=new DataSet();
da.Fill(ds);
```

执行完上段代码后，数据集对象 ds 中就会有单击率靠前的 10 首音乐的记录，要想把这些数据显示在 Web 页面上，我们需要数据绑定控件的帮助，这在后续章节中讲解。

项 目 任 务

项目任务——实现 SqlDbHelper 类的方法

实现第 4 章中定义的 SqlDbHelper 类的方法。

【实现方法】

打开 App_ Code 文件夹下的 SqlDbHelper. cs 文件；设置私有域 CONNECTION_ STRING 的值为数据库连接字符串；用 ADO .NET 中的类在 ExecuteSelectSql、ExecuteInsertSql、ExecuteUpdateSql、ExecuteDelSql 方法中完成相应的查询、插入、更新、删除功能；在 ExecuteScalar 方法中完成需要返回单个值的操作；在 GetConnection 方法中返回连接对象。

【参考代码】

```
using System;
using System.Data;
using System.Data.SqlClient;
using System.Collections;
using System.Collections.Generic;
public class SqlDbHelper
{
    private static string CONNECTION_STRING=@"Data Source=.\SQLEXPRESS;AttachDb-
   Filename=|DataDirectory|MusicBar.mdf;Integrated Security=true;Connect Timeout=30;
    User Instance=true";
    //执行 Select 语句
    public static DataSet ExecuteSelectSql(string strSql)
    {
        SqlConnection conn=new SqlConnection(CONNECTION_STRING);
        SqlDataAdapter da=new SqlDataAdapter(strSql,conn);
        DataSet ds=new DataSet();
        try
        {
            da.Fill(ds);
            return ds;
        }
```

```
    catch(Exception ex)
    {
        throw new Exception("执行 SQL 出现错误:\r\n"+ strSql+"\r\n"+ex.ToString());
    }
    finally
    {
        conn.Close();
    }
}
//执行 UPDATE 语句
public static int ExecuteUpdateSql(string strSql)
{
    SqlConnection conn=new SqlConnection(CONNECTION_STRING);
    SqlCommand comm=new SqlCommand();
    comm.Connection=conn;
    comm.CommandType=CommandType.Text;
    comm.CommandText=strSql;
    int ret=-1;
    try
    {
        conn.Open();
        ret=comm.ExecuteNonQuery();
        return ret;
    }
    catch(Exception ex)
    {
        throw new Exception("执行 SQL 出现错误:\r\n"+ strSql+ "\r\n"+ ex.ToString());
    }
    finally
    {
        conn.Close();
    }
}
//执行 Delete 语句
public static int ExecuteDelSql(string strSql)
{
    SqlConnection conn=new SqlConnection(CONNECTION_STRING);
    SqlCommand comm=new SqlCommand(strSql,conn);
    int ret=-1;
    try
    {
        conn.Open();
```

```
            ret=comm.ExecuteNonQuery();
            return ret;
        }
        catch(Exception ex)
        {
            throw new Exception("执行 SQL 出现错误:\r\n"+ strSql+ "\r\n"+ ex.ToString());
        }
        finally
        {
            conn.Close();
        }
    }
    //执行 Insert 语句
    public static int ExecuteInsertSql(string strSql)
    {
        SqlConnection conn=new SqlConnection(CONNECTION_STRING);
        SqlCommand comm=new SqlCommand();
        comm.Connection=conn;
        comm.CommandType=CommandType.Text;
        comm.CommandText=strSql;
        int ret=-1;
        try
        {
            conn.Open();
            ret=comm.ExecuteNonQuery();
            return ret;
        }
        catch(Exception ex)
        {
            throw new Exception("执行 SQL 出现错误:\r\n"+ strSql+ "\r\n"+ ex.ToString());
        }
        finally
        {
            conn.Close();
        }
    }

    public static Object ExecuteScalar(string strSql)
    {
        SqlConnection conn=new SqlConnection(CONNECTION_STRING);
        SqlCommand comm=new SqlCommand();
        comm.Connection=conn;
```

```
        comm.CommandType=CommandType.Text;
        comm.CommandText=strSql;
        try
        {
            conn.Open();
            object i=comm.ExecuteScalar();
            if(Convert.ToInt32(i)>0)
            {
                return i;
            }
            else
            {
                return null;
            }
        }
        catch(Exception ex)
        {
            throw new Exception("执行 SQL 出现错误:\r\n"+ strSql+ "\r\n"+ ex.ToString());
        }
        finally
        {
            conn.Close();
        }
    }

    public SqlConnection GetConnection()
    {
        SqlConnection conn= new SqlConnection(CONNECTION_STRING);
        return conn;
    }
}
```

项目任务——实现 Major 类的方法

实现第 4 章定义的 Major 类的方法。

【实现方法】

打开 App_Code 文件夹下的 Major. cs 文件；Major 类的私有域和数据库中的字段相对应，其初始化工作在构造函数中完成；要完成的主要工作就是在方法中组织要执行的 SQL 语句，然后把此语句作为调用 SqlDbHelper 类中相应方法的参数，以完成对数据库的各种操作。

【参考代码】

```
using System;
using System.Data;
using System.Collections;
using System.Collections.Generic;

public class Major
{
    ///<summary>
    ///专业标识
    ///</summary>
    private int majorId;
    public int MajorId
    {
        get{return majorId;}
        set{majorId=value;}
    }
    ///<summary>
    ///专业名称
    ///</summary>
    private string majorName;
    public string MajorName
    {
        get{return majorName;}
        set{majorName=value;}
    }
    ///<summary>
    ///所属院系
    ///</summary>
    private string departmentName;
    public string DepartmentName
    {
        get{return departmentName;}
        set{departmentName=value;}
    }
    ///<summary>
    ///缺省构造函数
    ///</summary>
    public Major()
    {
        majorId=-1;
```

```
    majorName="";
    departmentName="";
}
///<summary>
///重载构造函数
///</summary>
public Major(int nId,string strName,string strDepName)
{
    majorId=nId;
    majorName=strName;
    departmentName=strDepName;
}
///<summary>
///添加新专业
///</summary>
///<returns></returns>
public int AddMajor()
{
    string sql="insert into Major(MajorId,MajorName,DepartmentName) values('{0}','{1}','
    {2}')";
    sql=string.Format(sql,majorId,majorName,departmentName);
    int ret=SqlDbHelper.ExecuteInsertSql(sql);
    return ret;
    //throw new NotImplementedException();
}
///<summary>
///删除当前专业
///</summary>
///<returns></returns>
public int Del()
{
    string sql="delete from Major where MajorId='{0}'";
    sql=string.Format(sql,majorId);
    int ret=SqlDbHelper.ExecuteDelSql(sql);
    return ret;
}
///<summary>
///修改当前专业
///</summary>
///<returns></returns>
public int Modify()
{
```

```
        string sql="update Major set MajorName='{1}',DepartmentName='{2}' where MajorId='
        {0}'";
        sql=string.Format(sql,majorId,majorName,departmentName);
        int ret=SqlDbHelper.ExecuteUpdateSql(sql);
        return ret;
    }
    ///<summary>
    ///获取某个院系所有的专业
    ///</summary>
    ///<returns></returns>
    public IList<Major>GetMajorsByDep(string strDepName)
    {
        string sql="select MajorId,MajorName,DepartmentName from Major where Depart-
        mentName='{0}'";
        sql=string.Format(sql,strDepName);
        IList<Major>list=new List<Major>();
        DataSet ds=SqlDbHelper.ExecuteSelectSql(sql);
        //ds.Tables[0].Rows.Count表示ds中第0个表的总行数
        for(int i=0; i<ds.Tables[0].Rows.Count;i++)
        {
            //ds.Tables[0].Rows[i]["MajorId"]表示ds中第0个表的第i条记录的MajorId字
            段值
            Major m=new Major(Convert.ToInt32(ds.Tables[0].Rows[i]["MajorId"].ToString
            ()),ds.Tables[0].Rows[i]["MajorName"].ToString(),ds.Tables[0].Rows[i]["De-
           partmentName"].ToString());
            list.Add(m);
        }
        return list;
    }
    ///<summary>
    ///判断当前专业是否存在
    ///</summary>
    ///<returns></returns>
    public bool IsExist()
    {
        string sql="select count(*)from Major where MajorId='{0}'";
        sql=string.Format(sql,majorId);
        object obj=SqlDbHelper.ExecuteScalar(sql);
        if(obj !=null && Convert.ToInt32(obj)>0)
        {
            return true;
        }
```

```
        else
        {
            return false;
        }
    }
    ///<summary>
    /// 获取一个专业实体
    ///</summary>
    ///<param name="majorId"></param>
    ///<returns></returns>
    public Major GetModel(int majorId)
    {
        string sql="select MajorId,MajorName,DepartmentName from Major where MajorId=
        '{0}'";
        sql=string.Format(sql,majorId);
        DataSet ds=SqlDbHelper.ExecuteSelectSql(sql);
        if(ds.Tables[0].Rows.Count==1)
        {
            Major m=new Major(Convert.ToInt32(ds.Tables[0].Rows[0]["MajorId"].ToString
            ()),ds.Tables[0].Rows[0]["MajorName"].ToString(),ds.Tables[0].Rows[0]["De-
            partmentName"].ToString());
            return m;
        }
        return null;
    }
}
```

上 机 实 战

上机实战——实现 Student 类的方法

【要点提示】

GetModel 方法的功能是获取某个会员的信息，需要从数据库中将相应的会员信息提取出来，然后放到 DataSet 对象中，再从 DataSet 对象中提取相应行的字段值赋值给 Student 对象的属性。示例代码如下：

```
m.ClassCode=ds.Tables[0].Rows[0]["classCode"].ToString();
```

m 为 Student 对象，ds 为 DataSet 对象。这行代码的功能为将 ds 对象的第 1 个 Table 的第 1 行的 classCode 字段值赋值给 m 对象的 ClassCode 属性。

【参考代码】

```
using System;
using System.Data;

public class Student
{
    ///<summary>
    ///学号,用户名
    ///</summary>
    private string stuNo;
    public string StuNo
    {
        get{return stuNo;}
        set{stuNo=value;}
    }
    ///<summary>
    ///登录密码
    ///</summary>
    private string stuPwd;
    public string StuPwd
    {
        get{return stuPwd;}
        set{stuPwd=value;}
    }
    ///<summary>
    ///姓名
    ///</summary>
    private string stuName;
    public string StuName
    {
        get{return stuName;}
        set{stuName=value;}
    }
    ///<summary>
    ///性别
    ///</summary>
    private bool stuSex;
    public bool StuSex
    {
        get{return stuSex;}
        set{stuSex=value;}
```

```
}
///<summary>
///出生日期
///</summary>
private DateTime stuBirthday;
public DateTime StuBirthday
{
    get{return stuBirthday;}
    set{stuBirthday=value;}
}
///<summary>
///所在班级
///</summary>
private string classCode;
public string ClassCode
{
    get{return classCode;}
    set{classCode=value;}
}
///<summary>
///兴趣爱好
///</summary>
private string stuHobbies;
public string StuHobbies
{
    get{return stuHobbies;}
    set{stuHobbies=value;}
}
///<summary>
///个人空间　主题皮肤
///</summary>
private string stuTheme;
public string StuTheme
{
    get{return stuTheme;}
    set{stuTheme=value;}
}
///<summary>
///联系电话
///</summary>
private string stuTel;
public string StuTel
```

```
{
    get{return stuTel;}
    set{stuTel=value;}
}
///<summary>
///手机
///</summary>
private string stuMobile;
public string StuMobile
{
    get{return stuMobile;}
    set{stuMobile=value;}
}
///<summary>
///联系地址
///</summary>
private string stuAddress;
public string StuAddress
{
    get{return stuAddress;}
    set{stuAddress=value;}
}
///<summary>
///e-mail
///</summary>
private string stuE-mail;
public string StuE-mail
{
    get{return stuE-mail;}
    set{stuE-mail=value;}
}
///<summary>
///邮编
///</summary>
private string stuPost;
public string StuPost
{
    get{return stuPost;}
    set{stuPost=value;}
}
///<summary>
///每月主要消费领域
```

```
///</summary>
private string stuExpenseArea;
public string StuExpenseArea
{
    get{return stuExpenseArea;}
    set{stuExpenseArea=value;}
}
///<summary>
///注册日期
///</summary>
private DateTime regDate;
public DateTime RegDate
{
    get{return regDate;}
    set{regDate=value;}
}
///<summary>
///用户角色
///</summary>
private bool role;
public bool Role
{
    get{return role;}
    set{role=value;}
}
///<summary>
///用户封面照片
///</summary>
private string stuPhotoUrl;
public string StuPhotoUrl
{
    get{return stuPhotoUrl;}
    set{stuPhotoUrl=value;}
}
///<summary>
///学生注册
///</summary>
///<returns></returns>
public int Register()
{
    string sql="insert into Student(stuNo,classCode,stuAddress,stuBirthday,stuE-
mail,stuExpenseArea,stuHobbies,stuMobile, "+"stuName,stuPost,stuPwd,stuSex,
```

```
stuTel,stuTheme,Role,StuPhotoUrl) values('{0}','{1}','{2}','{3}','{4}','{5}','{6}','{7}
','{8}','{9}','{10}','{11}','{12}','{13}','{14}','{15}')";
        sql=string.Format(sql,stuNo,classCode,stuAddress,stuBirthday,stuE-mail,stu-
        ExpenseArea, stuHobbies, stuMobile, stuName, stuPost, stuPwd, stuSex, stuTel,
        stuTheme,role,StuPhotoUrl);
        int ret=SqlDbHelper.ExecuteInsertSql(sql);
        return ret;
    }
    ///<summary>
    ///修改个人信息,不包括密码和角色
    ///</summary>
    ///<returns></returns>
    public int ModifyInfo()
    {
        string sql="update Student set classCode='{0}',stuAddress='{1}',stuBirthday='{2}',
        stuE-mail='{3}',stuExpenseArea='{4}',"+"stuHobbies='{5}',stuMobile='{6}',stu-
        Name='{7}',stuPost='{8}',stuSex='{9}',stuTel='{10}',stuTheme='{11}', stuPho-
        toUrl='{13}' where stuNo='{12}'";
        sql=string.Format(sql,classCode,stuAddress,stuBirthday,stuE-mail,stuExpenseArea,
        stuHobbies,stuMobile,stuName,stuPost,stuSex,stuTel,stuTheme,stuNo,stuPhotoUrl);
        int ret=SqlDbHelper.ExecuteUpdateSql(sql);
        return ret;
    }
    ///<summary>
    ///修改密码
    ///</summary>
    ///<returns></returns>
    public bool ModifyPwd()
    {
        string sql="update Student set stuPwd='{1}' where stuNo='{0}'";
        sql=string.Format(sql,stuNo,stuPwd);
        int ret=SqlDbHelper.ExecuteUpdateSql(sql);
        if(ret==1)
            return true;
        else
            return false;
    }
    ///<summary>
    ///删除一个会员
    ///</summary>
    ///<returns></returns>
    public int Del()
```

```
{
    string sql="delete from Student where stuNo='{0}'";
    sql=string.Format(sql,stuNo);
    int ret=SqlDbHelper.ExecuteDelSql(sql);
    return ret;
}
///<summary>
///用户登录
///</summary>
///<returns></returns>
public bool Login()
{
    if(string.IsNullOrEmpty(stuNo)||string.IsNullOrEmpty(stuPwd))
    {
        throw new Exception("没有输入用户名和密码");
    }
    string sql="select count(*)from Student where stuNo='{0}'and stuPwd='{1}'";
    sql=string.Format(sql,stuNo,stuPwd);
    object obj=SqlDbHelper.ExecuteScalar(sql);
    if(obj !=null && Convert.ToInt32(obj)>0)
    {
        return true;
    }
    else
    {
        return false;
    }
}
///<summary>
///判断一个会员是否存在
///</summary>
///<returns></returns>
public bool IsExist()
{
    if(string.IsNullOrEmpty(stuNo))
    {
        throw new Exception("没有输入用户名和密码");
    }
    string sql="select count(*) from Student where stuNo='{0}'";
    sql=string.Format(sql,stuNo);
    object obj=SqlDbHelper.ExecuteScalar(sql);
    if(obj !=null && Convert.ToInt32(obj)>0)
```

```
    {
        return true;
    }
    else
    {
        return false;
    }
}
///<summary>
///获取会员信息
///</summary>
///<param name="stuNo"></param>
///<returns></returns>
public Student GetModel(string strStuNo)
{
    string sql="select* from Student where stuNo='{0}'";
    sql=string.Format(sql,strStuNo);
    DataSet ds=SqlDbHelper.ExecuteSelectSql(sql);
    if(ds.Tables[0].Rows.Count==1)
    {
        Student m=new Student();
        m.stuNo=strStuNo;
        m.classCode=ds.Tables[0].Rows[0]["classCode"].ToString();
        m.stuAddress=ds.Tables[0].Rows[0]["stuAddress"].ToString();
        m.stuBirthday=Convert.ToDateTime(ds.Tables[0].Rows[0]["stuBirthday"].ToS-
        tring());
        m.stuE-mail=ds.Tables[0].Rows[0]["stuE-mail"].ToString();
        m.stuExpenseArea=ds.Tables[0].Rows[0]["stuExpenseArea"].ToString();
        m.stuHobbies=ds.Tables[0].Rows[0]["stuHobbies"].ToString();
        m.stuMobile=ds.Tables[0].Rows[0]["stuMobile"].ToString();
        m.stuName=ds.Tables[0].Rows[0]["stuName"].ToString();
        m.stuPost=ds.Tables[0].Rows[0]["stuPost"].ToString();
        m.stuPwd=ds.Tables[0].Rows[0]["stuPwd"].ToString();
        m.stuSex=Convert.ToBoolean(ds.Tables[0].Rows[0]["stuSex"].ToString());
        m.stuTel=ds.Tables[0].Rows[0]["stuTel"].ToString();
        m.stuTheme=ds.Tables[0].Rows[0]["stuTheme"].ToString();
        m.regDate=Convert.ToDateTime(ds.Tables[0].Rows[0]["regDate"].ToString());
        m.role=Convert.ToBoolean(ds.Tables[0].Rows[0]["Role"].ToString());
        m.StuPhotoUrl=ds.Tables[0].Rows[0]["stuPhotoUrl"].ToString();
        //stuPhotoUrl
        return m;
    }
```

```
        return null;
    }
    ///<summary>
    ///取最近注册 n 个用户
    ///</summary>
    ///<param name= "n"></param>
    ///<returns></returns>
    public DataSet GetNewUsers(int n)
    {
        string sql="select top"+n+"* from Student order by regDate desc";
        sql=string.Format(sql,n);
        DataSet ds=SqlDbHelper.ExecuteSelectSql(sql);
        return ds;
    }
    ///<summary>
    ///获取所有用户
    ///</summary>
    ///<returns></returns>
    public DataSet GetUsers()
    {
        string sql="select* from Student order by regDate desc";
        sql=string.Format(sql);
        DataSet ds=SqlDbHelper.ExecuteSelectSql(sql);
        return ds;
    }
    ///<summary>
    ///获取指定用户的密码
    ///</summary>
    ///<param name="strStuNo"></param>
    ///<returns></returns>
    public string GetPassword(string strStuNo)
    {
        string sql="";
        sql="select stuPwd from StudentClass where stuNo='{0}'";
        sql=string.Format(sql,strStuNo);
        object obj=SqlDbHelper.ExecuteScalar(sql);
        if(obj!=null )
        {
            return obj.ToString();
        }
            else
            {
```

```
            return null;
        }
    }
}
```

上机实战——实现 Department 类定义的方法

【要点提示】

参照 Student 类的实现方法，实现 Department 类的方法。

【参考代码】

```
using System;
using System.Data;
using System.Collections;
using System.Collections.Generic;

public class Department
{
    ///<summary>
    ///院系名称
    ///</summary>
    private string departmentName;
    public string DepartmentName
    {
        get{return departmentName;}
        set{departmentName=value;}
    }
    ///<summary>
    ///缺省构造函数
    ///</summary>
    public Department()
    {
        departmentName="";
    }
    ///<summary>
    ///重载构造函数
    ///</summary>
    ///<param name="strDepName">院系名称</param>
    public Department(string strDepName)
    {
```

```
        departmentName=strDepName;
    }
    ///<summary>
    ///添加一个新的院系
    ///</summary>
    ///<returns></returns>
    public int AddDepartment()
    {
        string sql="insert into Department(DepartmentName)values('{0}')";
        sql=string.Format(sql,departmentName);
        int ret=SqlDbHelper.ExecuteInsertSql(sql);
        return ret;
    }
    ///<summary>
    ///删除指定的院系
    ///</summary>
    ///<returns></returns>
    public int Del()
    {
        string sql="delete from Department where DepartmentName='{0}'";
        sql=string.Format(sql,departmentName);
        int ret=SqlDbHelper.ExecuteDelSql(sql);
        return ret;
    }
    ///<summary>
    ///修改当前院系名称
    ///</summary>
    ///<param name="strNewName"></param>
    ///<returns></returns>
    public int Modify(string strNewName)
    {
        string sql="";
        sql="update Department set DepartmentName='{0}'where DepartmentName='{1}'";
        sql=string.Format(sql,strNewName,departmentName);
        int ret=SqlDbHelper.ExecuteUpdateSql(sql);
        return ret;
    }
    ///<summary>
    ///判断当前院系是否存在
    ///</summary>
    ///<returns></returns>
    public bool IsExist()
```

```
{
    string sql="";
    sql="select count(*)from Department where DepartmentName='{0}'";
    sql=string.Format(sql,departmentName);
    object obj=SqlDbHelper.ExecuteScalar(sql);
    if(obj !=null && Convert.ToInt32(obj)>0)
    {
        return true;
    }
    else
    {
        return false;
    }
}
///<summary>
///获取所有的院系列表
///</summary>
///<returns></returns>
public IList<Department>GetAll()
{
    string sql="select DepartmentName from Department";
    IList<Department>list=new List<Department>();
    DataSet ds=SqlDbHelper.ExecuteSelectSql(sql);
    for(int i=0; i<ds.Tables[0].Rows.Count; i++)
    {
        Department m=new Department(ds.Tables[0].Rows[i]["DepartmentName"].ToS-
        tring());
        list.Add(m);
    }
    return list;
}
///<summary>
///获取院系实体
///</summary>
///<param name="depName"></param>
///<returns></returns>
public Department GetModel(string depName)
{
    string sql="select DepartmentName from Department where DepartmentName='{0}'";
    sql=string.Format(sql,departmentName);
    DataSet ds=SqlDbHelper.ExecuteSelectSql(sql);
    if(ds.Tables[0].Rows.Count==1)
```

```
        {
            Department m= new Department (ds.Tables[0].Rows[0]["DepartmentName"].ToString());
            return m;
        }
        return null;
    }
}
```

习　题

1. 完成 StudentClass 类方法的定义。
2. 完成 Music 类方法的定义。
3. 完成 MusicCategory 类方法的定义。
4. 完成 Admin 类方法的定义
5. 完成 SysUtil 类方法的定义。

第 6 章

服务器控件

本章要点

- ◆ 服务器控件的概念、属性、事件及方法
- ◆ 掌握常用的标准服务器控件的用法
- ◆ 熟练掌握如何利用文件上传控件上传文件
- ◆ 掌握视图控件的使用
- ◆ 掌握 Wizard 控件的使用
- ◆ 理解容器控件的概念

6.1 服务器控件概述

6.1.1 服务器控件定义

服务器控件是指在服务器端执行的带有一定界面的程序组件，这些界面为客户端用户提供了操作接口，然后在服务器端完成这些操作行为。

6.1.2 服务器控件分类

服务器控件主要分为 HTML 服务器控件、标准服务器控件、验证控件、导航控件、数据控件、登录控件、用户控件。各类服务器控件的说明如下。

(1) HTML 服务器控件：这类控件是在 HTML 标记的基础上加上属性 runat＝"server" 形成的。

(2) 标准服务器控件：这类控件就是工具箱中的“标准”选项卡中的控件，这些控件是 ASP .NET 程序开发中最常用的控件，本章讲解的控件即是这类控件。

(3) 验证控件：这类控件用来验证用户的输入是否满足一个预先定义的标准。

(4) 导航控件：这类控件与站点地图数据相结合，实现站点的导航功能。

(5) 数据控件：这类控件用来封装并显示大量数据。

(6) 登录控件：这类控件为网站提供一套齐全的、立即可以使用的用户认证解决方案。

(7) 用户控件：用户自行开发创建的控件。

6.1.3　服务器控件的创建

创建服务器控件的方法有两种：通过工具箱拖曳控件到页面上；在页面代码中之间输入控件的声明。下面以标签控件 Label 和按钮控件 Button 为例说明控件的两种声明语法：

```
<asp:Label ID="Label1" runat="server" Text="Label"></asp:Label>
<asp:Button ID="Button1" runat="server" onclick="Button1_Click" Text="Button"/>
```

备注：

除了 HTML 服务器控件和用户控件外，其他类型的控件都是以“<asp：控件名称”开头以“/>”或“</asp：控件名称>”结尾。其余的部分是控件的属性和属性值、事件及事件处理方法名。

6.1.4　服务器控件的属性、事件和方法

所有的控件都是用类实现的，可以看作一个对象，都可以有自己的属性、事件和方法。控件的属性用来定义其外观和行为。

事件是指控件受到了一定的外界刺激，如鼠标单击等，并把这个刺激发送给服务器，服务器把这个刺激交给事先约定好的事件处理程序来处理。

1. 设置控件的属性

设置控件的属性可以通过【属性】窗口，还可以直接在【源】视图中输入代码。通过【属性】窗口设置属性的方法有如下两种情况。

- 在【设计】视图中，选中控件，然后在【属性】窗口中设置属性。
- 在【源】视图中，把光标定位在控件的标记中，然后在【属性】窗口中设置属性。

2. 设置控件的事件

设置控件的事件的方法有 3 种：

- 直接在【源】视图中输入事件属性及事件处理程序名，如<asp：Button Text="aa" OnClick="hh" runat="server"/>，其中 OnClick 即是按钮的单击事件，“hh”就是事件的处理程序名，然后在网页的后置文件（文件名为“网页名 . cs”）中输入事件处理程序。如下：

```
protected void hh(object sender,EventArgs e)
{
    此处为处理程序代码;
}
```

- 直接双击控件，此时产生的是控件的默认事件，如 Button 的默认事件是单击事件。
- 选中控件，在【属性】窗口中，单击按钮，将列出该控件的所有事件，可以在想用的事件后面的文本框中双击或输入事件处理程序名后双击。

3. 调用控件的方法

通过在程序代码中调用控件的方法可以完成某一具体的功能，如文件上传控件 FileUpload的保存文件方法SaveAS就可以将客户端用户选定的文件上传到服务器端指定的路径下。调用方法如下：

控件Id值.方法名（实参列表）；

6.1.5 Web表单

Web表单和HTML表单从本质上讲是完全不同的表单，但在表现形式上没有太大的差别，Web表单采用下面的方式来表示。

```
<form id="form1" runat="server">
  HTML元素及服务器控件
</form>
```

它没有method和action这两个属性。因为所有的Web表单在提交时都采用post方法，并且表单处理程序就是这个程序本身。从实现角度来看Web表单和HTML表单有很大的不同，Web表单允许在服务器上处理表单中的控件，这样表单中的任何控件都可以产生事件；另外，使用HTML表单时，如果提交数据后进入其他页面，当再回到这个页面时，所有的输入数据都丢失了，因为HTTP是无状态的，无法保存这些数据，但如果用Web表单在服务器端处理这些控件，就不存在数据丢失的问题。

6.2 常用的标准控件

标准控件有很多，每个控件的属性及事件也很多，有的很复杂，但是有一些控件，它们的功能、属性及事件都有一些相同或相似的地方，因此将控件进行分组分类地进行学习，不失为一个好办法。本节将标准控件中的一些经常使用到的控件按照这样的方法进行分类介绍，有一些无法进行分类的控件，则自成一类。

6.2.1 文本类控件

这类控件主要用来显示文本，或接收用户输入的文本。包括两种标签控件Label和文本框控件TextBox。

1) Label控件

Label控件用来在网页中显示文本信息。Label控件的声明语法如下：

```
<asp:Label  id="控件名称" Text="显示的文本信息" runat="server"></asp:Label>
```

备注：

id属性值是给控件起的唯一的名称，runat="server"属性表示控件在服务器端运行，id和runat属性是所有控件都有的属性，且runat属性不可省略。

Text属性是Label控件的一个主要属性，其值即为在网页上显示的文本。

2）TextBox 控件

TextBox 控件是一个可以输入单行文本、密码或多行文本的控件。TextBox 控件的声明语法如下：

```
<asp:TextBox id="控件名称"
    Text="文本框中的文字"
    TextMode="Single|Multiline|Password,分别表示单行文本、多行文本、密码,默认为单行文本"
    maxLength="整数,表示在文本框中输入的最大的字符数"
    rows="整数,当为多行文本时的行数"
    columns="整数,当为多行文本时的列数"
    Wrap="true|false,分别表示允许不允许换行,默认为 true"
    AutoPostBack="true|false"
    OnTextChanged="当文字改变时触发的事件过程"
    runat="server">
</asp:TextBox>
```

6.2.2　超链接控件

超链接 HyperLink 控件主要用于实现超文本链接，使用户可以在网页之间切换。可以以文本方式或图形方式呈现 HyperLink 控件。HyperLink 控件的声明语法如下。

```
<asp:HyperLink id="控件名称"
    NavigateUrl="URL 地址,当用户单击链接时所转向的页面的 URL"
    Text="字符串,超链接上显示的文字"
    ImageUrl="URL 地址,以图片方式呈现超链接时,图片的 URL 地址"
    Target="目标框架,默认为本框架"
    runat="server">
</asp:HyperLink>
```

6.2.3　按钮类控件

按钮类控件有 3 个，命令按钮 Button 控件、超链接按钮 LinkButton 控件、图像按钮 ImageButton 控件，按钮类控件一般用来提交表单。

1）Button 控件（命令按钮）

声明语法：

```
<asp:Button id="控件名称"
    Text="按钮上的文字"
    OnClick="事件处理程序名"
    runat="server"/>
```

2）LinkButton 控件（超链接按钮）

LinkButton 按钮是一个具有超链接外观的按钮。声明语法：

```
<asp:LinkButton 属性及事件同 Button 控件/>
```

3）ImageButton 控件（图片按钮）

```
<asp:ImageButton
    ImageUrl="URL 地址,以图片方式呈现按钮时,图片的 URL 地址"
    其他属性及事件同 Button 控件/>
```

6.2.4 图片控件

图片（Image）控件用来在页面中显示图片，图片控件的声明语法如下：

```
<asp:Image ID="控件名称"
    ImageUrl="字符串,如~/Images/1.gif,要显示在页面上的图片的存储路径"
    Height="数值,如 100px,图片控件的高度"
    Width="数值,如 100px,图片控件的宽度"
    runat="server"/>
```

6.2.5 单选和复选控件

1）RadioButton 控件（单选控件）

RadioButton 控件为用户提供一个单选按钮，若想为用户提供一组单选按钮供用户选择的话，则需要提供多个 RadioButton 控件，并且使用 GroupName 属性编成一组达到互斥选择的效果。RadioButton 控件声明语法如下：

```
<asp:RadioButton id="控件名称"
    Text="字符串,一般显示在单选框的后边的关联文字"
    GroupName="字符串,控件所属的组的名字"
    TextAlign="Right|Left,文本对齐方式"
    Checked="true|false,控件是否被选中"
    AutoPostBack="true|false"
    OnCheckedChanged="选择改变时触发的事件处理程序名"
    runat="server">
</asp:RadioButton>
```

2）CheckBox 控件（复选控件）

CheckBox 控件为用户提供一个复选控件供用户选择，若想为用户提供多个选择，可以使用多个复选控件实现。CheckBox 控件声明语法如下：

```
<asp:CheckBox id="控件名称"
    Text="字符串,一般显示在单选框的后边的关联文字"
```

```
    TextAlign="Right|Left,文本对齐方式"
    Checked="true|false,控件是否被选中"
    AutoPostBack="true|false"
    OnCheckedChanged="选择改变时触发的事件处理程序名"
    runat="server">
</asp:CheckBox>
```

6.2.6 选项类控件

RadioButtonList、CheckBoxList、DropDownList、ListBox 这 4 个控件都是提供一组选项供用户选择的选项类控件，只不过具体表现形式上略有区别。CheckBoxList 是多选控件，ListBox 可多选也可单选，其他两个则是单选控件。

1) RadioButtonList 控件（单选列表框）的声明语法

```
<asp:RadioButtonList ID="控件名称" runat="server"
    RepeatDirection="Vertical|Horizontal,表示选项的排列方向"
    RepeatColumns="整数,表示显示的列数,默认是 1"
    SeletedIndex="整数,设置或获取被选中的项的索引值"
    AutoPostBack="true|Fasle"
    OnSelectedIndexChanged="改变选择时触发的事件处理程序名"
    >
    <asp:ListItem Value="选项值 0" Selected="true|false">选择文字 0</asp:ListItem>
    <asp:ListItem Value="选项值 1" Selected="true|false">选项文字 1</asp:ListItem>
    <asp:ListItem Value="选项值 2" Selected="true|false">选项文字 2</asp:ListItem>
    ……
</asp:RadioButtonList>
```

CheckBoxList 控件（复选列表框）的声明语法：

```
<asp:CheckBoxList 属性及事件同单选列表框>
    <asp:ListItem Value="选项值 0" Selected="true|false">选择文字 0</asp:ListItem>
    ……
</asp:CheckBoxList>
```

备注：

ListItem 也是一个控件，是选项类控件中的选项，每一个 ListItem 控件就是一个选项，其中的 Value 属性可以省略，其值可以是和这个选项相关的不方便在页面中显示的而在程序设计中又需要的值。

如设置 Seleted 为 true，则该选项被选中。也可以通过 SeletedIndex 属性设置选中项，SeletedIndex 属性值的范围从 0 开始到所包含的选项数减 1，只能在程序运行时设置，如在程序代码中设置 RadioButtonList 控件名称 . SeletedIndex=0，则第一个选项被选中。

在程序代码中可以通过 RadioButtonList 控件名称 . SelectedValue 获取选中项的 Value 值，可以通过 RadioButtonList 控件名称 . SelectedItem. Text 获取选中项的选项文字。

2) DropDownList 控件（下拉列表框）的声明语法

```
<asp:DropDownList ID="控件名称"
    AutoPostBack="true|false"
    OnSelectedIndexChanged=""
    runat="server">
    <asp:ListItem Value="选项值 0" Selected="true|false">选择文字 0</asp:ListItem>
    <asp:ListItem Value="选项值 1" Selected="true|false">选项文字 1</asp:ListItem>
    <asp:ListItem Value="选项值 2" Selected="true|false">选项文字 2</asp:ListItem>
    ……
</asp:DropDownList>
```

3) ListBox 控件（列表框）的声明语法

```
<asp:ListBox ID="控件名称"
    SelectionMode="Single|Multiple,表示单选或多选,默认为单选"
    Rows="整数,表示显示的行数"
    AutoPostBack="true|false"
    OnSelectedIndexChanged=""
    runat="server">
    <asp:ListItem Value="选项值 0" Selected="true|false">选择文字 0</asp:ListItem>
    <asp:ListItem Value="选项值 1" Selected="true|false">选项文字 1</asp:ListItem>
    <asp:ListItem Value="选项值 2" Selected="true|false">选项文字 2</asp:ListItem>
    ……
</asp:ListBox>
```

4) 选项、选项集合及选项类控件的关系与使用

在选项类控件中，其中的每一个选项就是一个选项（ListItem）对象，而所有的选项就组成了选项对象集合，这个集合也是一个集合类的对象。选项类控件本身也是一个对象。在编写程序代码时，首先要区分操作的是哪个对象，应该用哪个对象的属性和方法。

(1) 选项属性。

在选项类控件中，每一个选项就是一个 ListItem 对象，它的语法一般如下：

```
<asp:ListItem Text="北京" Value="1" Selected="true|false"/>
或<asp:ListItem Value="1" Selected="true|false">北京</asp:ListItem>
```

(2) 选项集合的属性和方法。

选项集合是一个 ListItemCollection 对象，它的常用属性如表 6-1 所示，常用方法如表 6-2 所示。

表 6-1 ListItemCollection 对象的常用属性

属　性	说　明
Count	获取该集合含有多少个选项
Items [Index]	按索引返回一个选项，如 Items [0] 返回第一个选项，不过要注意返回的是一个 ListItem 选项对象

表 6-2　ListItemCollection 对象的常用方法

方　法	说　明
Add (ListItem)	添加一个选项。注意参数 ListItem 是一个选项对象。还有一个重载方法，参数是字符串
Remove (ListItem)	删除一个选项
RemoveAt (index)	按索引删除一个选项
Clear()	清除全部选项
FindByText (string)	按显示文字查找选项。参数是字符串，返回值为选项对象
FindByValue (string)	按值查找选项

(3) 选项类控件本身的属性和方法。

选项类控件本身也是一个对象，常用的属性如表 6-3。

表 6-3　选项类控件的常用属性

属　性	说　明
DataSource	获取或设置绑定到控件的数据源
DataTextField	获取或设置为选项提供文本内容的数据源字段
DataValueField	获取或设置选项提供值的数据源字段
Items	获取选项集合。它获取到的实际就是 ListItemCollection 对象
SelectedItem	获取选定项
SelectedIndex	获取选定项的索引，或者按该索引选定项
SelectedValue	获取选定项的 Value 值，或者按该值选定项

说明：SelectedItem. Text 和 SelectedItem. Value 通常用来返回选定项的文字和 Value 值。而 SelectedIndex 和 SelectedValue 分别用来按索引或值设置选定项。

选项类控件常用的方法及事件如表 6-4。

表 6-4　选项类控件的常用方法及事件

方法及事件	说　明
DataBind()	将数据源绑定到控件
OnSelectedIndexChanged	选项改变后要触发的事件过程。一般需要和 AutoPostBack 属性共同使用

(4) 一个简单的例子。

string str=ddlDepartment. Items [0] . Text

其中 ddlDepartment 是选项类控件本身，ddlDepartment 的 Items 属性是选项集合，即是一个 ListItemCollection 对象，ddlDepartment. Items [0] 是选项集合中的第一个选项，是一个 ListItem 对象，选项的 Text 属性是选项上的选项文字。

(5) 在选项类控件中添加选项有如下 3 种方法。

- 在设计时手工添加选项。
- 在程序代码中利用 Add 方法编程添加选项。

- 使用数据绑定添加选项。

【例 6-1】 使用 3 种方法在注册页的系别下拉列表框中添加选项。

① 设计时手动添加选项。

- 在工具箱中拖入一个下拉列表框放入页面中，此时控件的旁边会出现一个级联的“任务菜单”（所有的选项类控件都有），如图 6-1 所示，选择【编辑项】，弹出【ListItem 集合编辑器】对话框，如图 6-2 所示，其他情况下，单击控件任务按钮（右上角的小箭头按钮），均可弹出【DropDownList 任务】对话框。

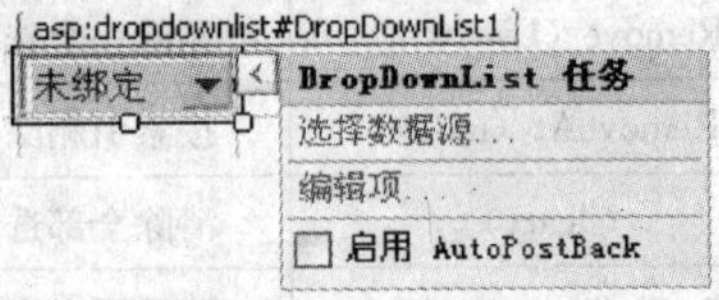

图 6-1 控件的任务菜单

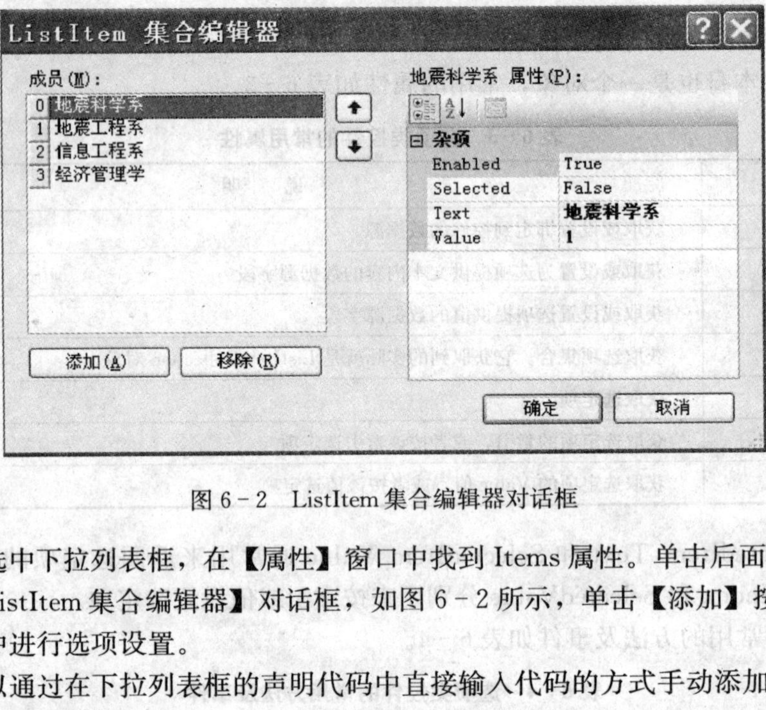

图 6-2 ListItem 集合编辑器对话框

- 或者选中下拉列表框，在【属性】窗口中找到 Items 属性。单击后面的 ... 按钮。弹出【ListItem 集合编辑器】对话框，如图 6-2 所示，单击【添加】按钮，在其右侧窗口中进行选项设置。
- 还可以通过在下拉列表框的声明代码中直接输入代码的方式手动添加选项。

```
<asp:DropDownList ID="ddlDepartment" runat="server" AutoPostBack="true"
        OnSelectedIndexChanged="ddlDepartment_SelectedIndexChanged">
    <asp:ListItem Value="1">地震科学系</asp:ListItem>
    <asp:ListItem Value="2">地震工程系</asp:ListItem>
    <asp:ListItem Value="3" Selected="true">信息工程系</asp:ListItem>
    <asp:ListItem Value="4">经济管理学</asp:ListItem>
</asp:DropDownList>
```

设计时手动添加的方式简单，但只要选项有变化就要重新修改，不够灵活。

② 在程序代码中利用 Add 方法编程添加选项。如果添加多个选项，需要使用循环语句。在使用 IList<>时，需要引入 System. Collections. Generic 命名空间。

```
//实例化一个 Department 对象 dpt
Department dpt=new Department();
//获取一个 Department 对象的集合 list
IList<Department>list=dpt.GetAll();
string departmentName="";
//list.Count 表示 list 集合中包含的元素数,即包含的 Department 对象的个数
for(int i=0;i<list.Count;i++)
{
    //获取 list 集合中第 i 个 Department 对象的 DepartmentName 值
    departmentName=list[i].DepartmentName;
    //实例化一个 departmentName 选项
    ListItem listItem=new ListItem(departmentName);
    //将实例化的选项 ListItem 对象 listItem 加入到选项类控件的 Items 集合中
    ddlDepartment.Items.Add(listItem);
    //以上三个语句可以简写为一个语句实现,即 ddlDepartment.Items.Add(list[i].DepartmentName);
}
```

③ 使用数据绑定添加选项。

在程序代码中设置选项类控件的数据源，然后调用 DataBind 方法将控件绑定到数据源。

```
Department dpt=new Department();
IList<Department>list=dpt.GetAll();
//设置选项类控件的数据源
ddlDepartment.DataSource=list;
//将数据源 list 里的 DepartmentName 列赋值给对应的选项的 Text 属性及 Value 属性
ddlDepartment.DataTextField="DepartmentName";
ddlDepartment.DataValueField="DepartmentName";
//调用 DataBind 方法开始执行数据绑定
ddlDepartment.DataBind();
```

选项类控件的数据源是一个集合类型的数据，如数组、IList 对象、DataReader 对象、DataSet 对象。

6.3 文件上传控件

文件上传控件 FileUpload 主要用来实现文件上传，其外观如图 6－3 所示，其语法如下：

```
<asp:FileUpload ID="控件名称" runat="server"/>
```

图 6-3 文件上传控件

文件上传控件的大多数属性和方法都是在程序运行过程中使用的。

ContentLength、ContentType、FileName 属性，分别获取文件大小、文件类型和文件的客户端路径。

将上传文件保存在服务器端指定文件夹下的语法为：

控件名称.SaveAs（服务器端文件物理路径）。

6.4 MultiView 与 View 控件

View 控件是视图控件，MultiView 控件是多视图控件，即 MultiView 控件中可以包含多个 View 控件，View 控件只有添加到 MultiView 控件中才能使用。View 控件中可以包含任何需要显示在页面中的内容，如 HTML 代码、服务器控件等。两个控件一起使用提供了一种可以方便显示信息的替换视图方式。下面是声明一个包含 4 个 View 控件（根据需要决定添加几个 View 控件）的 MultiView 控件的语法：

```
<asp:MultiView ID="MultiView1" runat="server">
    <asp:View ID="View1" runat="server">
    </asp:View>
    <asp:View ID="View2" runat="server">
    </asp:View>
    <asp:View ID="View3" runat="server">
    </asp:View>
    <asp:View ID="View4" runat="server">

    </asp:View>
</asp:MultiView>
```

MultiView 控件中的 View 控件要么全都不显示，要么一次显示一个 View 控件，可以通过 ActiveViewIndex 属性进行控制。当 ActiveViewIndex 的值为－1 时，所有的 View 控件均不显示，这也是默认值；MultiView 控件中的 View 控件，其索引值从 0 开始，依次增加 1，如上面的 4 个 View 控件的索引值分别为 0、1、2、3，如若想在页面中显示第 1 个 View 控件，只需设置 MultiView 控件的 ActiveViewIndex 属性值为 0 即可。

6.5 Wizard 控件

向导（Wizard）控件可以将复杂的信息收集工作，分隔成多个小的、具有一定逻辑性的步骤（WizardStep），每一个步骤中都可以放置 HTML 元素及其他的服务器控件。如用户注册信息可以在一个页面中一次完成，也可以将注册过程分成多个步骤。下面是一个包含两个步骤的 Wizard 控件的声明语法：

```
<asp:Wizard ID="Wizard1" runat="server">
    <WizardSteps>
        <asp:WizardStep ID="WizardStep1" runat="server" Title="Step 1">
        </asp:WizardStep>
        <asp:WizardStep ID="WizardStep2" runat="server" Title="Step 2">
        </asp:WizardStep>
    </WizardSteps>
</asp:Wizard>
```

如果想添加更多的步骤，可以在【设计】视图中，选中 Wizard 控件，在【属性】窗口中找到 WizardSteps 属性，然后单击右边 ... 按钮，弹出【WizardStep 集合编辑器】对话框，如图 6-4 所示，单击【添加】按钮可以添加更多的步骤（WizardStep）。

图 6-4 WizardStep 集合编辑器对话框

然后可以在各个步骤中添加其他元素收集复杂的信息。图 6-5 是利用 Wizard 控件收集注册信息的界面，第一个步骤是“登录信息”，第一个步骤中有“下一步”按钮，单击此按钮可以切换到下一个步骤，即“个人详细信息”步骤；中间的步骤会有两个按钮“上一步”和“下一步”，分别用来切换到上一个步骤和下一个步骤；最后的步骤有两个按钮“上一步”和“完成”按钮；可以为 Wizard 控件添加 FinishButtonClick 事件，即当单击“完成”按钮时触发的事件，在事件的处理程序中完成用户的注册功能。各个步骤间的切换还可以通过左侧的超链接来完成，这些超链接称为 Wizard 控件的导航。如若想在程序代码中完成步骤切换的功能，可以通过 ActiveStepIndex 属性进行控制：Wizard 控件中的多个步骤每一个步骤都有一个索引值，其索引值从 0 开始，依次增加 1，如上面的 4 个 WizardStep 的索引值分别为0、1、2、3，如若想在页面中显示第1个步骤，只需设置Wizard控件的ActiveStepIndex属性值为0即可。

图6-5 利用Wizard控件收集注册信息

6.6 容器控件

容器控件是一个相对的概念，是指能够包含其他控件的控件，如MultiView控件是View控件的容器，而View控件又是包含在View控件中的各种控件的容器；选项类控件是选项集合的容器；选项集合又是选项的容器；Wizard控件是WizardSteps的容器，WizardSteps又是WizardStep的容器；表格（Table）控件是行（TableRow）的容器，而行又是单元格（TableCell）的容器，单元格中也可以放置其他控件，因此它也是容器；页面（Page）是所有控件的容器。常用的容器控件还有Panel控件和PlaceHolder控件。

6.6.1 Panel控件

Panel控件中可以放置其他的服务器控件，Panel的声明语法如下：

```
<asp:Panel ID="控件名称"
      Visible="true|false,表示其中的控件是否显示"
      runat="server">
      其他控件
</asp:Panel>
```

通过设置Panel控件的Visible属性使这组控件一起显示或隐藏。

6.6.2 PlaceHolder控件

PlaceHolder控件的声明语法如下：

```
<asp:PlaceHolder ID="PlaceHolder1" runat="server">
     其他控件
</asp:PlaceHolder>
```

6.6.3 向容器控件中动态添加其他控件

前面所讲所有的控件都是一个特定的类，可以通过面向对象的方法在程序代码中实例化一个控件对象，此时若想让实例化的控件对象在页面上显示出来，就需要把它们加入到容器控件中。加入到页面容器中方法为：

容器控件名称 . Controls. Add（控件对象）；

```
protected void Page_Load(object sender,EventArgs e)
{
    TextBox tb=new TextBox();
    tb.Width=Unit.Pixel(300);
    tb.Text="这是 PlaceHolder 控件中的 TextBox 控件";
    PlaceHolder1.Controls.Add(tb);
    Label lb=new Label();
    lb.Text="这是 Panel 控件中的 Label 控件";
    Panel1.Controls.Add(lb);
}
```

结果如图 6 - 6 所示。

图 6 - 6　向容器控件中动态添加其他控件

项目任务

项目任务——实现注册功能的网站条款提示页

注册功能由两个页面一起实现，第一个页面为网站服务条款提示页，在本页说明站点的服务内容、用户资格、免责声明等，让用户阅读并接受服务条款后方可注册使用站点提供的服务。页面的效果如图 6 - 7 所示。

【实现方法】

打开新建 reg. aspx 页面，从其他页面中将页面的页头、导航及页脚部分的代码复制到页面的相应位置，在 <head> 和 </head> 之间加入 CSS 设置。用表格和 div 设计页面的布局如图 6 - 7 所示。

在注册页面的中间分别放入 Label、TextBox 和两个 HyperLink 控件。各控件的属性设置如表 6 - 5 所示。

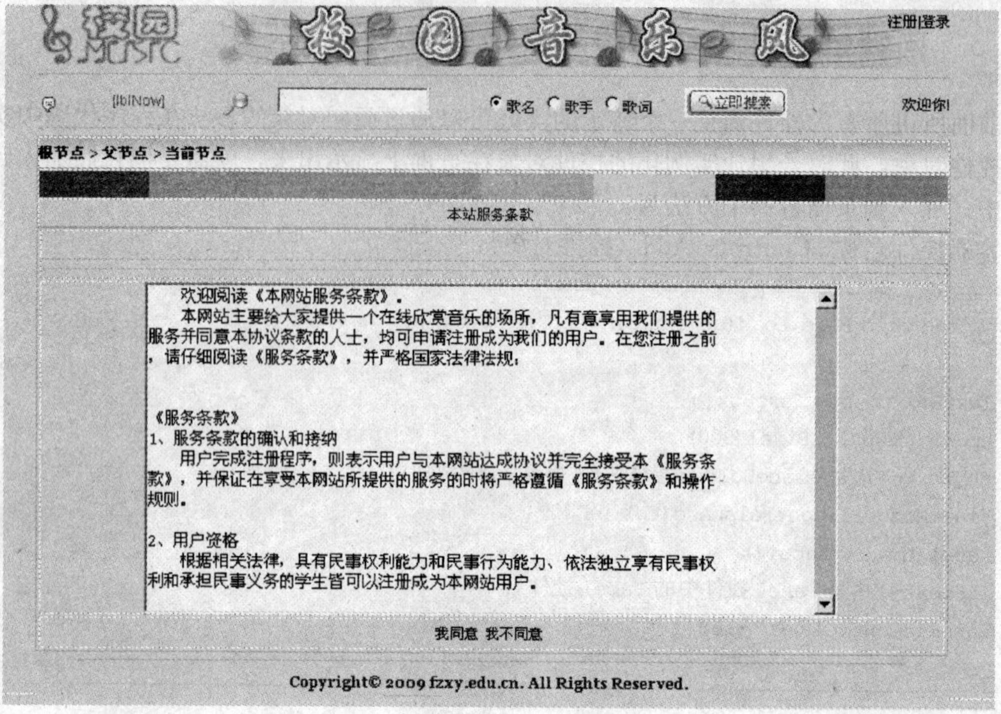

图 6-7　网站条款提示页

表 6-5　服务条款提示页面中的控件类型、属性、属性值及用途

控件类型	控件属性	属性值	用　途
Label	Text	本站服务条款	显示文本信息
TextBox	TextMode	MultiLine	设置文本框为多行
	Rows	16	设置行数
	Columns	70	设置一行可以显示的字符数
	ReadOnly	true	设置文本框为只读
	Text	欢迎阅读《本网站服务条款》。本网站主要给大家……	设置文本框中显示的文本信息
HyperLink	ID	lnkYes	超链接控件的控件名称
	NavigateUrl	reg2. aspx	单击超链接后跳转到的页面 Url 地址
	Text	我同意	超链接控件上显示的文本信息
HyperLink	ID	lnkNo	控件名称
	NavigateUrl	index. aspx	单击此超链接后跳转到 index. aspx 页
	Text	我不同意	控件上显示的文本信息

项目任务——实现注册功能的收集用户信息页

注册功能的第 2 个页面是收集用户的个人信息，并将信息插入到数据库中。页面的设计效果如图 6-8 所示。

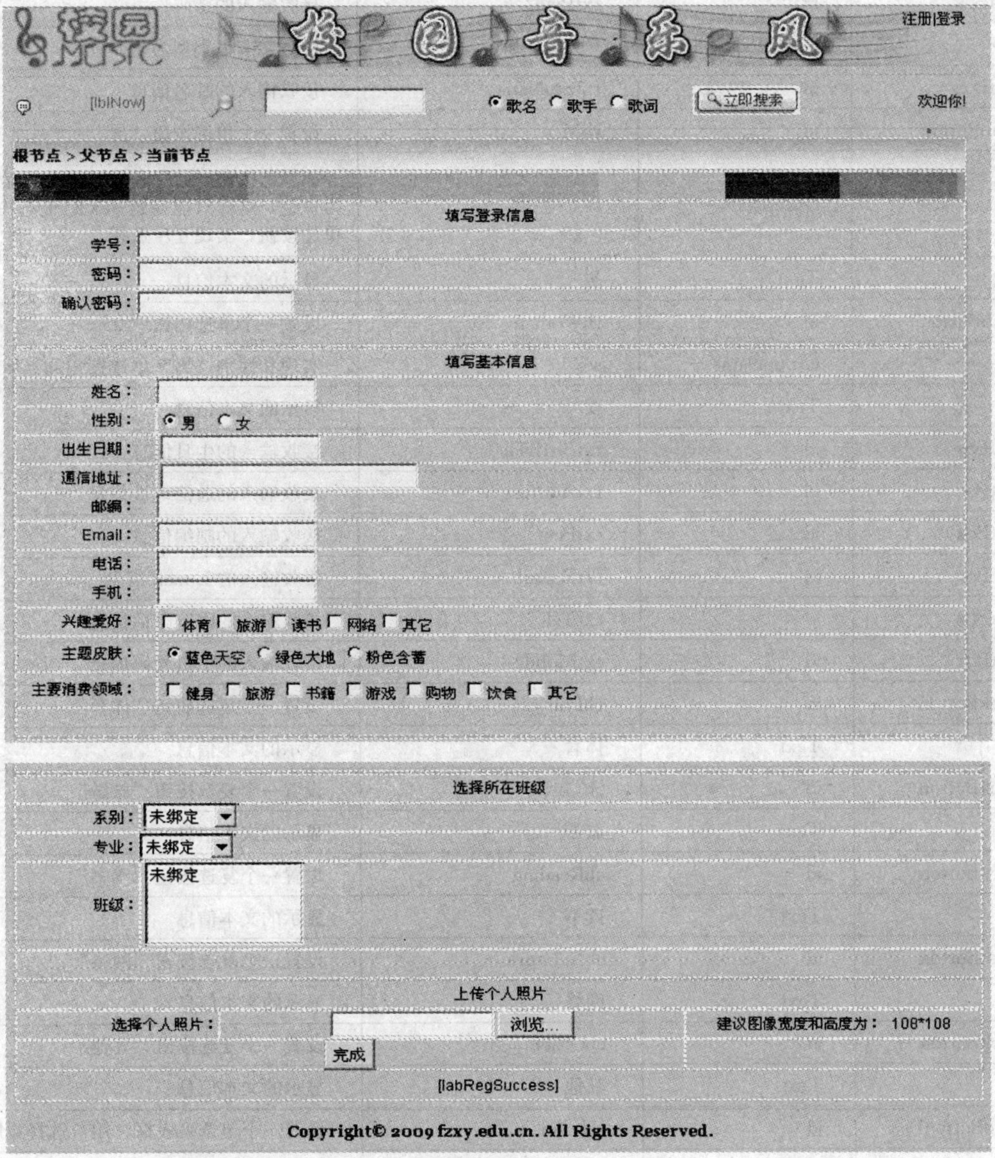

图 6-8 注册信息收集页面

【实现方法】

打开页面 reg2. aspx，页面的中间收集用户信息部分分成 4 部分，①收集登录信息，②收集学生基本信息，③收集学生所在的班级，④上传照片。用 div 和表格布局页面后，在相应的单元格种放置服务器控件，服务器控件的属性及属性值如表 6-6 所示。

表6-6 注册信息收集页中的控件类型、属性、属性值及用途

控件类型	属性	属性值	用途
TextBox	id	txtStuNo	接收输入的学号信息
TextBox	id	txtPwd	接收输入的密码
	TextMode	Password	设置文本框类型为密码框
TextBox	id	txtPwd2	接收输入的密码
	TextMode	Password	设置文本框类型为密码框
TextBox	id	txtStuName	接收输入的姓名信息
RadioButton	id	rbMan	设置一个单选按钮“男”
	GroupName	sex	把单选按钮“男”和单选按钮“女”编为一组，这样只能在这 sex 组里选中一个单选按钮，实现互斥选择
	Text	男	显示的文本信息
RadioButton	id	rbWoman	设置一个单选按钮“女”
	GroupName	sex	实现和性别“男”单选按钮的互斥选择
	Text	女	显示的文本信息
TextBox	id	txtBirthday	接收输入的生日信息
TextBox	id	txtAddress	接收输入的通信地址信息
TextBox	id	txtPost	接收输入的邮编信息
TextBox	id	txtE-mail	接收输入的 E-mail 信息
TextBox	id	txtTel	接收输入的固定电话信息
TextBox	id	txtMobile	接收输入的手机号码信息
CheckButton	id	cbPhisical	设置一个复选按钮“体育”
	Text	体育	显示的文本信息
CheckButton	id	cbTories	设置一个复选按钮“旅游”
	Text	旅游	显示的文本信息
CheckButton	id	cbReading	设置一个复选按钮“读书”
	Text	读书	显示的文本信息
CheckButton	id	cbNetwork	设置一个复选按钮“网络”
	Text	网络	显示的文本信息
CheckButton	id	cbOther	设置一个复选按钮“其他”
	Text	其他	显示的文本信息
RadioButtonList	id	rblSkin	设置一个单选列表框，用户选择皮肤
	Items	蓝色天空（选中状态）、绿色大地、粉色含蓄	单选列表框中的选项
CheckBoxList	id	cblExpenseArea	设置一个复选列表框，用户选择消费领域
	Items	健身、旅游、书籍、游戏、购物、饮食、其他	复选列表框中的选项
DropDownList	id	ddlDepartment	设置一个下拉列表框，用户选择系别

续表

控件类型	属性	属性值	用　途
	Items	信息工程系、经济管理系	下拉列表框中的选项
DropDownList	id	ddlMajor	设置一个下拉列表框，用户选择专业
	Items	计算机科学与技术、计算机软件技术、计算机应用	下拉列表框中的选项
ListBox	id	lbClass	设置一个列表框，用户选择班级
	Items	0850411、0850412	列表框中的选项
FileUpload	id	fuPhoto	用来上传用户照片
Button	id	btnFinish	完成按钮，提交表单
	onclick	btnFinish_Click	实现注册功能，调用 Student 对象的 Register 方法实现向数据库的 Student 表中添加一条新的记录，事件处理程序代码如下。
Label	id	labRegSuccess	提示注册成功信息

【参考代码】

```
using System;
using System.Collections.Generic;
public partial class reg2:System.Web.UI.Page
{
    protected void BtnFinish_Click(object sender,EventArgs e)
     {
       //创建一个学生对象
       Student s=new Student();
       //添加学生登录信息
       s.StuNo=txtStuNo.Text;
       s.StuPwd=txtPwd.Text;
       //添加学生基本信息
       s.StuName=txtStuName.Text;
       if(rbMan.Checked)
            s.StuSex=true;
       else if(rbWoman.Checked)
            s.StuSex=false;
       s.StuBirthday=Convert.ToDateTime(txtBirthday.Text);
       s.StuAddress=txtAddress.Text;
       s.StuPost=txtPost.Text;
       s.StuE-mail=txtE-mail.Text;
       s.StuTel=txtTel.Text;
       s.StuMobile=txtMobile.Text;
       if(cbPhisical.Checked)
       s.StuHobbies+=cbPhisical.Text+";";
```

```
        if(cbTories.Checked)
            s.StuHobbies+=cbTories.Text+";";
        if(cbReading.Checked)
            s.StuHobbies+=cbReading.Text+";";
        if(cbNetwork.Checked)
            s.StuHobbies+=cbNetwork.Text+";";
        if(cbOther.Checked)
            s.StuHobbies+=cbOther.Text+";";
        s.StuTheme=rblSkin.SelectedValue;
        for(int i=0;i<cblExpenseArea.Items.Count;i++)//获取学生的消费领域,中间用;隔开
        {
            if(cblExpenseArea.Items[i].Selected)
                s.StuExpenseArea+=cblExpenseArea.Items[i].Text+";";
        }
        //添加学生班级信息
        s.ClassCode=lbClass.SelectedValue;
        //获取上传照片的照片
        string fileName="";
        if(fuPhoto.FileName!=""&&fuPhoto.FileName!=null)
        {
            fileName=fuPhoto.FileName;
            string[]file_ext=fileName.Split('.');
            fileName=s.StuNo+"."+file_ext[file_ext.Length-1];
            string filePath=Server.MapPath("Photos\\")+fileName;
            fuPhoto.SaveAs(filePath);
        }
        s.StuPhotoUrl="Photos\\"+fileName;
        s.RegDate=System.DateTime.Now.Date;
        s.Role=false;
        int ret=s.Register();
        if(ret==1)
            labRegSuccess.Text="注册成功";
        else
            labRegSuccess.Text="注册失败";
    }
}
```

项目任务——实现系别、专业、班级三级联动效果

实现系别下拉列表框、专业下拉列表框、班级列表框三级联动效果，即当在系别下拉列表框中选择一个系以后，就会在专业下拉列表框中列出该系的所有专业；当在专业下拉列表框中

选择某一专业后，就会在班级列表框中列出该专业的所有班级。如图 6-9 所示。增加设置的控件的属性及事件如表 6-7 所示。

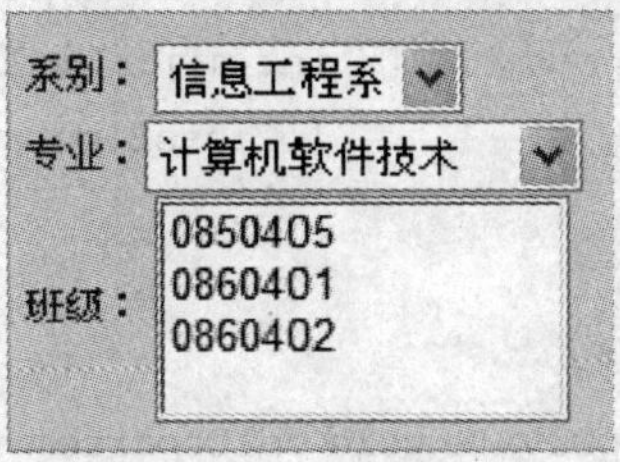

图 6-9 三级联动

【实现方法】

添加 3 个方法。

① ddlDepartementBindData（）方法。将 ddlDepartment 控件绑定到 Department 对象集合的 DepartmentName 属性上。

表 6-7 注册信息收集页中的控件增加的属性、属性值及用途

控件 id	增加的属性	属性值	用 途
ddlDepartment	AutoPostBack	true	立即触发事件，不用等待提交表单时再触发事件
	OnSelectedIndexChanged	ddlDepartment_SelectedIndexChanged	选项改变时触发的事件的处理程序名
ddlMajor	AutoPostBack	true	当选项改变时，立即触发事件
	OnSelectedIndexChanged	ddlMajor_SelectedIndexChanged	选项改变时触发的事件的处理程序名

② ddlMajorBindData（string departmentName）方法。将 ddlMajor 控件的 Text 属性绑定到形参 departmentName 值所指定的系里所有的 Major 对象集合的 MajorName 属性上；将 ddlMajor 控件的 Value 属性绑定到形参 departmentName 值所指定的系里所有的 Major 对象集合的 MajorId 属性上。

③ lbClassBindData（int majorId）方法。将 lbClass 控件的 Text 属性及 Value 属性绑定到 majorId 专业的所有班级对象集合的 ClassCode 属性上。

怎样让页面首次打开时，初始化三个控件中的数据？

Page 对象代表整个页面，其 IsPostBack 属性表示页面是否提交过，true 表示“是”。! Page. IsPostBack 表示页面没有被提交过，即页面首次被打开。因此使用 Page 的 Load 事件及 IsPostBack 属性可以实现在页面首次打开时初始化三个控件中的数据，即分别调用 3 个方法将控件绑定到数据源。

要使用 IList <>，此时必须引入命名空间 System. Collections. Generic。

【参考代码】

```
protected void Page_Load(object sender,EventArgs e)
{
     if(! Page. IsPostBack)
     {
          ddlDepartementBindData();
          if(ddlDepartment. SelectedItem. Text! = "")
          ddlMajorBindData(ddlDepartment. SelectedItem. Text);
      if(ddlMajor. SelectedValue! = "")
      {
```

```
            int majorId= Int32. Parse(ddlMajor. Items[0]. Value);
            lbClassBindData(majorId);
        }
    }
}
private void ddlDepartementBindData()
{
    Department dpt=new Department();
    IList<Department>list=dpt. GetAll();
    ddlDepartment. DataSource=list;
    ddlDepartment. DataTextField="DepartmentName";
    ddlDepartment. DataValueField="DepartmentName";
    ddlDepartment. DataBind();
}
private void ddlMajorBindData(string departmentName)
{
    Major mj=new Major();
    IList<Major>list=mj. GetMajorsByDep(departmentName);
    ddlMajor. DataSource=list;
    ddlMajor. DataTextField="MajorName";
    ddlMajor. DataValueField="MajorId";
    ddlMajor. DataBind();
}
private void lbClassBindData(int majorId)
{
    StudentClass sc=new StudentClass();
    IList<StudentClass>list=sc. GetMajorClassess(majorId);
    lbClass. DataSource=list;
    lbClass. DataTextField="ClassCode";
    lbClass. DataValueField="ClassCode";
    lbClass. DataBind();
}
protected void ddlDepartment_SelectedIndexChanged(object sender,EventArgs e)
{
    ddlMajorBindData(ddlDepartment. SelectedItem. Text);
    lbClass. Items. Clear();
}
protected void ddlMajor_SelectedIndexChanged(object sender,EventArgs e)
{
    int majorId= Int32. Parse(ddlMajor. SelectedValue);
    lbClassBindData(majorId);
}
```

上机实战

上机实战——使用 MultiView 控件将注册页中的信息分成多个视图显示

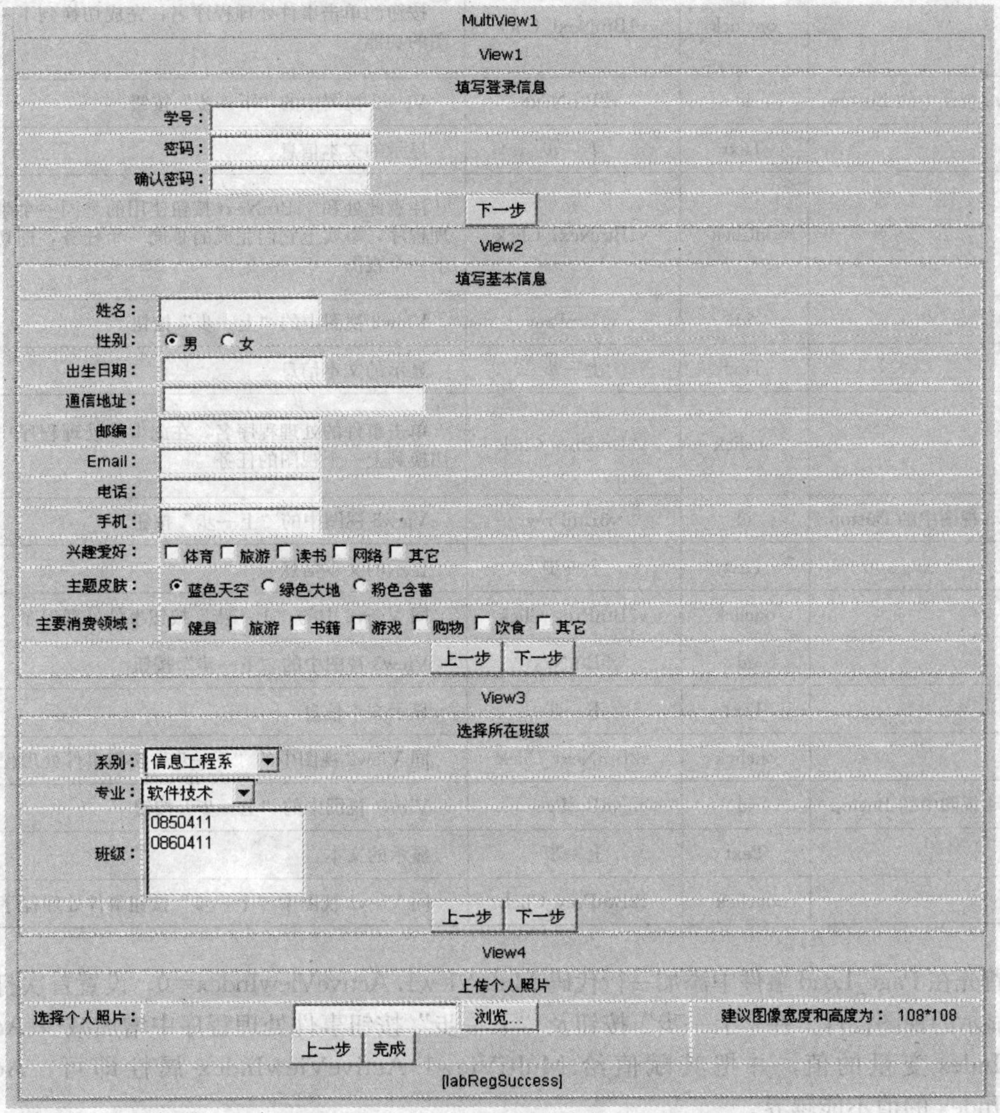

图 6－10　使用 MultiView 控件的注册页

【要点提示】

添加如图 6－10 所示的 1 个 MultiView 控件及 4 个 View 控件，4 个 View 控件把用户注册需要填写的信息分成了 4 个部分，相对于上个版本的注册信息收集页来讲，多了几个 Button 控件，单击 Button 按钮可以切换 View 视图，以实现分步收集信息的功能。注册信息收集页中的控件增加的属性、属性值及用途如表 6-8 所示。

表 6-8　注册信息收集页中的控件增加的属性、属性值及用途

控件类型	属性	属性值	用　途
View1 视图中的 Button	id	v1BtnNext	View1 视图中的“下一步”按钮
	Text	下一步	显示文本信息
	onClick	v1BtnNext_Click	按钮的单击事件处理程序名，完成切换到下一个视图的功能。
View2 视图中的 Button	id	v2BtnNext	View2 视图中的“下一步”按钮
	Text	下一步	显示的文本信息
	onClick	v1BtnNext_Click	注意此处和 v1BtnNext 按钮使用的是同一个事件处理程序，事实上它们完成的是同一个任务，即切换到下一个视图
	id	v2BtnPrev	View2 视图中的“上一步”按钮
	Text	上一步	显示的文本信息
	onclick	v2BtnPrev_Click	单击事件的处理程序名，在此事件处理程序中完成切换到上一个视图的任务
View3 视图中的 Button	id	v3BtnPrev	View3 视图中的“上一步”按钮
	Text	上一步	显示的文本信息
	onclick	v2BtnPrev_Click	同 View2 中的“上一步”按钮事件处理程序
	id	v3BtnNext	View3 视图中的“下一步”按钮
	Text	下一步	显示文本信息
	onclick	v2BtnNext_Click	同 View2 视图中的“下一步”按钮事件处理程序
View4 视图中的 Button	id	v4BtnPrev	View4 视图中的“上一步”按钮
	Text	上一步	显示的文本
	onclick	v2BtnPrev_Click	同 View2 视图中“上一步”按钮事件处理程序

首先在 Page_Load 事件中添加一行代码 MultiView1. ActiveViewIndex=0，设置首次打开页面时显示的视图控件。在“上一步”按钮及“下一步”按钮事件处理程序中增加减少 ActiveViewIndex 变量的值，并把其赋值给 MultiView1. ActiveViewIndex 属性即可，ActiveViewIndex 的值不能越界。

【参考代码】

```
protected void Page_Load(object sender,EventArgs e)
```

```
{
    if(!Page.IsPostBack)
    {
        MultiView1.ActiveViewIndex=0;
    }
}
protected void v1BtnNext_Click(object sender,EventArgs e)
{
    if(MultiView1.ActiveViewIndex<MultiView1.Views.Count-1)
        MultiView1.ActiveViewIndex=MultiView1.ActiveViewIndex++;
}
protected void v2BtnPrev_Click(object sender,EventArgs e)
{
    if(MultiView1.ActiveViewIndex>0)
        MultiView1.ActiveViewIndex=MultiView1.ActiveViewIndex--;
}
```

上机实战——实现显示个人基本信息页

图 6-11　显示个人基本信息页的设计效果

【要点提示】

按照图中所示设计页面，添加 4 个标签 lblStuName、lblDepartment、lblMajor、lblHobbies，分别用来显示学生的姓名、院系、专业、爱好；添加一个图片控件 imgPhoto 用来显示学生的照片。根据传过来的学号信息实例化学生对象 student，然后利用该对象获取学生的信息，并把信息赋值给 Label 控件的 Text 属性上，把图片路径信息赋值给 Image 对象的 ImageUrl 属性。

【参考代码】

```
using System;
using System.Data;
public partial class showUserBasicInfo:MyPage
{
    protected void Page_Load(object sender,EventArgs e)
    {
        string stuno=Request["stuno"];
        if(!string.IsNullOrEmpty(stuno))
        {
            BindUserBasicInfo(stuno);
        }
        else
        {
            Response.Redirect("~/index.aspx");
        }
    }
    private void BindUserBasicInfo(string stuno)
    {
        //根据学号 stuno 实例化一个学生对象
        Student student=new Student();
        student=student.GetModel(stuno);

        //获取此学生的姓名,并将其显示在页面的 lblStuName 标签中
        lblStuName.Text=student.StuName;
        //获取此学生的爱好,并将其显示在页面的 lblHobbies 标签中
        lblHobbies.Text=student.StuHobbies;
        //获取此学生的照片的存储路径,并且其赋值给页面中的 imgPhoto 图片控件的 ImageUrl 属性
        //这样照片就可以利用 imgPhoto 图片控件显示在页面上
        imgPhoto.ImageUrl=student.StuPhotoUrl;
        //根据此学生的学号,实例化一个此学生所在的班级对象
        StudentClass studentClass=new StudentClass();
        studentClass=studentClass.GetModel(student.ClassCode);
        //获取此班级对象的专业编号
        int majorId=studentClass.MajorId;
        //根据专业编号,实例化一个此班级所在的专业对象
        Major studentMajor=new Major();
        studentMajor=studentMajor.GetModel(majorId);
        //获取此专业对象的专业名称,并将其显示在页面的 lblMajor 标签中
        lblMajor.Text=studentMajor.MajorName;
```

```
            //获取此专业对象的系名,并将其显示在页面的 lblDepartment 标签中
            lblDepartment.Text=studentMajor.DepartmentName;
        }
}
```

习　题

1. 将校园音乐吧网站的所有页面都换成相应的动态页面，并把 HTML 表单元素换成服务器控件。

2. 利用 Wizard 控件替代 MultiView 控件实现注册页面 regV3.aspx。

3. 实现显示个人详细信息页。

4. 实现修改个人信息功能。

第7章

验证控件

本章要点

- ◆ 了解验证控件的使用原因及验证时机
- ◆ 掌握必填验证控件用法
- ◆ 掌握范围验证控件的用法
- ◆ 掌握比较验证控件的用法
- ◆ 掌握正则表达式的编写方法
- ◆ 掌握正则验证控件的用法
- ◆ 掌握验证总结控件的用法
- ◆ 掌握自定义验证控件的用法

7.1 验证控件概述

7.1.1 为什么需要使用验证控件

在注册过程中，用户可能没有输入学号和生日信息就直接单击了注册按钮，而这两个信息在数据库中是不允许为空的，还可能出现用户两次输入的密码不一致、邮箱的格式不正确及电话号码格式不正确等错误。在早期，程序员为了防止用户输入的信息不符合系统要求，常常要编写大量的代码对用户输入的信息进行验证。在 ASP .NET 中，有了验证控件，只要在这些验证控件上做些简单的设置，就可以完成用户输入信息的验证，从而使程序员可以把精力放在更重要的主程序开发上。

验证控件有 RequiredFieldValidator、RangeValidator、CompareValidator、RegularExpressionValidator、ValidationSummary 和 CustomValidator。

7.1.2 什么时候开始验证

验证控件是在服务器端进行验证的，在用户向服务器提交表单之后开始执行检查。一般情况下是用户单击了页面中的按钮控件之后开始逐个调用验证控件检查用户的输入信息，如果检测到错误，则代码不会执行。如果页面中有些按钮提交表单后，不想启用验证控件的验证的话，此时，需要设置按钮控件的 CausesValidation 属性值为 false。如重置按钮，单击它可以清空文本框中用户输入的数据，然后用户可以重新填写数据，此时不需要启用验证控件的验证功能，因此，可以设置重置按钮的 CausesValidation 属性值为 false。

7.2 RequiredFieldValidator 控件

RequiredFieldValidator 控件用于确保用户在一个控件中输入了数据。为什么要验证必须输入了数据呢？主要有两个原因：一是一些资料信息必须提交到数据库，数据库可能设置了该字段内容不能为空值，如果这时提交信息是空值时，程序将发生错误，导致整个程序无法正常运行；二是程序需要对这些提交的信息进行特殊处理，但由于用户提交了空值信息，导致了程序出错。所以对一些起关键性作用的信息，程序员经常会对其进行验证，防止用户提交了空值信息。RequiredFieldValidator 控件声明语法为：

```
<asp:RequiredFieldValidator ID="字符串,控件名称"
    ControlToValidate="字符串,被验证的控件的名称"
    ErrorMessage="字符串,错误发生时的提示信息"
    Text="字符串,错误发生时的提示信息"
    Display="Static|Dynamic|None,错误信息的显示方式"
    runat="server">
</asp:RequiredFieldValidator>
```

备注：

Display 属性的值有 3 种。Static 表示验证控件的错误信息显示在页面中默认位置；Dynamic 表示控件错误信息出现时才占用页面位置；None 表示错误出现时不显示错误信息。

ErrorMessage 属性和 Text 属性均是错误发生时的提示信息，当 Display 属性值为 Static 或 Dynamic 时，错误提示信息为 Text 属性值，当 Display 属性值为 None 时，只在 ValidationSummary 控件中显示 ErrorMessage 属性值。一般使用 ErrorMessage 属性。

7.3 CompareValidator 控件

CompareValidator 控件用于将一个控件的值和另一个控件的值进行比较，也可以用来将一个控件的值和一个指定的值进行比较。

```
<asp:CompareValidator ID="控件名称"
```

```
    ControlToValidate="字符串,设置要比较的控件 ID"
    ControlToCompare="字符串,设置被比较的控件 ID"
    Operator="Equal|NotEqual|GreaterThan|GreaterThanEqual|LessThan|LessThanEqual"
    Type="String|Integer|Double|Date|Currency,表示按哪一种数据类型进行比较"
    ValueToCompare="值,指定的数据值"
    ErrorMessage="字符串,错误提示信息"
    Display="Static|Dynamic|None,错误信息的显示方式 "
    runat="server">
</asp:CompareValidator>
```

备注：

ControlToCompare 和 ValueToCompare 两个属性只能选择一个，也就是说要么和另一控件里的值进行比较，要么和指定的值比较。Type 表示参与比较的数据是按哪种数据类型进行比较，默认是 String。Operator 指进行哪种比较，比较的方式有 Equal、NotEqual、GreaterThan、GreaterThanEqual、LessThan、LessThanEqual，分别表示＝、！＝、＞、＞＝、＜、＜＝，默认是 Equal 方式。

7.4 RangeValidator 控件

RangeValidator 控件用来验证输入值是否在指定范围内，声明语法为：

```
<asp:RangeValidator ID="控件名称"
    ControlToValidate="字符串,被验证的控件 ID"
    MaximumValue="值,允许输入的最大值"
    MinimumValue="值,允许输入的最小值"
    Type="String|Integer|Double|Date|Currency,表示按哪一种数据类型进行比较"
    ErrorMessage="字符串,错误提示信息"
    Display="Static|Dynamic|None,错误信息的显示方式"
    runat="server">
</asp:RangeValidator>
```

7.5 RegularExpressionValidator 控件

RegularExpressionValidator 控件用来验证输入值是否和正则表达式定义的模式匹配，常用来验证电话号码、邮政编码、E-mail 等。声明语法为：

```
<asp:RegularExpressionValidator ID="控件名称"
    ControlToValidate="字符串,被验证的控件 ID"
```

```
    ValidationExpression="字符串,正则表达式"
    ErrorMessage="字符串,错误提示信息"
    Display="Static|Dynamic|None,错误信息显示方式"
    runat="server">
</asp:RegularExpressionValidator>
```

该控件用来验证用户输入的字符串是否和正则表达式定义的模式匹配，如对邮政编码来说，需要 6 个数字；对 E-mail 来说，需要包含@符号等。

该控件的难点主要在于正则表达式的语法。所谓正则表达式，就是比通常的“*”和“?”通配符更复杂的一种字符串定义规则。其定义规则如下：

(1) [] 表示其中是可以输入的字符，{} 表示字符的数目。

- [a-zA-Z] {3，6} 可以输入 3 到 6 个字母。其中 a-z 表示所有的小写字母，A-Z 表示所有的大写字母。{3，6} 表示 3 到 6 个，{n,} 表示 n 个以上，{n} 表示 n 个，如省略，表示 1 个。
- [abcd] 只能输入 abcd 中的 1 个字符。
- [0-9] {6} 可以输入 6 个数字。0-9 表示所有的数字。

(2) 表示可以是任意字符。

- .{0,} 可以输入任意多个任意字符。
- a [0-9] [a-z] b.{0,} 第一个字符必须是 a，第 2 个字符必须是数字，第 3 个字符必须是小写字母，第 4 个字符必须是 b，第 5 个以后可以输入任意多个任意字符。

(3) 加括号 () 的目的是为了分组。

- ([0-9] {4}) ([a-z] {4}) 首先输入 4 个数字，然后输入 4 个小写字母。

(4) | 表示或；^ 表示不接受。

- [0-9] {4}|[a-z] {4} 可以输入 4 个数字或 4 个小写字母。
- [^0-9] {0,} 可以输入除数字外的任意多个任意字符。

(5) |、[]、()、{} 都是正则表达式中的特殊字符，如果希望可以输入这些特殊字符，就需要在前面加上 \ 。\| 表示可以输入一个竖线。

常用例子：

- 电话验证：[0-9] {3，4}-[0-9] {7，8} 如 0371-92345678 或 010-12345678。
- 手机号码验证：1 [358] [0-9] {9}
- E-mail 验证：.{1,} @.{1,} \.[a-zA-Z] {2，3}

除了利用正则表达式的规则定义一些正则表达式外，在 VS 集成开发工具中内置了一些正则表达式供选择，使用方法为：

(1) 选中 RegularExpressionValidator 控件，然后在【属性】窗口中找到 ValidationExpression 属性，右击 ... 按钮，弹出【正则表达式编辑器】对话框，如图 7-1 所示。

(2)【正则表达式编辑器】对话框里面固化了一些常用的正则表达式供选择，选择要使用的正则表达式，然后单击【确定】按钮。

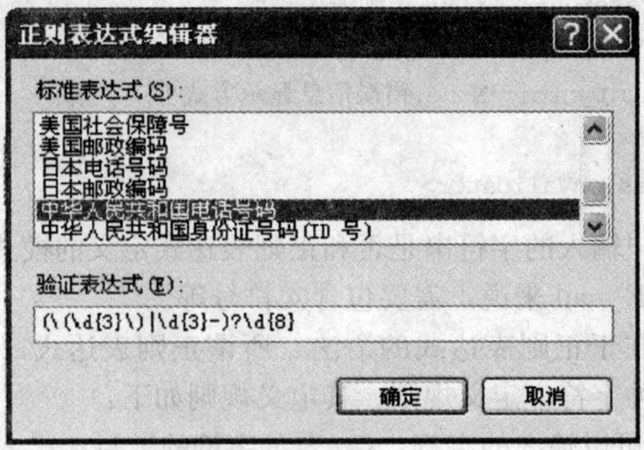

图 7-1 正则表达式编辑器对话框

7.6 ValidationSummary 控件

ValidationSummary 控件本身没有验证功能，但它可以集中显示所有未通过验证的控件的错误提示信息，其声明语法如下：

```
<asp:ValidationSummary id="控件名称"
    HeaderText="字符串,标题文字"
    DisplayMode="List|BulletList|SingleParagraph,List 表示分行显示;BulletList 表示分项显示;
    SingleParagraph 表示显示为一行。"
    runat="server"/>
```

备注：

使用该控件，建议把前面几个验证控件的 Display 属性设置为 none，然后集中显示有关错误信息。

7.7 CustomValidator 控件

尽管 ASP .NET 提供的验证控件功能已经很强大，但是有时候还是会需要一些特殊的验证功能，此时就要用到自定义验证控件 CustomValidator，该控件允许使用程序员编写验证功能，控件声明语法：

```
<asp:CustomValidator ID="控件名称"
    ControlToValidate="字符串,被验证的控件 ID"
    ErrorMessage="字符串,错误提示信息"
    onServerValidate="字符串,验证事件处理程序名"
    runat="server">
```

```
</asp:CustomValidator>
```

onServerValidate 用来指定服务器端验证事件。特殊的验证功能可以在事件处理程序中实现。设置自定义验证控件的事件的方法和其他控件的事件设置方法一样，下面是事件处理方法的格式：

```
protected void CustomValidator1_ServerValidate(object source,ServerValidateEventArgs
args)
{
   验证代码;
}
```

事件处理程序的两个参数：object 类型的 source，指的是事件源，代表引发此事件的控件；ServerValidateEventArgs 类型的 args，指的是事件类型参数。

ServerValidateEventArgs 事件类型有两个重要属性：IsValid 属性取值为 true 或 false，表示验证控件是否通过验证，也就是说程序的最终验证结果通过 args. IsValid 来返回；Value 属性值代表验证控件设置的被验证控件中输入的值。

项 目 任 务

项目任务——为注册信息收集页加上验证功能

实现学号文本框不允许空值；两个密码框中输入的值相同；生日文本框不允许空值，且其值在 1939 - 1 - 1 到 2039 - 1 - 1 之间；E-mail 文本框中输入的文本符合 E-mail 格式；邮政编码文本框中输入的文本符合邮政编码的规则；电话号码文本框中输入的文本符合固定电话号码格式；手机号码文本框中输入的文本符合手机号码规范。加上验证功能的注册信息收集页效果如图 7 - 2 所示。

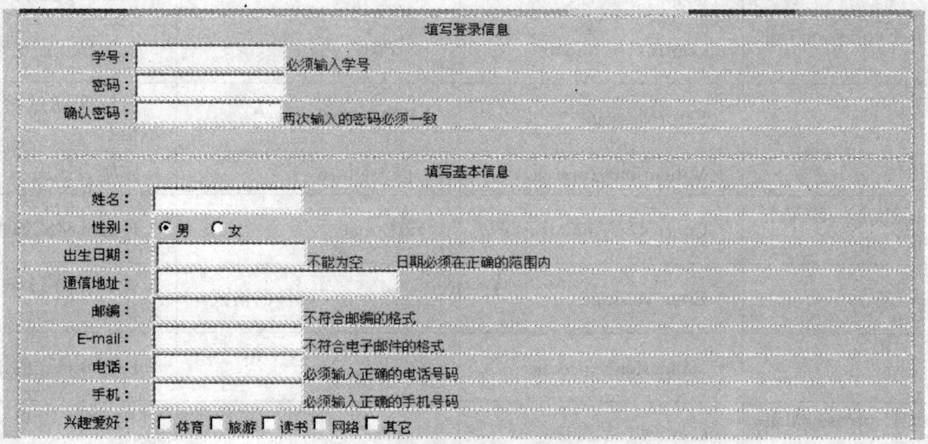

图 7 - 2　加上验证功能的注册信息收集页

【实现方法】

在页面中需要验证的控件后面添加相应类型的验证控件；学号文本框 txtStuNo 后面需要添加 RequiredFieldValidator，实现必须输入学号的必填验证；为密码文本框 txtPwd 添加 RequiredFieldValidator 控件，保证其内容不为空；添加 CompareValidator 控件，实现 txtPwd2 和密码文本框 txtPwd 输入文本的比较验证；为邮编、E-mail、电话、手机文本框添加 RegularExpressionValidator 控件，实现正则验证；出生日期文本框 txtBirthday 需要两个验证控件，一个 RequiredFieldValidator，用来实现必须输入日期的必填验证，一个是 RangeValidator，用来限制输入的日期范围，注意，如果只使用 RangeValidator 验证的话，则不输入任何信息是不会触发 RangeValidator 验证的，即验证可以通过。添加的验证控件的属性设置如表 7-1 所示。

表 7-1　验证控件的设置

控件类型	属　性	属性值	用　途
RequiredFieldValidator	ControlToValidate	txtStuNo	学号文本框 txtStuNo 的必填验证
	ErrorMessage	必须输入学号	验证未通过时的错误提示信息
CompareValidator	ControlToValidate	txtPwd2	两个密码框的比较验证
	ControlToCompare	txtPwd	txtPwd2 中输入和 txtPwd 中的输入进行比较
	ErrorMessage	两次输入的密码必须一致	验证未通过时的错误提示信息
RequiredFieldValidator	ControlToValidate	txtBirthday	生日文本框的必填验证
	ErrorMessage	不能为空	验证未通过时的错误提示信息
RangeValidator	ControlToValidate	txtBirthday	生日文本框的范围验证
	ErrorMessage	日期必须在正确的范围内	验证未通过时的错误提示信息
	MaximumValue	2039-1-1	可输入值的最大值
	MinimumValue	1939-1-1	可输入值的最小值
	Type	Date	验证的类型为日期型
RegularExpressionValidator	ControlToValidate	txtPost	邮编格式的正则验证
	ErrorMessage	不符合邮编的格式	验证未通过时的错误提示信息
	ValidationExpression	[0-9]{6}	正则表达式
RegularExpressionValidator	ControlToValidate	txtE-mail	E-mail 格式的正则验证
	ErrorMessage	不符合电子邮件的格式	验证未通过时的错误提示信息
	ValidationExpression	.{1,}@.{1,}\.[a-zA-Z]{2,3}	E-mail 格式的正则验证
RegularExpressionValidator	ControlToValidate	txtTel	电话号码格式的正则验证

续表

控件类型	属　性	属性值	用　途
	ErrorMessage	必须输入正确的电话号码	验证未通过时的错误提示信息
	ValidationExpression	[0-9] {3, 4}-[0-9] {7, 8}	正则表达式
RegularExpressionValidator	ControlToValidate	txtMobile	手机号码的正则验证
	ErrorMessage	必须输入正确的手机号码	验证未通过时的错误提示信息
	ValidationExpression	1 [358] [0-9] {9}	正则表达式

项目任务——使用 CustomValidator 控件实现学号的唯一性验证

检测输入的学号是否已经注册过。

【实现方法】

在学号文本框 txtStuNo 后面加入一个 CustomValidator 控件；设置 CustomValidator 控件的 ControlToValidate 属性值为 txtStuNo；ErrorMessage 属性值为“该学号已经注册过”；onServerValidate 事件处理程序为 CustomValidator1_ServerValidate。事件处理程序代码如下。

【参考代码】

```
protected void CustomValidator1_ServerValidate(object source,ServerValidateEventArgs args)
{
    Student student=new Student();
    student=student.GetModel(args.Value);
    if(student==null)
        args.IsValid=false;
    else
        args.IsValid=true;
}
```

上 机 实 战

上机实战——使用 ValidationSummary 控件集中显示错误信息

通过 ValidationSummary 控件集中显示错误信息；如图 7-3，当用户输入完信息后，单击【完成】按钮，此时验证用户的输入信息，并把所有的未通过验证的控件的 ErrorMessage 信息集中显示，如图 7-3 所示。

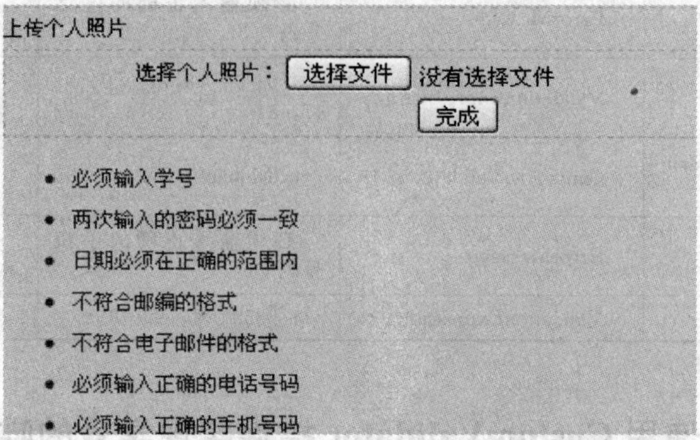

图 7-3 使用 ValidationSummary 控件集中显示验证错误信息

【要点提示】

将页面中的所有验证控件的 Display 属性设置为 none；然后在页面末尾添加一个 ValidationSummary 控件；图 7-3 所示为 ValidationSummary 控件的 DisplayMode 属性值为 BulletList 时的显示方式，大家试一下为 List 及 SingleParagraph 时的显示方式。

上机实战——给注册页 regV2. aspx 加上验证功能

【要点提示】

参考本章项目任务“为注册信息收集页加上验证功能”，为注册页 regV2. aspx 页面添加验证功能。

习　　题

1. 参考本章项目任务“为注册信息收集页加上验证功能”，为注册页 regV3. aspx 页面添加验证功能。

2. 为音乐上传页面（uploadMusic. aspx）添加验证功能，要求必须输入歌曲名称和歌手名称。

3. 为找回密码页面（getpassword. aspx）添加验证功能，要求必须输入用户名和邮箱。

第 8 章 导航控件和用户控件

本章要点

- ◆ 站点地图文件的作用和创建过程
- ◆ SiteMapPath 控件的应用
- ◆ TreeView 控件的应用
- ◆ Menu 控件的应用
- ◆ 自定义控件的概念和用法

8.1 概　　述

随着网站规模的扩大，网页栏目和数量也越来越多，用户浏览起来很容易“迷路”，解决的办法是在合理安排网站结构的基础上，设置导航提示。ASP .NET 2.0 及以后版本提供了 SiteMapPath、TreeView 和 Menu 这 3 个控件来实现站点导航，通过这 3 个控件可以轻松地在页面中设置导航信息。

其中 SiteMapPath 控件通过导航路径向用户显示当前页面的位置，并以链接的形式显示返回主页的路径。使用 SiteMapPath 控件创建站点导航，既不需要编写代码，也不需要显示绑定数据。此控件可以自动读取并呈现网站地图文件中的信息。但是 SiteMapPath 控件不允许从当前页面导航到层次较深的其他页面。

TreeView 控件显示为一个树状结构或菜单，让用户可以遍历访问站点中的不同页面。单击包含子节点的节点可以将其展开或折叠。通常通过编程的方式结合数据库数据动态生成 TreeView 控件的节点，并响应其 SelectedNodeChanged 事件，完成用户自定义的操作。例如，可以用 TreeView 控件显示音乐分类信息，根据用户选择的音乐分类，显示该分类下所有的音乐。

Menu 控件显示一个可展开的菜单，让用户可以遍历访问该站点下的不同页面。将鼠标指针悬停在菜单上时，将展开包含子菜单的菜单。

在实际开发过程中，内置的 ASP .NET Web 服务器控件可能不能完全满足实际需要。在这种情况下，ASP .NET 中提供了增加内嵌服务器控件的功能，允许用户轻松增加自定义的各种控件。用户控件是能够在其中放置标记和 Web 服务器控件的容器。可以将用户控件作为一个单元对待，并为其定义属性和方法。定义完用户控件后，就可以在多个页面中共用。用户控件有利于代码的复用。例如，在“校园音乐吧”项目中除首页外，其他页面都有相同的页头和页脚，可以通过将其定义为两个用户控件，并在所有页面中引用。避免了在页面间复制代码引入的错误。

8.2 SiteMapPath 控件

在介绍导航控件之前，首先必须要了解一下站点地图（Site Maps）的概念。本章介绍的三种导航控件都可以通过站点地图获取导航信息。站点地图用来表示应用程序页面之间的导航关系，该关系不依赖于计算机文件系统中所存储的页面之间的实际物理关系。

8.2.1 站点地图

站点地图是一个文件扩展名为 .sitemap 的 XML 文件，并且它必须放在应用程序的根目录下。

【例 8-1】 为"校园音乐吧网站"创建站点地图文件。

(1) 启动"Microsoft Visual Studio 2008"开发工具，打开校园音乐吧网站，如图 8-1 所示。

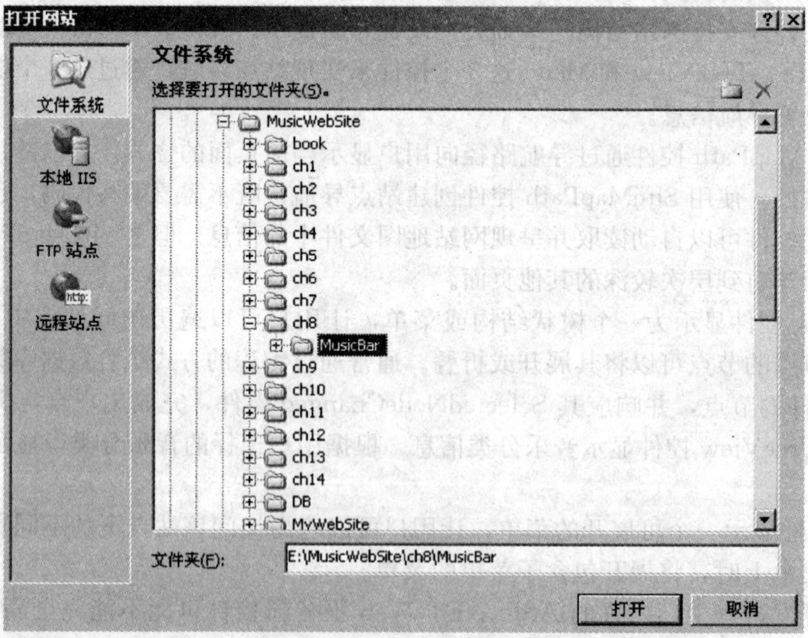

图 8-1 打开 ch8 Web 站点 英文应该用 Time 字体吧

(2) 选择菜单【网站】|【添加新项】命令，在弹出的【添加新项】对话框中，选择"站点地图"模板，如图 8-2 所示。

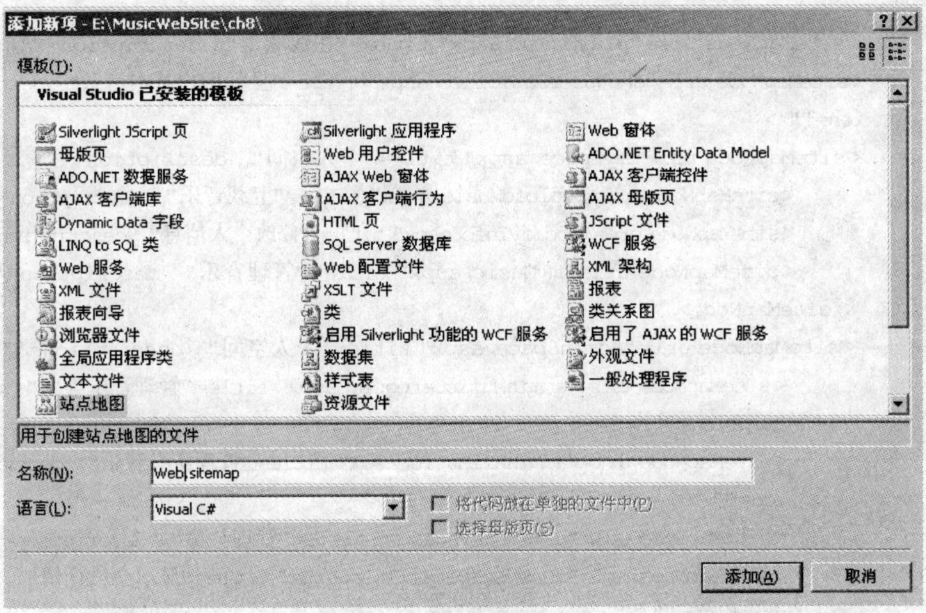

图 8-2　添加站点地图

(3) 保持默认名称“Web. sitemap”不变，单击【添加】按钮，会自动打开添加地图文件“Web. sitemap”，自动生成的代码如下所示。

```
<? xml version="1.0" encoding="utf-8"?>
<siteMap xmlns="http://schemas.microsoft.com/AspNet/SiteMap-File-1.0">
    <siteMapNode url=""title=""  description="">
        <siteMapNode url=""title=""  description=""/>
        <siteMapNode url=""title=""  description=""/>
    </siteMapNode>
</siteMap>
```

(4) 修改“Web. sitemap”文件为如下内容。

```
<?xml version="1.0" encoding="utf-8"?>
<siteMap xmlns="http://schemas.microsoft.com/AspNet/SiteMap-File-1.0">
    <siteMapNode url="index.aspx" title="首页"  description="网站首页">
        <siteMapNode url="login.aspx" title="登录"  description=""/>
        <siteMapNode url="getpassword.aspx" title="找回密码"  description=""/>
        <siteMapNode url="reg.aspx" title="注册"  description=""/>
        <siteMapNode url="regv2.aspx" title="注册"  description=""/>
        <siteMapNode url="regv3.aspx" title="注册"  description=""/>
        <siteMapNode url="moreHotMusic.aspx" title="更多排行"  description=""/>
        <siteMapNode url="moreNewMusic.aspx" title="更多新歌"  description=""/>
        <siteMapNode url="search.aspx" title="搜索结果展示"  description=""/>
```

```
            <siteMapNode url="playMusic.aspx" title="在线欣赏"  description=""/>
            <siteMapNode url="showuserBasicInfo.aspx" title="显示用户基本信息"  descript-
            ion=""/>
            <siteMapNode url="mySpace.aspx" title="个人空间"  description="">
                <siteMapNode url="uploadMusic.aspx" title="上载音乐"  description=""/>
                <siteMapNode url="modifyInfo.aspx" title="修改个人信息"  description=""/>
                <siteMapNode url="myMusic.aspx" title="管理音乐"  description=""/>
            </siteMapNode>
            <siteMapNode url="adminSpace.aspx" title="个人空间"  description="">
                <siteMapNode url="adminMusicCategory.aspx" title="管理音乐类别"  des-
                cription=""/>
                <siteMapNode url="adminAllMusic.aspx" title="管理所有音乐"  descript-
                ion=""/>
                <siteMapNode url="adminUsers.aspx" title="管理会员"  description=""/>
                <siteMapNode url="showUserDetailInfo.aspx" title="显示会员详情"  des-
                cription=""/>
                <siteMapNode url="adminMajor.aspx" title="专业管理"  description=""/>
                <siteMapNode url="adminDepartment.aspx" title="系别管理"  description=""/>
                <siteMapNode url="adminClasses.aspx" title="班级管理"  description=""/>
                <siteMapNode url="adminStatistics.aspx" title="统计分析"  description=""/>
            </siteMapNode>
        </siteMapNode>
    </siteMap>
```

这样就为“校园音乐吧”网站创建好了一个网站地图。

站点地图文件中包含了众多的 <siteMapNode> 节点，每个节点表示一个网页，不过其中只有一个是顶级节点，顶级节点就是“首页”节点。

节点 <siteMapNode> 有三个主要属性：

- title，表示与节点相关的标题描述；
- description，表示对节点的一个较长的文本描述；
- url，描述了文件在网站应用程序中的位置。如果文件在根目录下，就直接使用文件名。如果文件位于子目录下，就在这个属性值中包含该文件夹，如，“test/test.aspx”。

需要注意的是 url 属性不是必需的。如果没有 url 属性，这些节点是不可导航的。每个 <siteMapNode> 节点内都可以包括任意数量的子节点。

站点地图中所表示的站点导航结构不需要与保存在计算机文件系统中的站点实际存储结构有任何关系。所以可以在站点地图文件中的节点间创建任意所需的关系。

8.2.2 使用 SiteMapPath 控件

SiteMapPath 控件是一种站点导航控件，反映站点地图对象提供的数据。它提供了一种非常简单的方式，用作显示当前页面在站点中的位置路径，该路径是由站点地图定义的。SiteMapPath 控件显示了超级链接页名称的分层路径，从而提供了从前位置沿页层次结构向上的跳转，如首页 > 在线欣赏。SiteMapPath 对于分层页结构较深的站点很有用，在此类站点中 TreeView 或 Menu 可能需要较多的页空间。

SiteMapPath 控件直接使用网站地图数据。如果将其用在没有站点地图文件的网站页面上，则不会显示任何内容。

SiteMapPath 由节点组成。路径中的每个元素均称为节点，用 SiteMapNodeItem 对象表示。锚定路径并表示分层树的根的节点称为根节点。表示当前显示页的节点称为当前节点。当前节点与根节点之间的任何其他节点都为当前节点的父节点。

SiteMapPath 显示的每个节点都是 HyperLink 或 Literal 控件，也可以将模板或样式应用到这两种控件上。SiteMapPath 控件的常用属性如表 8－1 所示。

表 8－1　SiteMapPath 控件常用属性

属　性	说　明
PathSeparator	获取或设置导航分隔符，默认值是“>”，可以根据需求修改为别的分隔符。
PathDirection	获取或设置导航路径节点的呈现顺序。RootToCurrent 表示从根节点到当前节点，CurrentToRoot 表示从当前节点到根节点。
ParentLevelsDisplayed	获取或设置控件显示的相对于当前显示节点的父节点级数。默认值为“－1”，表示没有限制。
ShowToolTips	是否显示导航节点的提示信息，即 <siteMapNode> 节点的 description 属性。

下面举一个例子，讲解如何使用 SiteMapPath 控件。

【例 8－2】 在［例 8－1］的基础上，为播放音乐页面（playMusic. aspx）添加页面导航。

（1）在解决方案资源管理器中，双击“playMusic. aspx”打开页面，并找到导航栏所在部分的代码。

```
<td height="28"align="left"valign="middle"class="nav"><a href="index.aspx">首页
</a>->在线欣赏</td>
```

（2）删除上述代码中 td 开始和结束标记之间的内容，然后从工具箱中拖放一个 SiteMapPath 控件到该位置，如图 8－3 所示。

（3）Visual Studio 2008 开发工具会自动添加如下代码。

```
<asp:SiteMapPath ID="SiteMapPath1"runat="server">
</asp:SiteMapPath>
```

（4）在“playMusic. aspx”页面，单击【设计】按钮 设计 | 拆分 | 源 ，切换到设计视图就可以看到 SiteMapPath 导航控件的效果了首页 > 在线欣赏，如图 8－4 所示。

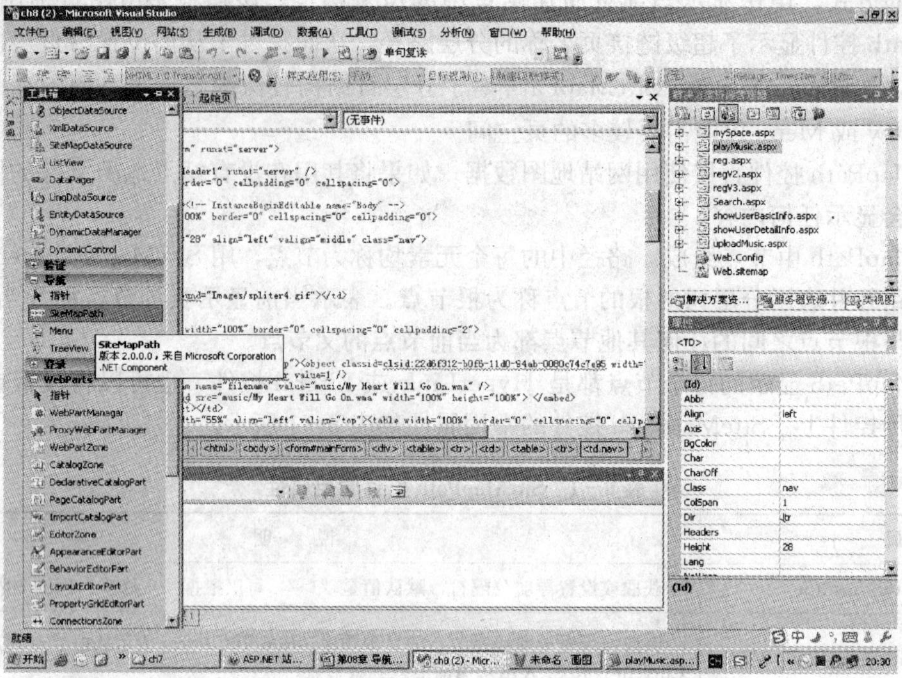

图 8-3　添加 SiteMapPath 控件

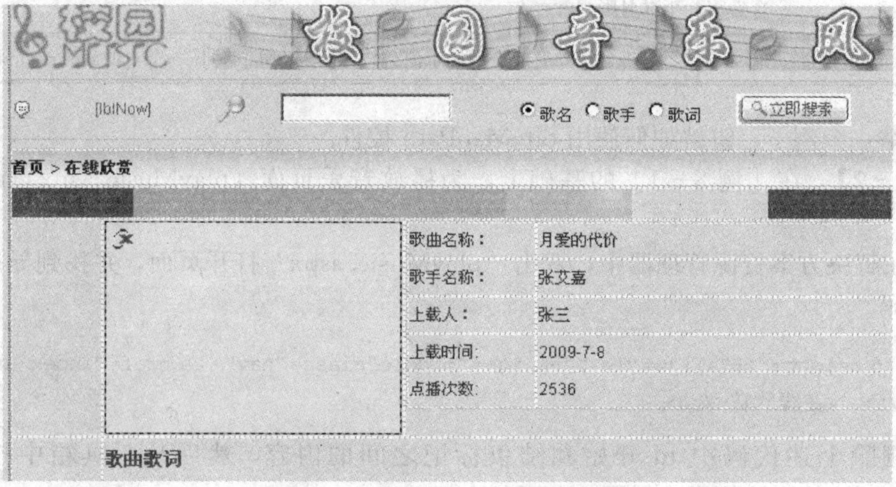

图 8-4　SiteMapPath 控件导航效果

8.3　TreeView 控件

TreeView 服务器控件是 ASP .NET 2.0 引入的一个新控件，它是一个功能非常丰富的控件，用于在树形结构中显示分层数据，例如目录或文件目录等。这个控件可以通过它的折叠框架动态加载要显示的节点，即使这些节点是隐藏的，也可以加载。如果树形目录的数据较大，动态加载 TreeView 控件的节点可以大大提高性能。

通过 SiteMapDataSource 控件，TreeView 控件也可以实现站点导航，通常借助编程方式访问 TreeView 对象以动态创建树、填充节点、设置属性等。

TreeView 控件由节点构成。树中的每个项都称为一个节点，它是一个 TreeNode 对象。节点类型的定义如下。

- 包含其他节点的节点称为“父节点”。
- 被其他节点包含的节点称为“子节点”。
- 没有子节点的节点称为“叶节点”。
- 不被其他任何节点包含同时是所有其他节点的上级节点是“根节点”。

一个节点可以同时是父节点和子节点，但是不能同时为根节点、父节点和叶节点。节点为根节点、父节点还是叶节点决定着节点的几种可视化属性和行为属性。

TreeView 控件的常用属性如表 8－2 所示，TreeNode 对象的常用属性如表 8－3 所示。

表 8－2 TreeView 控件常用属性

属性	说 明
Nodes	获取 TreeNode 对象的集合，它表示 TreeView 控件中根节点。
SelectedNode	获取表示 TreeView 控件中选定节点的 TreeNode 对象。
SelectedValue	获取选定节点的值。
ShowLines	获取或设置一个值，它指示是否显示连接子节点和父节点的线条。

表 8－3 TreeNode 对象常用属性

属性	说 明
Text	获取或设置显示在 TreeView 中的文本信息。
Value	获取或设置用于存储有关节点的任何其他数据（如用于处理回发事件的数据）的非显示值。
NavigateUrl	获取或设置单击节点时要导航的 URL 地址。如果为空字符串（“”），该节点处于不可导航状态。
Target	获取或设置用来显示与节点关联的网页内容的目标窗口或框架。
ChildNodes	获取或设置当前节点的子节点的集合。

通常情况下，树结构只具有一个根节点。但是 TreeView 控件允许向树结构中添加多个根节点。如果要在不显示单个根节点的情况下显示项列表（如同在产品类别列表中），这种控件就非常有用。

TreeView 控件支持多个事件，用于响应用户操作。当用户选择 TreeView 控件中的某个节点时，就会触发 SelectedNodeChanged 事件。此外，还有 TreeNodeExpanded 事件，当扩展 TreeView 控件中的节点时发生；当折叠 TreeView 控件的节点时发生 TreeNodeCollapsed 事件。

利用 TreeView 控件创建导航的方法主要有 3 种。

1. 声明式地添加树视图节点

TreeView 控件是由 TreeNode 对象组成的，因此只要向 TreeView 控件的 Nodes 集合属性添加 TreeNode 对象就可以构造 TreeView 控件。

【例 8－3】 使用声明式方式，用 TreeView 控件实现“个人空间”页面（mySpace.aspx）左侧导航链接。

(1) 在校园音乐吧网站中，打开 mySPace. aspx 文件，找到下面现有的导航代码。

```
<table width="100%" border="0" cellspacing="0" cellpadding="0">
            <tr>
              <td><a href="modifyInfo.aspx" target="mainContent">修改信息</a></td>
            </tr>
            <tr>
              <td><a href="myMusic.aspx" target="mainContent">我的音乐</a></td>
            </tr>                   <tr>
              <td><a href="uploadMusic.aspx" target="mainContent">上载音乐</a></td>
            </tr>
      </table>
```

(2) 将上述代码去掉，然后从工具箱中拖放一个 TreeView 控件到该位置。

(3) 选择新加入的 TreeView 控件 TreeView1，在【属性】窗口，单击【Nodes】属性右边的【(集合)】，弹出【TreeView 节点编辑器】对话框。如图 8 - 5 所示。

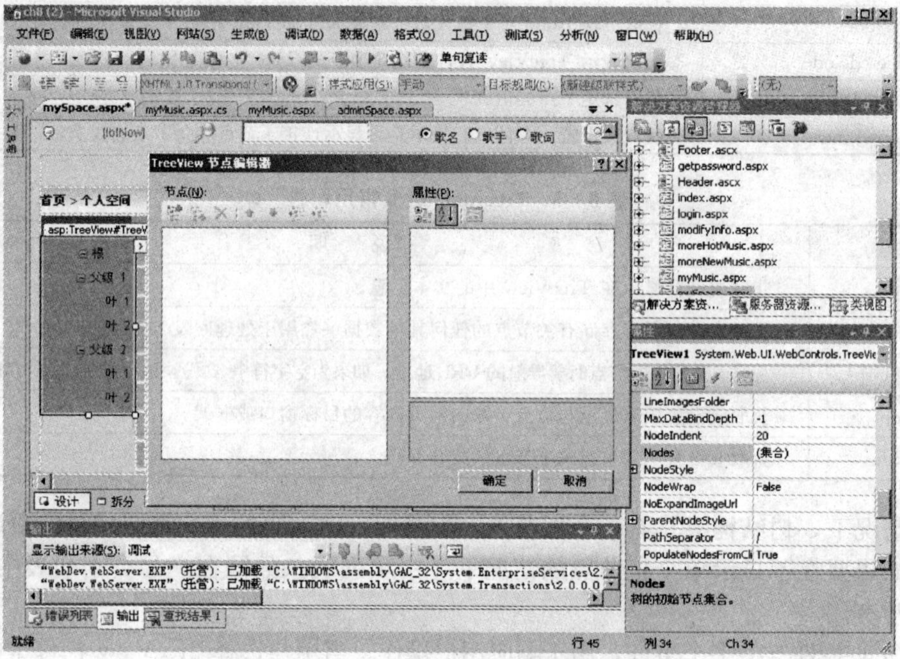

图 8 - 5　TreeView 节点编辑器

(4) 在【TreeView 节点编辑器】对话框中，单击【添加根节点】按钮，将会添加一个名为“新建节点”的根节点。

(5) 选择“新建节点”，在右边的【属性】框中修改 Text 属性和 Value 属性为“修改信息”，“新建节点”的显示名称也会自动修改为“修改信息”。如图 8 - 6 所示。然后修改 NavigatorUrl 属性为“modifyInfo. aspx”，Target 属性为“mainContent”。

(6) 以同样的步骤，添加“我的音乐”和“上载音乐”两个根节点。它们的 NavigatorUrl 属性分别是“myMusic. aspx”和“uploadMusic. aspx”，Target 属性都为“mainContent”。

图 8-6 添加“修改信息”根节点

(7) 单击【确定】按钮，返回设计器，切换到源视图，TreeView 控件的代码如下。

```
<asp:TreeView ID="TreeView1" runat="server">
        <Nodes>
            <asp:TreeNode NavigateUrl="modifyInfo.aspx" Target="mainCont-
            ent" Text="修改信息" Value="修改信息"></asp:TreeNode>
            <asp:TreeNode NavigateUrl="myMusic.aspx" Target="mainContent"
            Text="我的音乐" Value="我的音乐"></asp:TreeNode>
            <asp:TreeNode NavigateUrl="uploadMusic.aspx" Target="mainCont-
            ent" Text="上载音乐" Value="上载音乐"></asp:TreeNode>
        </Nodes>
    </asp:TreeView>
```

也可以不使用 .NET 工具提供的设计器，直接在 mySpace.aspx 页面直接输入上述代码，效果是一样的。

2. 使用 SiteMapDataSource 控件绑定站点地图

【例 8-4】 采用绑定的方式，用 TreeView 控件显示站点地图的内容。

具体实现步骤如下。

(1) 为网站创建一个站点地图文件，本例中使用默认的地图文件“web.sitemap”。

(2) 在页面上添加一个 TreeView 控件，本例中依然使用 mySpace 页面中的“TreeView1”控件。

(3) 在页面上添加一个 SiteMapDataSource 的控件，名称为“SiteMapDataSource1”。

(4) 将 TreeView 控件的 DataSourceId 属性设置为“SiteMapDataSource1”。

通过上述设置，就可以看到站点地图中的导航内容了。TreeView 控件不像 SiteMapPath 控件可以自动绑定到站点地图文件上，而必须使用一个 SiteMapDataSource 数据源控件。

3. 以编程的方式创建导航

通常情况下，TreeView 控件中的导航节点是需要动态变化的，因此经常使用编程的方式动态生成节点，当节点被选择时，动态做出响应。如果以编程的方式创建导航，请参考本章 8.6 节项目任务一节。

8.4 Menu 控件

Menu 控件用于显示 Web 网页中的菜单，并常结合 SiteMapDataSource 控件使用。用户单击菜单项时，Menu 控件可以导航到所链接的网页或直接回发到服务器端。如果设置了菜单项的 NavigateUrl 属性，则 Menu 控件导航到所链接的网页；否则，该控件将网页回发到服务器端进行处理。默认情况下，链接页与 Menu 控件显示在同一窗口或框架内。若要在另一窗口或框架内显示链接内容，应该设置 Menu 控件的 Target 属性。Target 属性影响控件中的所有菜单项。若要为单个菜单项指定一个窗口或框架，需要直接设置 MenuItem 对象的 Target 属性。

Menu 控件具有两种显示模式：静态模式和动态模式。静态显示意味着 Menu 控件始终是完全展开的。整个结构都是可视的，用户可以单击任何部位。在动态显示的菜单中，只有指定的部分是静态的，而只有用户将鼠标指针放置在父节点上时才会显示其子菜单项。

使用 Menu 控件的 StaticDisplayLevels 属性可控制静态显示行为。StaticDisplayLevels 属性指示从根菜单算起，静态显示菜单的层数。例如，如果将 StaticDisplayLevels 设置为 3，菜单将以静态显示的方式展开其前三层。静态显示的最小层数为 1，如果将该值设置为 0 或负数，该控件将会引发异常。

MaximumDynamicDisplayLevels 属性指定在静态显示层后应显示的动态显示菜单节点层数。例如，如果菜单有 3 个静态层和 2 个动态层，则菜单的前三层静态显示，后两层动态显示。如果将 MaximumDynamicDisplayLevels 设置为 0，则不会动态显示任何菜单节点。如果将 MaximumDynamicDisplayLevels 设置为负数，则会引发异常。

Menu 控件由 Items 集合保存了其所有的根菜单项，类似 TreeView 控件的 Nodes 集合。子菜单项存储在父菜单项的 ChildItems 集合中。每个菜单项都是一个 MenuItem 对象。可以通过 .NET 开发工具提供的菜单编辑器方便地设置每个菜单项。MenuItem 对象类似于 TreeNode 对象，都有 Text、Value、Target 和 NavigateUrl 属性，含义也一致。此外，MenuItem 对象还有 Selected 属性，用来获取该菜单项是否被选中。

通过设置 Menu 控件 Orientation 属性，指定是水平还是垂直呈现 Menu 菜单项。当单击某个菜单项时，会触发 MenuItemClick 事件，可以在服务器端对该事件进行编程处理。

Menu 控件的用法非常类似于 TreeView 的用法。声明式添加 Menu 菜单项的方法和绑定站点地图的方法参考 8.3 节。

下面举例讲解动态添加 Menu 菜单项的方法。

【例 8-5】 使用 Menu 控件实现管理员“个人空间”页面（adminSpace.aspx）中左边的导航栏。

具体实现步骤如下：

(1) 打开校园音乐吧网站中的 adminSpace. aspx 页面。

(2) 在 adminSpace. aspx 页面的“源”视图 源中找到下面的导航代码。

```
<table width="100%" border="0" cellspacing="0" cellpadding="0">
      <tr>      <td> </td>    </tr>
      <tr>
        <td align="left"><a href="modifyInfo.aspx" target="mainContent">修改个人
        信息</a></td>
      </tr>
      <tr>
        <td align="left"><a href="myMusic.aspx" target="mainContent">管理上载的音
        乐</a></td>
      </tr>
      <tr>
        <td align="left"><a href="adminAllMusic.aspx" target="mainContent">管理
        所有音乐</a></td>
      </tr>
      <tr>
        <td align="left"><a href="uploadMusic.aspx" target="mainContent">上载音
        乐</a></td>
      </tr>
      <tr>
        <td align="left"><a href="adminUsers.aspx" target="mainContent">管理会员
        </a></td>
      </tr>
      <tr>
        <td align="left"><a href="adminDepartment.aspx" target="mainContent">系别管
        理</a></td>
      </tr>
      <tr>
        <td align="left"><a href="adminMajor.aspx" target="mainContent">专业管理
        </a></td>
      </tr>
      <tr>
        <td align="left"><a href="adminClasses.aspx" target="mainContent">班级管
        理</a></td>
      </tr>
      <tr>
    <td align="left"><a href="adminMusicCategory.aspx" target="mainContent">音乐分类
    管理</a></td>
      </tr>
      <tr>
```

```
            <td align="left"><a href="adminStatistics.aspx" target="mainContent">统计
            分析</a></td>
        </tr>
</table>
```

(3) 删除上述代码，并拖放一个 Menu 控件到此位置，命名为“MenuLeft”，或直接输入如下代码。

```
<asp:Menu ID="MenuLeft" runat="server"></asp:Menu>
```

(4) 打开该页面的后置代码文件 adminSpace.aspx.cs 文件，在类 adminSpace 中定义一个新的方法 LoadMenu，代码如下：

```
protected void LoadMenu()
 {
        MenuLeft.Items.Clear();
        MenuLeft.Items.Add(new MenuItem("修改密码","修改密码",null,"modifyInfo.aspx",
        "mainContent"));
        MenuLeft.Items.Add(new MenuItem("我的音乐","我的音乐",null,"myMusic.aspx",
        "mainContent"));
        MenuLeft.Items.Add(new MenuItem("所有音乐","所有音乐",null,"adminAllMusic.aspx",
        "mainContent"));
        MenuLeft.Items.Add(new MenuItem("上载音乐","上载音乐",null,"uploadMusic.aspx",
        "mainContent"));
        MenuLeft.Items.Add(new MenuItem("管理会员","管理会员",null,"adminUsers.aspx",
        "mainContent"));
        MenuLeft.Items.Add(new MenuItem("系别管理","系别管理",null,"adminDepartment.aspx",
        "mainContent"));
        MenuLeft.Items.Add(new MenuItem("专业管理","专业管理",null,"adminMajor.aspx",
        "mainContent"));
        MenuLeft.Items.Add(new MenuItem("班级管理","班级管理",null,"adminClasses.aspx",
        "mainContent"));
        MenuLeft.Items.Add(new MenuItem("分类管理","分类管理",null,"adminMusicCate-
        gory.aspx","mainContent"));
        MenuLeft.Items.Add(new MenuItem("统计分析","统计分析",null,"adminStatistics.aspx",
        "mainContent"));
 }
```

(5) 在 Page_Load 代码中添加对 LoadMenu 方法的调用，如下所示。

```
protected void Page_Load(object sender,EventArgs e)
{
    if(!IsPostBack)
```

```
        {
            LoadMenu();
        }
    }
```

8.5 用户控件

ASP .NET Web 用户控件与完整的 ASP .NET 网页（.aspx 文件）相似，同时具有用户界面和代码。可以采取与创建 ASP .NET 页相似的方式创建用户控件，然后向其中添加所需的标记和子控件。用户控件可以像页面一样包含对其内容进行操作（包括执行数据绑定等任务）的代码。

用户控件与 ASP .NET 网页有以下区别：

- 用户控件的文件扩展名为 .ascx；
- 用户控件中没有@Page 指令，而是包含@Control 指令，该指令对配置及其他属性进行定义；
- 用户控件不能作为独立文件运行，像处理任何控件一样，需将它们添加到 ASP .NET 页中；
- 用户控件中没有 html、body 或 form 元素，这些元素必须位于宿主页中。

可以在用户控件中使用与在 ASP .NET 网页上所用相同的 HTML 元素（html、body 或 form 元素除外）和 Web 控件。此外，可以把用户控件当作一个普通的类来看待，为其添加方法和属性。当用户控件包含 Web 服务器控件时，可以在用户控件中编写代码来处理其子控件引发的事件。例如，如果用户控件包含一个 Button 控件，则可以在用户控件中为该按钮的 Click 事件创建处理程序。

用户控件最大好处就是可以在页面中重用，此外，也可以缓存用户控件以提高应用程序的性能。在“校园音乐吧”项目中，除了在会员个人空间和管理员个人空间页面内显示的那些子页面外，它们都有一致的页头。现有的解决方案是通过复制相关 HTML 标记实现的，如果要修改页头内容，不得不将所有的页面打开，再次复制或修改一遍，工作量非常大，而且容易出现失误。通过分析，可以将页头部分标记抽象为用户控件，然后在每个需要的页面中进行引用，这样，当需要修改页头时，只需要修改页头用户控件就可以了，不需要修改每个页面。

【例 8-6】 为校园音乐吧网站创建页头用户控件并在其他页面中引用。

具体实现步骤如下。

(1) 使用 Visual Studio 2008 打开校园音乐吧网站。

(2) 选择【网站】|【添加新项】命令，在出现的【添加新项】对话框中，选择【Web 用户控件】模板，并将【名称】修改为“Header. ascx”。如图 8-7 所示。

(3) 打开 index.aspx 页面，将 <body> 中的 HTML 代码，从第一个 <table> 开始至新注册

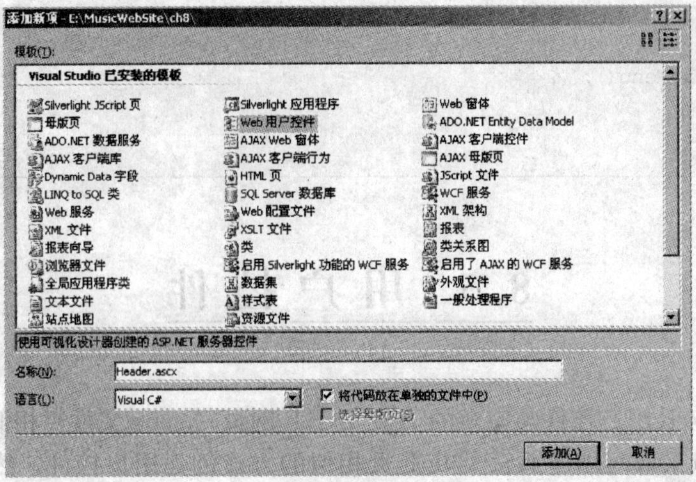

图 8-7　添加“Web 用户控件”

用户显示部分所在的 <table> 标记之间的代码剪切到 Header.ascx 页面中。具体剪切代码如下。

```
<%@ Control Language="C#" AutoEventWireup="true" CodeFile="Header.ascx.cs" Inherits=
"Header"%>
<table width="760" height="50" border="0" cellpadding="0" cellspacing="0">
  <tr>
    <td><table width="100%" height="100%" border="0" cellpadding="0" cellspacing="0">
      <tr>
        <td width="120">
            <a href="index.aspx"><div id="logo"> </div></a></td>
        <td width="640" valign="top" background="Images/headerRight.jpg"><div
        align="right" class="text12_black"><a href="reg.aspx">注册</a>|<a href=
        "login.aspx">登录</a></div></td>
      </tr>
    </table></td>
  </tr>
</table>
        <table width="760" border="0" cellpadding="0" cellspacing="0">
          <tr>
          <td><table width="760" border="0" cellpadding="0" cellspacing="0">
            <tr>
                <td colspan="2" height="1">
                    <hr width="760"/>
                </td>
            </tr>
            <tr>
              <td width="20%">
            <table width="100%" border="0" cellpadding="0" cellspacing="0">
```

```
            <tr>
                <td width="16"><div id="tip"> </div></td>
                <td width="144" class="labelDateTime">今天是 2009 年 12 月 10 日</td>
              </tr>
            </table>
          </td>
            <td>
      <table width="100%" border="0" cellpadding="0" cellspacing="0">
          <tr valign="middle">
            <td width="4%"><div id="serachTip"> </div></td>
            <td width="29%">
              <input type="text" name="txtSearch" id="txtSearch"/>
            </td>
            <td width="31%"><label>
              <input name="radiobutton" type="radio" value="radiobutton" checked=
              "checked"/>
            歌名
            <input type="radio" name="radiobutton" value="radiobutton"/>
            歌手
            <input type="radio" name="radiobutton" value="radiobutton"/>
          歌词</label></td>
        <td width="14%"><img src="Images/btnSearch.jpg" alt="Search" width="86"
        height="24" onclick="javascript:Window.location='search.html';"/></td>
        <td width="22%" align="right" class="welcome">
            欢迎你:孙悟空                </td>
      </tr>
      </table></td>
    </tr>
  <tr>
        <td colspan="2" height="1">
            <hr width="760"/>
        </td>
    </tr>

  </table></td>
    </tr>
  </table>
```

(4) 将上述代码中部分代码内容分别替换为对应的服务器端控件代码，完成后的 Header.ascx 页面代码如下。

```
<%@Control Language="C#" AutoEventWireup="true" CodeFile="Header.ascx.cs" Inherits="Header"%>
```

```
<table width="760" height="120" border="0" cellpadding="0" cellspacing="0">
    <tr>
      <td><table width="100%" height="120" border="0" cellpadding="0" cellspacing="0">
        <tr>
          <td width="120"><a href="index.aspx"><div id="logo"> </div></a></td>
          <td width="640" valign="bottom">
        <div id="headerRight" align="right" class="text12_black"><a href="reg.aspx">
            注册</a>|<a href="login.aspx">登录</a></div></td>
        </tr>
      </table></td>
    </tr>
  </table>

  <table width="760" border="0" cellpadding="0" cellspacing="0">
    <tr>
      <td><table width="760" border="0" cellpadding="0" cellspacing="0">
        <tr>
              <td colspan="2" height="1">
                        <hr width="760"/>
              </td>
        </tr>
        <tr>
          <td width="20%">
        <table width="100%" border="0" cellpadding="0" cellspacing="0">
              <tr>
                <td width="16"><div id="tip"> </div></td>
                <td width="144" class="labelDateTime">
                        <asp:Label ID="lblNow" runat="server"></asp:Label></td>
              </tr>
          </table>
        </td>
          <td>
        <table width="100%" border="0" cellpadding="0" cellspacing="0">
              <tr valign="middle">
                <td width="4%"><div id="serachTip"> </div></td>
                <td width="29%">
                    <asp:TextBox ID="txtSearch" runat="server"></asp:TextBox></td>
                <td width="31%"><label>
                    <asp:RadioButtonList ID="rblType" runat="server" RepeatDirection=
                    "Horizontal">
                      <asp:ListItem Selected="true" Value="1">歌名</asp:ListItem>
                      <asp:ListItem Value="2">歌手</asp:ListItem>
```

```
                <asp:ListItem Value="3">歌词</asp:ListItem>
              </asp:RadioButtonList></label></td>
          <td width="14%">
              <asp:ImageButton ID="btnSearch" runat="server" ImageUrl="Images/btnSearch.jpg"
              OnClick="btnSearch_Click" CausesValidation="false"/></td>
          <td width="22%" align="right" class="welcome">
              <asp:HyperLink ID="hlMySpace" runat="server" Target="_blank">欢迎你!
              </asp:HyperLink>
            </td>
          </tr>
        </table></td>
      </tr>
    <tr>
            <td colspan="2" height="1">
                <hr width="760"/>
             </td>
        </tr>

    </table></td>
    </tr>
</table>
```

(5) 在解决方案资源管理器中打开“Header. ascx. cs”文件，添加 Page_Load 事件处理代码和搜索按钮的 Click 事件代码。Header. ascx. cs 文件完整的代码如下。

```
using System;
using System.Data;
using System.Configuration;
using System.Collections;
using System.Web;
using System.Web.Security;
using System.Web.UI;
using System.Web.UI.WebControls;
using System.Web.UI.WebControls.WebParts;
using System.Web.UI.HtmlControls;
public partial class Header:System.Web.UI.UserControl
{
    protected void Page_Load(object sender, EventArgs e)
    {
        if(!IsPostBack)
        {
```

```
            lblNow.Text ="今天是"+DateTime.Now.ToString("yyyy年MM月dd");
            hlMySpace.NavigateUrl="myspace.aspx";
        }
    }
    protected void btnSearch_Click(object sender, ImageClickEventArgs e)
    {
        string url="Search.aspx?t="+rblType.SelectedValue+"&keywords="+ txt-
        Search.Text;
        Response.Redirect(url);
    }
}
```

（6）打开 index.aspx 页面的设计视图，然后在解决方案资源管理器中选择“Header.ascx”用户控件文件，直接拖放到 index.aspx 页面的顶部。.NET 开发工具会自动在 index.aspx 页面中注册该控件并添加引用代码。注册代码位于页面的顶部@Page 指令附近，如下所示。

```
<%@Page Language="C#" AutoEventWireup="true" CodeFile="index.aspx.cs" Inherits=
"index"%>
<%@Register Src="Header.ascx" TagName="Header" TagPrefix="uc1"%>
```

同时在 index.aspx 页面拖放位置会自动添加代码：

```
<uc1:Header ID="Header1" runat="server"/>
```

由此可见，Web 用户控件的创建方法和普通的 Web 页面相似，也支持事件编程。在“搜索”按钮的单击事件处理方法 btnSearch_Click 中，我们使用了 Response 对象，使页面从当前页面转向搜索页面，并传递了 2 个参数，我们将在第 9 章详细介绍 Response 对象的详细用法。

要在一个页面中使用用户控件，就必须是@Register 指令先进行注册。@Register 包括了几个重要的属性。TagPrefix 属性，表示与用户控件相关联的前缀，此前缀包含在用户控件元素的开始标记中。TagName 属性，该属性将名称与用户控件相关联，此名称包含在用户控件元素的开始标记中。Src 属性定义了用户控件文件的虚拟路径。Src 属性值既可以是相对路径，也可以是从应用程序的根目录到用户控件源文件的绝对路径。为了灵活使用，建议使用相对路径。“~”表示应用程序的根路径。用户控件不能位于 App_Code 目录中。

项 目 任 务

项目任务——使用 TreeView 控件实现按类别显示音乐

随着时间的增长，每个会员上传的音乐越来越多，如果将所有的音乐显示在一个页面内，数据量比较大，不易管理，可以根据音乐类别分别进行管理。因此，计划在会员音乐管理页面（myMusic. aspx）的左边添加音乐目录。当页面加载时显示所有的音乐类别，用户一旦选择了某个音乐类别，就在页面的右半部分显示该类别下所有的音乐。

【实现方法】

页面加载时，可以使用 MusicCategory 对象的 GetAll 方法获取数据库中所有的音乐类别，然后在页面的 Page_Load 事件中通过动态生成 TreeView 控件的节点显示音乐类别，然后响应 TreeView 控件的 SelectedNodeChanged 事件，通过 TreeView 控件的 SelectedNode 属性获取当前选择的音乐类别，然后调用 Music 类获取该类别所有的音乐，最后完成音乐的列表显示。

【操作步骤】

（1）在 myMusic. aspx 页面左边单元中添加 TreeView 控件，页面修改后代码如下。

```
<table width="100%" border="0" cellspacing="0" cellpadding="2">
        <tr>
          <td valign="top" style="width:4%">
              <asp:TreeView ID="tvCategory" runat="server" OnSelectedNodeChanged="tvCat-
              egory_SelectedNodeChanged">
              </asp:TreeView>
          </td>
          <td width="69%">
              <asp:Label ID="lblMusic" runat="server"></asp:Label>
              <table width="100%" border="0" cellspacing="0" cellpadding="0">
                  <tr>
                      <td> </td>
                      <td align="center">上一页下一页共页</td>
                      <td> </td>
                  </tr>
              </table>
          </td>
          <td width="27%"> </td>
      </tr>
</table>
```

（2）在 myMusic. aspx. cs 文件中添加 LoadMusicCategory 方法，并在 Page_Load 中调用。响应 TreeView 控件的 SelectedNodeChanged 事件。

```
protected void Page_Load(object sender,EventArgs e)
    {
        if(! IsPostBack)
        {
            LoadMusicCategory();//加载音乐类别
```

```
        }
    }
    private void LoadMusicCategory()
    {
        //获取所有的音乐类别
        MusicCategory mc=new MusicCategory();
        DataSet ds=mc.GetAll();

        tvCategory.Nodes.Clear();//删除树现有的节点
        //将节点动态添加到树中
        for(int i=0;i<ds.Tables[0].Rows.Count;i++)
        {
            //声明一个 TreeNode 对象
            TreeNode node=new TreeNode(ds.Tables[0].Rows[i]["CategoryName"].ToString(),
              ds.Tables[0].Rows[i]["CategoryName"].ToString());
            //将节点添加到树中
            tvCategory.Nodes.Add(node);
        }
    }
    protected void tvCategory_SelectedNodeChanged(object sender,EventArgs e)
    {
        string categoryName=tvCategory.SelectedNode.Value;
        //取当前音乐类别下所有的音乐,放在 DataSet 类型的变量 ds 中。
        Music m=new Music();
        DataSet ds=m.SearchByCategory(categoryName);
        //由于还没有学习数据绑定的概念,在此通过组织<HTML>的方式显示结果。
        //先打印表头。
        string strHeader=@"<tr class='tableheader'>
            <td width='1%'> </td>
            <td width='29%'>歌曲名称</td>
            <td width='14%' align='center'>歌手名</td>
            <td width='16%' align='center'>上载日期</td>
            <td width='12%' align='center'>欣赏人数</td>
            <td width='14%' align='center'>编辑</td>
            <td width='14%' align='center'>删除</td>
          </tr>";
        //打印表格中间部分,每条记录一行。
        string strBody="";
        for (int i=0;i <ds.Tables[0].Rows.Count;i++)
        {
            string str=@"<tr >
            <td> · </td>
```

```
            <td align='left'>{0}</td>
            <td>{1}</td>
            <td>{2}</td>
            <td align='center'>{3}</td>
           <td align='center'><img src='Images/Edit.gif' width='22' alt='edit' height
           ='22'/></td>
           <td align='center'><img src='Images/Delete.gif' width='22' alt='delete'
           height='22'/></td>
        </tr>";
           str=string.Format(str,ds.Tables[0].Rows[i]["musicName"],ds.Tables[0].Rows[i]
           ["singer"],ds.Tables[0].Rows[i]["addDate"],ds.Tables[0].Rows[i]["clicks"]);
              strBody+=str;
        }
        //组成一张完整的 table 并显示在界面上 lblMusic 控件中
        string strTable="<table width='100%' border='0' cellspacing='0' cellpad-
       ding='0'>";
        strTable+=strHeader+strBody;
        strTable+="</table>";
        lblMusic.Text=strTable;
    }
```

上 机 实 战

上机实战——创建并使用页脚用户控件

将页脚部分封装为用户控件，并在登录页面（Login.aspx）中引用。

【要点提示】

可以仿照 8.5 节页头用户控件的做法添加页脚用户控件。首先，为网站添加一个名为“Footer.ascx”的用户控件，然后将 Login.aspx 中的页脚部分内容剪切到 Footer.ascx 中，最后将做好的页脚用户控件拖放到 Login.aspx 页面中。

【参考代码】

Footer.ascx 控件的页面代码如下：

```
<%@Control Language="C#" AutoEventWireup="true" CodeFile="Footer.ascx.cs" Inherits=
"Footer"%>
<table width="760" border="0" cellpadding="0" cellspacing="0">
```

```
    <tr>
        <td>
            <hr width="90%"/>
        </td>
    </tr>
   <tr>
      <td class="footer" align="center">
      Copyright&copy;2009 fzxy.edu.cn. All Rights Reserved.</td>
   </tr>
</table>
```

Login.aspx 页面的@Page 指令下面添加@Register 指令。

```
<%@ Register src="Footer.ascx" tagname="Footer" tagprefix="uc2"%>
```

在 Login.aspx 页面最后一个 </div> 标记之前添加如下代码。

```
<uc2:Footer ID="Footer1" runat="server"/>
```

习　题

1. 为“校园音乐吧”网站所有页面在适当位置添加站点地图导航控件（SiteMapPath）。

2. 将“校园音乐吧”网站中所有页面的页头和页脚部分都替换为对 Header.ascx 控件和 Footer.ascx 控件的引用。

第9章

内部对象

本章要点

- ◆ 掌握 Page 对象的 IsPostBack 属性及 Load 事件的用法
- ◆ 掌握 Response 对象的 Write 方法和 Redirect 方法的用法
- ◆ 掌握 Request 对象读取数据的方法
- ◆ 掌握 Cookie 对象的设置与读取
- ◆ 掌握 Session 对象的用法
- ◆ 掌握 Application 对象的用法
- ◆ 掌握 Server 对象的用法

9.1 内部对象概述

ASP .NET 中提供了一些内部对象，这些对象提供了丰富的功能。常用的内部对象有 Page、Response、Request、Cookie、Session、Application、Server。本章讲解几个常用的内部对象。

9.2 Page

Page 对象指的是页面对象，是由 System. Web. UI. Page 类实现。Page 对象的常用属性、事件和方法如表 9－1 所示。

表 9－1 Page 对象的属性、事件和方法

名　称	说　明
IsPostBack	属性，表示页面上的表单是否被提交过，如提交为 true，否则为 false
IsValid	属性，表示页面上所有的控件是否通过验证，如通过为 true，否则为 false
Load	事件，加载页面时发生
Unload	事件，卸载页面时发生

Page 对象的常用组合代码如下：

```
protected void Page_Load(object sender,EventArgs e)
{
    if(!IsPostBack)
    {
        首次打开页面时执行的代码;
    }
}
```

! IsPostBack 表示表单没有被提交过，即页面首次被加载，因此可以把只在页面打开时执行的代码放在 if 语句中。

9.3 Response

利用 Response 对象可以向客户端输出信息，除此以外，Response 对象还有一些特殊功能，如重定向等。Response 对象由 System. Web. HttpResponsc 类实现。Response 对象的常用属性如表 9 - 2 所示。

表 9 - 2　Response 对象的常用属性

属　性	说　明
Buffer	是否启用缓冲区，取值为 true 或 false，默认为启用 true
ContentType	输出文件流的文件类型，主要的文件类型有 text/HTML、image/GIF、image/JPEG

Response 对象的常用方法如表 9 - 3 所示。

表 9 - 3　Response 对象的常用方法

方　法	说　明
Write	将信息输出到页面中，是 Response 对象最常用的方法
BinaryWrite	输出二进制信息
WriteFile	将文件以文件流方式输出到客户端。常和 ContentType 属性一起使用
Redirect	重定向到另一个页面中，这个页面可以是互联网上的另一页面，也可以是本网站的页面
Flush	将缓冲区的数据输出到客户端，此时的 Buffer 属性必须为 true
End	将缓冲区的数据输出到客户端，停止程序的执行，即在 End 语句之后的程序将不在执行
Clear	清除缓冲区里的内容，此时缓冲区里的数据不向页面输出

9.3.1 利用 Write 方法输出信息

利用该方法就可以在客户端输出信息，效果和利用 Label 标签控件一样。其语法为：

```
Response.Write(变量数据或字符串);
```

例如：

```
Response.Write("欢迎您"+s.StuName);                    //s为Student对象,s.StuName表示学生的姓名
Response.Write("现在是:"+System.DateTime.Now );  //输出当前的时间
```

如果输出的字符串中有 HTML 标记，则浏览器会直接解释执行这些标记。例如下面的语句，其输出效果如图 9-1 所示。

```
Response.Write("<a href='showUserBasicInfo.aspx?stuno=085041108'>张三</a>");
```

如果输出的字符串是 JavaScript 脚本程序，浏览器会直接执行这些程序，如可以利用下面的语句在用户登录失败的时候进行提示，输出效果如图 9-2 所示。

```
Response.Write("<script language='javascript'>alert('登录失败,请重试!');</script>");
```

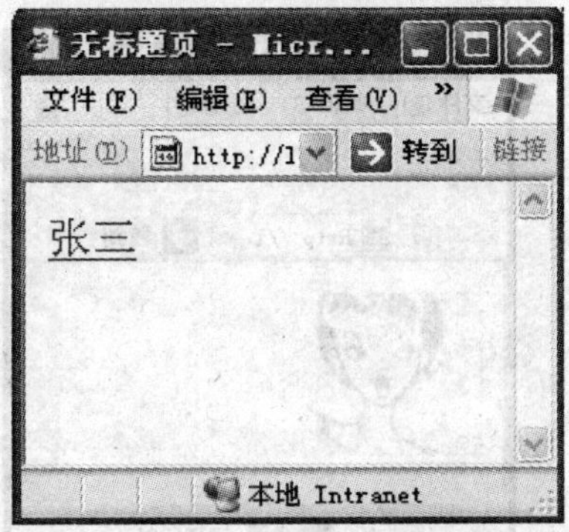

图 9-1　Response 的 Write 方法输出 HTML 标记

图 9-2　Response 的 Write 方法输出脚本程序

9.3.2　利用 Redirect 方法实现页面重定向

在网页中，可以通过单击超链接重定向到另一网页，但有一个前提条件，必须是用户在页面上单击超链接。但是有时候需要的重定向操作无法让用户在页面上单击超链接；如当用户登录后，根据用户的角色重定向到相应的页面，这时可以在程序中使用 Redirect 方法引导客户至另一个页面。语法如下：

```
Response.Redirect(网址变量或字符串);
```

例如：

```
Response.Redirect("http://www.baidu.com");            //重定向至百度
Response.Redirect("index.aspx");                      //重定向至站内主页
string strUrl=http:                                   //www.sohu.com;
Response.Redirect(strUrl);                            //引导至变量表示的网址
```

根据条件重定向到不同的页面

```
if (s.Role)//s为根据用户的登录名实例化的一个Student类对象,如果s.Role为true,则表示
该学生对象是管理员
```

```
{
        Response.Redirect("adminSpace.aspx");
}
else                    //普通会员
{
        Response.Redirect("mySpace.aspx");
}
```

9.3.3 利用 WriteFile 方法将文件输出到客户端

利用 Response 对象的 WriteFile 方法可以将文件以文件流的方式输出到客户端浏览器，该方法使用之前，必须通过 ContentType 属性定义文件流是什么文件类型。如，想向页面输出一张 GIF 类型的图片，其文件流类型为“image/GIF”。

```
protected void Page_Load(object sender, EventArgs e)
{
        Response.ContentType = "image/GIF";
Response.WriteFile("Photos//085041108.GIF");
}
```

图 9-3　利用 WriteFile 方法输出图片文件

9.3.4 使用 Buffer 属性

Buffer 属性用来设置服务器端是否将页面先输出到缓冲区。它的取值为 true 或 false，默认为 true。true 表示先输出到缓冲区，然后再从缓冲区输出到客户端浏览器；false 表示不输出到缓冲区，服务器端直接将信息输出至客户端浏览器。语法为：

```
Response.Buffer=true|false;
```

9.3.5 输出缓冲区中的数据

如果服务器端程序要输出到页面中的数据量太大，全部输出到缓冲区会造成缓冲区溢出，发生错误，这时就需要中途将缓冲区中的数据输出至页面，清空缓冲区。

可以通过 Response 对象的 Flush、End 方法可以将缓冲区中的数据输出到客户端，但 Flush 方法不会停止程序的执行，而 End 方法会停止其后程序的执行。Clear 方法也可以清空缓冲区的数据，但只是清空，不会将缓冲区数据输出到页面。下面是几种清空缓冲区方法的使用，其运行结果如图 9-4 所示。

```
protected void Page_Load(object sender, EventArgs e)
{
  Response.Write("使用 Clear 方法前的数据<br/>");
  Response.Clear();
  Response.Write("使用 Flush 方法前的数据<br/>");
  Response.Flush();
  Response.Write("使用 End 方法前的数据<br/>");
  Response.End();
  Response.Write("使用 End 方法后的数据<br/>");
}
```

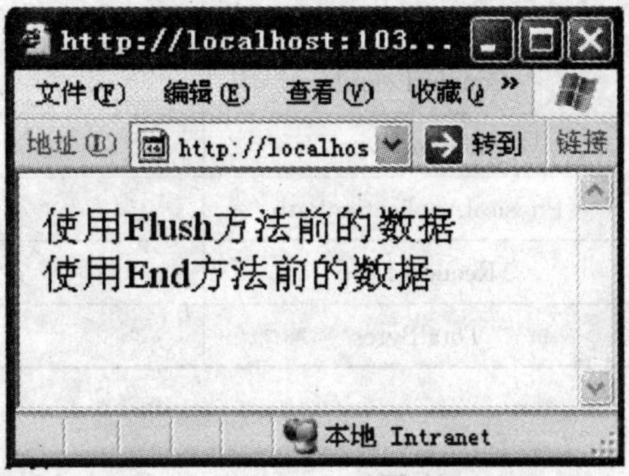

图 9-4 清空缓冲区方法的使用

9.3.6 使用 BinaryWrite 方法输出二进制数据

该方法用于输出二进制信息，它不进行任何字符转换，直接输出。其语法为：

```
Response.BinaryWrite(变量);
```

例如：在数据库中保存了图片的二进制信息，当要输出图片到浏览器时就可用该方法。

9.4 Request

当用户向网站服务器发送请求时，客户端的请求信息会封装在 Request 对象中，服务器可以通过 Request 对象获取客户端的一些数据。Request 对象由 System. Web. HttpRequest 类实现。Request 对象的常用属性如表 9-4 所示。

表 9-4 Request 对象的常用属性

属　性	说　明
QueryString	获取附在网址后面的内容
Form	获取窗体变量的集合
Cookies	获取客户端浏览器 HttpCookieCollection 对象的集合
ServerVariables	获取服务器环境变量信息
Browser	获取客户端浏览器的信息，如类型、版本等
Params	获取 QueryString、Form、Cookies、ServerVariables 中的数据
UserHostAddress	获取客户端计算机的 IP 地址
UserHostName	获取客户端计算机的 DNS 名

续表

属　性	说　明
ContentLength	客户端发送的内容的长度，以字节为单位
ContentType	客户端请求的 MIME 内容类型
PhysicalApplicationPath	服务器应用程序根目录的物理路径
RequestType	客户端使用的 HTTP 数据传送方法，Get 或是 Post
TotalBytes	获取当前输入流中的字节数

9.4.1 获取 QueryString 数据集合中的数据

客户端的数据大多封装在 Request 对象的数据集合中。常用的数据集合有：

QueryString（HTTP 查询字符串变量集合）、Form（窗体变量集合）、Cookies（Cookie 集合）、ServerVariables（服务器变量集合）、Params（前四种数据集合）。

QueryString 指的是标识在 URL 后面的变量及其值。

当客户端发送如下请求时，QueryString 中将会有一个变量 stuno 及其值 085041101：

showUserBasicInfo. aspx?stuno=085041101

当客户端送出如下的请求时，QueryString 将会得到 stuno 与 stuName 两个变量的值。

http：//……/showUserBasicInfo. aspx?stuno=085041101&stuName=Tom

后面可以有多个变量参数，参数之间用 &连接。

获取 QueryString 数据集合中数据的语法为：

```
Request.QueryString[变量或字符串]
```

【例 9-1】 单击首页（index. aspx）上的用户照片或是用户名字超链接，打开个人基本信息页面（showUserBasicInfo. aspx），通过此超链接传递该用户的学号信息，并在个人基本信息页中获取此学号信息，通过该学号信息获取学生的其他信息，然后把信息显示在页面上。

步骤（1）：修改主页上的照片超链接及名字超链接的 href 属性，如下：

```
<table width="100%" border="0" cellspacing="0" cellpadding="0">
  <tr>
     <td>
          <a href="showUserBasicInfo.aspx? stuno=085041108">
               <img src="Photos/1.gif" alt="photo" width="108" height="108" border="0"/></a>
     </td>
     其他的单元格中的图片超链接……
  </tr>
  <tr>
     <td height="24" align="center">
```

```
        <a href="showUserBasicInfo.aspx?stuno=085041108">张三</a>
      </td>
        其他的单元格中的名字超链接……
   </tr>
</table>
```

步骤（2）：在打开个人基本信息页时获取 URL 地址后的变量值。

showUserBasicInfo. aspx 页中的 Load 事件

```
protected void Page_Load(object sender, EventArgs e)
{
      if(!IsPostBack)
      {
             string stuno=Request.QueryString["stuno"];
             ……
      }
}
```

9.4.2　获取 Form 表单中的数据

1）获取表单中的数据

在以往的 Web 程序中，经常利用 Request 对象获取 Form 集合中的数据。其使用方法为：在静态网页的表单中使用 post 方式向动态网页传送数据，在动态网页中接收传来的数据。示例代码如下。

useForm. htm

```
<form id="form1" method="post" action="Default.aspx">
      <input id="Text1" name="Text1" type="text"/>
      <input id="Submit1" type="submit" value="submit"/>
</form>
```

Default. aspx 页

```
protected void Page_Load(object sender,EventArgs e)
{

Response.Write(Request.Form["Text1"]);
}
```

需要注意的是：如果静态网页的表单中采用的是 get 的传送数据方式，则在动态网页中需要从 QueryString 数据集合中获取表单中的数据。示例代码如下。

useForm. htm 代码如下，界面如图 9 - 5 所示。

```
<form id="form1" method="get" action="Default.aspx">
    <input id="Text1" name="Text1" type="text"/>
    <input id="Submit1" type="submit" value="submit"/>
</form>
```

Default. aspx 页代码如下，效果如图 9 - 6 所示。

```
protected void Page_Load(object sender,EventArgs e)
{

Response.Write(Request.QueryString["Text1"]);
}
```

图 9 - 5 useForm. htm 页面

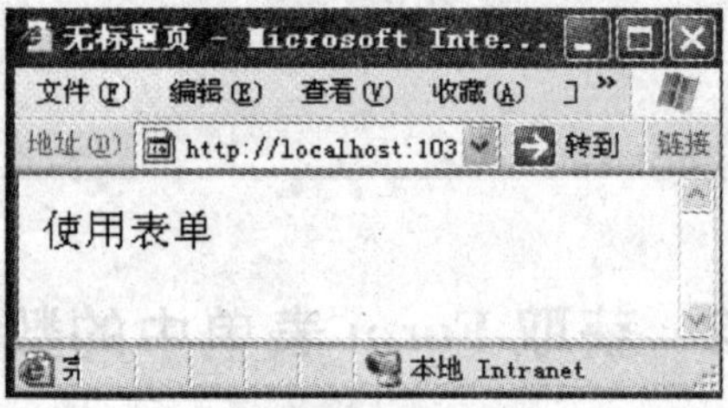

图 9 - 6 Default. aspx 页

2）获取 Web 表单中的数据

利用 Request 对象的 Form 属性可以获得 Form 表单中的数据，这在 ASP 中经常使用，但在 ASP .NET 中这种方法几乎已经不在使用。ASP .NET 中使用的是 Web 表单，Web 表单中使用的是服务器控件，获取服务器控件的数据可通过“控件名称 . 属性;”，如 TextBox1. Text。这里介绍一下在 ASP .NET 中利用 Form 属性获取表单中数据的方法，其语法为：

```
Request.Form["控件名称"];
```

例如，在界面放置一个用户名文本框 textBox1 和一个按钮，当单击按钮时显示用户输入的用户名信息。示例代码如下。效果如图 9 - 7 所示。

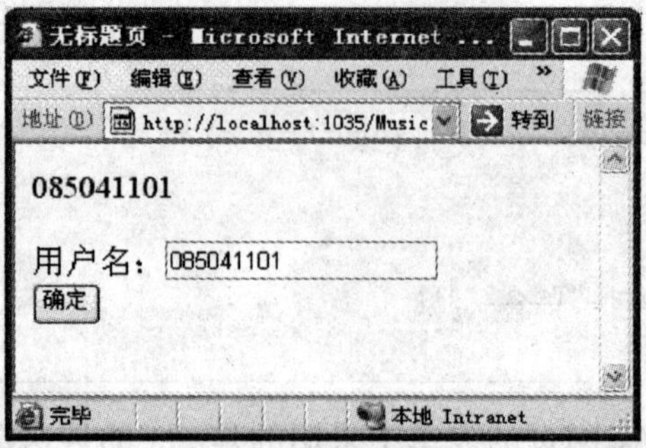

图 9 - 7 获取 Web 表单中的数据

```
protected void Button1_Click(object sender,EventArgs e)
{
    Response.Write(Request.Form["textBox1"]);
}
```

备注：

Request.QueryString [""]，Request.Form [""] 可以简写成 Request [""]，其第三种是前两种的一个缩写，可以取代前两种情况。当使用简写语法时，先收集 QueryString 数据集合中有没有想要的数据，若没有再到 Form 表单中寻找。

9.4.3　获取 ServerVariables 中的数据

利用 Request 对象的 ServerVariables 数据集合可以方便地取得服务器端和客户端的环境变量信息，常见的环境变量如表 9－5 所示。

表 9－5　常见的环境变量

环境变量名称	说　明
App_Physical_Path	应用程序实际路径
Local_Addr	服务器端的 IP 地址
Remote_Addr	客户端 IP 地址
Server_Name	服务器端计算机名
Remote_Host	客户端计算机名
Server_Port	服务器端端口号
Query_String	http 请求中？号后的内容
Content_Length	客户端发送的内容的长度，以字节为单位
Content_Type	客户端请求的 MIME 内容类型

获取环境变量值的语法为：

```
Request.ServerVariable["环境变量"];
```

下面代码显示了服务器名字和客户端 IP 地址。如图 9－8 所示。

```
protected void Page_Load(object sender,EventArgs e)
{
    string strServerName=
Request.ServerVariables["Server_Name"];
    Response.Write(strServerName+"<br/>");
    string strIP=
Request.ServerVariables["Remote_Addr"];
    Response.Write(strIP);
}
```

图 9－8　使用环境变量

9.4.4　获取客户端浏览器信息

通过 Request 对象的 Browser 属性可以方便地获取客户端浏览器的信息，如类型、版本、是否支持 JavaScript 等。

表 9－6　Browser 数据集中的浏览器信息

名　称	说　明
Browser	浏览器类型
Version	浏览器版本
Frames	是否支持框架，值为 true 表示支持，否则为 false
Tables	是否支持表格功能
Cookies	是否支持 Cookies
BackgroundSounds	是否支持背景音乐
VBScript	是否支持 VBScript
JavaScript	是否支持 JavaScript
ActiveXControls	是否支持 ActiveXControls 控件

示例代码如下，运行结果如图 9－9 所示。

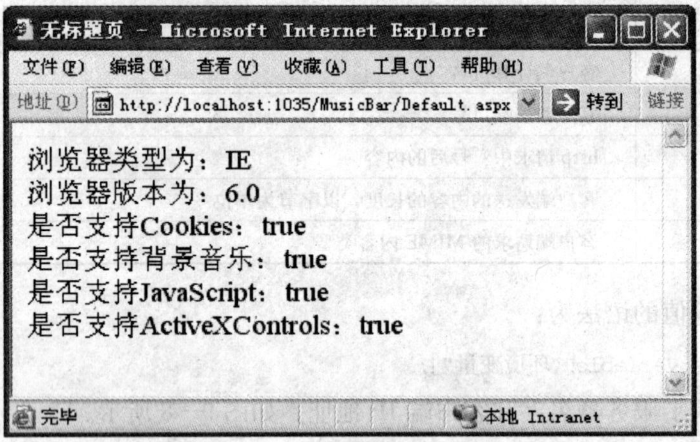

图 9－9　使用 Browser 属性获取浏览器信息

```
protected void Page_Load(object sender,EventArgs e)
{
    string strMessage="浏览器类型为:"+Request.Browser["Browser"];
    strMessage+="<br/>浏览器版本为:"+Request.Browser["Version"];
    strMessage+="<br/>是否支持 Cookies:" +Request.Browser["Cookies"];
    strMessage+="<br/>是否支持背景音乐:"+Request.Browser["BackgroundSounds"];
    strMessage+="<br/>是否支持 JavaScript:"+Request.Browser["JavaScript"];
```

```
    strMessage+="<br/>是否支持 ActiveXControls:"+Request.Browser["ActiveXControls"];
    Response.Write(strMessage);
}
```

9.4.5 使用 Request 对象的方法

Request 对象的常用方法为 BinaryRead()，此方法可以二进制方式获取客户端用 Post 方法提交的数据。

语法如下：

```
Request.BinaryRead(字节大小);
```

备注：

其中字节大小是用 TotalBytes 属性获得的响应数据的字节大小。

9.5 Cookie

Cookie 提供了 Web 应用程序中在客户端存储特定信息的机制。例如当用户访问网站时，可以利用 Cookie 保存用户的一些信息。当用户再次访问该网站时，网站从客户端的计算机上保存的 Cookie 里获取上次保存的信息。

没有设置有效期的 Cookie，保存在客户端浏览器的内存中，浏览器关闭后，该 Cookie 即失效；若设置了有效期，则保存在客户端的硬盘上，一般在 C:/Documents and Settings/Administrator/Cookies 文件夹下，如图 9-10 所示。

图 9-10 客户端硬盘上的 Cookie 文件

每个网站都可以有自己的 Cookie，每个网站也只能读写自己的 Cookie。当用户访问网站时，网站将数据存储在客户端的 Cookie 里，在需要 Cookie 里的数据时，再从 Cookie 中进行读取。

大多数浏览器支持的 Cookie 大小最大是 4096 字节，每个站点最多只允许有 20 个 Cookie。

9.5.1 设置 Cookie

在 Response 和 Request 对象中都包含了一个 Cookies 属性，使用此属性可以向 Cookie 对象中写入信息，也可以从 Cookie 对象中读取信息。ASP .NET 提供了 System. Web. HttpCookie 类来处理 Cookie。Cookie 对象的常用属性如下。

Expires：设置 Cookie 的有效期。

Name：获取 Cookie 名称。

Value：获取或设置 Cookie 变量的内容值。

设置 Cookie 的步骤如下：

(1) 使用 HttpCookie 类定义一个 Cookie 对象；

(2) 使用 Value 或 Values 属性设置 Cookie 变量的值；

(3) 使用 Expires 设置 Cookie 的有效期；

(4) 通过 Response 对象保存 Cookie。

设置的 Cookie 对象里只存储一个值的语法如下：

(1) HttpCookie Cookie 对象名称＝new HttpCookie ("Cookie 名称")；

(2) Cookie 对象名称 .Value＝"要保存在 Cookie 里的值"；

以上两句可以简写为：

HttpCookie Cookie 对象名＝new HttpCookie("Cookie 名称","要保存在 Cookie 里的值")；

(3) Cookie 对象名称 .Expires＝System. DateTime. Now. AddYears (1)；

(4) Response. Cookies. Add(Cookie 对象名称)；

设置的 Cookie 对象里存储多个值的语法如下：

(1) HttpCookie Cookie 对象名称＝new HttpCookie("Cookie 名称")；

(2) Cookie 对象名称 .Values["Cookie 变量 1"]＝"Cookie 变量 1 的值"；

Cookie 对象名称 . Values["Cookie 变量 2"]＝"Cookie 变量 2 的值"；

……

(3) Cookie 对象名称 . Expires＝System. DateTime. Now. AddYears(1)；

(4) Response. Cookies. Add(Cookie 对象名称)；

下面的代码是创建了两个 Cookie 对象，每个对象只有一个值。

```
HttpCookie cookieStuNo=new HttpCookie("STUDENT_NO");
cookieStuNo.Value="085041101";
cookieStuNo.Expires=System.DateTime.Now.AddYears(1);
Response.Cookies.Add(cookieStuNo);
HttpCookie cookieStuName=new HttpCookie("STUDENT_NAME");
cookieStuName.Value="Tom";
```

```
cookieStuName.Expires=System.DateTime.Now.AddYears(1);
Response.Cookies.Add(cookieStuName);
```

打开在 C:\Documents and Settings\Administrator\Cookies 文件夹下产生的 Cookie 文件 administrator@localhost[1].txt，里面的内容如图 9-11 所示。可见里面存储了 localhost 网站的两个 Cookie：STUDENT_NO、STUDENT_NAME。

备注：

administrator@localhost[1].txt 文件名中括号里的数值在每次读写 Cookie 时会有所变化。

如果一个 Cookie 对象中有两个以上的值，则使用 Values 设置变量名及变量的值，示例代码如下。在 Cookie 文件中会增加一个多值 Cookie，STUDENT 里有两个 Cookie 变量：No 和 Name，其值分别为 085041101、Tom，变量之间用“&”符合分隔，如图 9-12 所示。

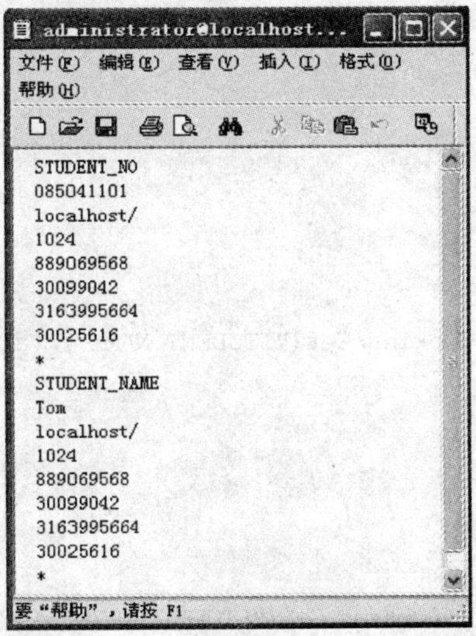

图 9-11 localhost 网站留下的 Cookie 文件

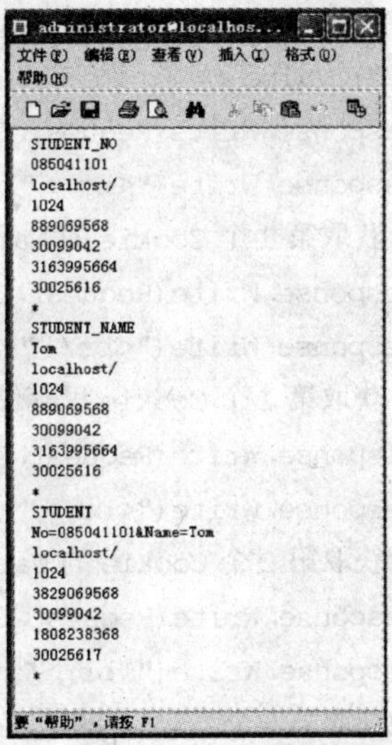

图 9-12 Cookie 文件中增加的多值

```
HttpCookie cookieStudent=new HttpCookie("STUDENT");
cookieStudent.Values["No"]="085041101";
cookieStudent.Values["Name"] ="Tom";
cookieStudent.Expires=System.DateTime.Now.AddYears(1);
Response.Cookies.Add(cookieStudent);
```

9.5.2 读取 Cookie

通过 Request 对象可以获取 Cookie 里的值。语法如下。

1）获取单值 Cookie 里的值

```
Request.Cookies.Get("Cookie 名称|Cookie 索引")Value;
Request.Cookies["Cookie 名称|Cookie 索引"].Value;
```

2）获取多值Cookie里的值

```
Request.Cookies.Get("Cookie名称|Cookie索引").Values["Cookie变量名"];
Request.Cookies["Cookie名称|Cookie索引"].Values["Cookie变量名"];
```

3）判断一个Cookie是否是多值，Cookie可以通过Cookie的HasKeys属性进行判断，若是HasKeys属性值为true，否则为false。

```
bool result=Request.Cookies["Cookie名称"].HasKeys;
```

获取刚刚设置的3个Cookie里的值，代码如下。

```
//获取本网站第0个Cookie的Name值,即Cookie名称
Response.Write(Request.Cookies.Get(0).Name);
Response.Write("<br/>");
//获取第0个Cookie的Value值,即Cookie里存储的内容,同Request.Cookies.Get("STUDENT_
NO").Value
Response.Write(Request.Cookies.Get(0).Value);
Response.Write("<br/>");
//获取第1个Cookie的Name值
Response.Write(Request.Cookies.Get(1).Name);
Response.Write("<br/>");
//获取第1个Cookie里存储的值,也可以用Request.Cookies.Get("STUDENT_NAME").Value
Response.Write(Request.Cookies.Get(1).Value);
Response.Write("<br/>");
//获取第2个Cookie的Name值
Response.Write(Request.Cookies.Get(2).Name);
Response.Write("<br/>");
//获取第2个Cookie的第0个变量值,也可以用Request.Cookies.Get("STUDENT").Values["No"]
Response.Write(Request.Cookies.Get(2).Values[0]);
Response.Write("<br/>");
//获取第2个Cookie的第1个变量值,也可以用Request.Cookies.Get("STUDENT").Values["Name"]
Response.Write(Request.Cookies.Get(2).Values[1]);
```

运行结果如图9-13所示。

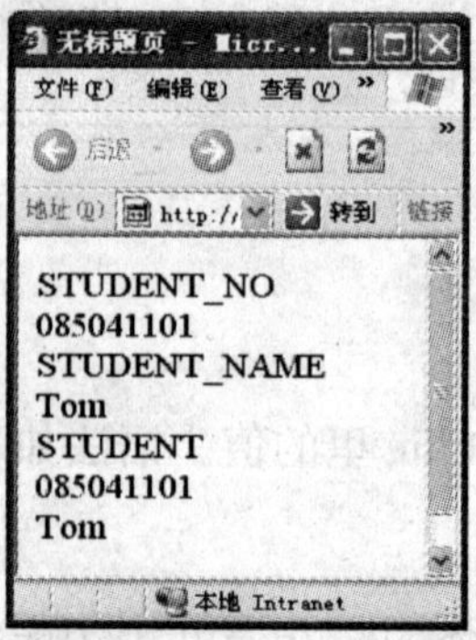

图9-13 获取Cookie里的值

9.6 Session

用户打开浏览器访问网站服务器时，就建立了一个会话状态 Session 对象。会话开始时，会产生一个 24 个字符组成的字符串，称之为 SessionID，这是这个会话的唯一编号。如果超出一定的时间（默认为 20 分钟）没有和服务器端交互或者关闭了浏览器，则该 Session 对象就会自动结束。Session 对象是针对用户的，利用 Session 可以存储特定用户的信息，这些信息在各个页面间共享，即如果想在多个页面间使用一些共同的信息，则可将这些信息保存在 Session 里。

由 System.Web.SessionState 类实现，Session 对象常用属性如表 9－7 所示，Session 对象常用方法如表 9－8 所示，Session 对象常用事件如表 9－9 所示。

表 9－7 Session 对象常用属性

属　性	说　明
SessionID	会话编号
TimeOut	Session 对象的有效期间，默认为 20 分钟
Keys	根据索引号获取变量值
Count	Session 变量的总数量

表 9－8 Session 对象常用方法

方　法	说　明
Add	为 Session 对象添加新变量
Clear	清空 Session 对象中的变量
Remove	使用变量名删除一个 Session 对象变量
RemoveAll	删除全部 Session 对象变量
Abandon	清除 Session 对象，此时会触发 Session_OnEnd 事件

表 9－9 Session 对象常用事件

事　件	说　明
Session_OnStart	会话启动事件
Session_OnEnd	会话结束事件，关闭浏览器、超过会话有效期或调用 Abandon 方法时触发

9.6.1 利用 Session 存储信息

可以把任何类型的数据存储到 Session 中，语法为：

```
Session["Session 变量名称"]=要存储的内容,可以是变量、常量、字符串或表达式;
```

```
Session.Add("Session 变量名",要存储的内容);
```

例如：

```
Session["stuNo"]="085041101";
Session.Add("stuName","张三");
```

9.6.2 读取 Session 中存储的信息

读取 Session 变量中存储的值很简单，只需要把 Session["Session 变量名称|Session 变量索引值"]像一个变量一样使用就可以了。

不过，读取一个不存在的 Session 变量值会报错，如读取 Session["sex"]。

```
string strStuNo=Session["stuNo"].ToString();
Response.Write(strStuNo);
```

9.6.3 使用 Session 对象属性及方法

Session 对象有它的有效期，默认为 20 分钟。客户端每新打开一个浏览器窗口，就会创建一个 Session 对象。

修改 Session 对象的有效期的语法如下：

```
Session.Timeout=整数(分钟);
```

Session 对象到期后会自动清除，但到期前可以用 Abandon 方法强行清除。语法为：

```
Session.Abandon();
```

可以删除 Session 对象中某个变量。语法为：

```
Session.Remove("Session 变量名");
```

删除 Session 对象中的所有变量，语法为：

```
Session.RemoveAll();
Session.Clear();
```

清除 Session 对象，语法为：

```
Session.Abandon();
```

例如：

```
Session["stuName"]="张三";
Session.Abandon();
Response.Write(Session["stuName"]);
```

备注：

先将前两句复制到一个文件中执行，然后再将第 3 句复制到另一个 ASP .NET 文件中执行。因为 Abandon 方法已经将 Session 对象清除，所以第 3 句不输出任何信息。但要注意，如果这三句放在同一个文件中仍然会输出信息。

```
protected void Page_Load(object sender,EventArgs e)
{
    Session["stuNo"]="085041101";
    Session.Add("stuName","张三" );
    Session["sex"]="男";
    Session.Remove("sex");
    Response.Write("此次的会话 ID 为:"+Session.SessionID+"< br/>");
    Session.Timeout=2;
    Response.Write("Session 的有效期为:"+Session.Timeout+"分钟<br/>");
    //Session.Clear();//把语句前面的注释去掉运行试试
    Response.Write("Session 中共有"+Session.Count+"个变量<br/>");
    for (int i=0; i <Session.Count; i++)
    {
        Response.Write("Session 中第"+i+"个变量的名称为:"+Session.Keys[i].ToString
        ()+"<br/>");
        Response.Write("Session 中第"+i+"个变量的值为:"+Session[0].ToString()+
        "< br/>");
    }
}
```

使用 Session 对象的示例代码如下，运行结果如图 9 - 14 所示。

图 9 - 14　Session 对象的使用

9.7　Application

Application 对象用来存储所有用户间共享信息。Session 对象是单个用户的在各个页面间要共享的信息。简而言之，不同的客户必须访问不同的 Session 对象，但可以访问公共的

Application 对象。

Application 对象由 System. Web. HttpApplication 类实现。Application 对象不像 Session 对象有有效期限制，它是一直存在的，从网站启动一直到网站停止。

9.7.1 利用 Application 存储信息

由于 Application 对象在网站是共享的，每个用户都可以访问该对象，若有两个以上的用户同时不加限制地访问共享资源时，数据将会失真。例如，假设变量 i 是可以并发访问的资源，其初始值为 1，每个用户对其访问都为进行加 1 运算，现有两个用户 A 和 B 对 i 进行访问，访问过程如下：

A 取得 i 变量的值 1；

B 取得 i 变量的值 1；

A 执行加 1 操作，此时值为 2；

B 执行加 1 操作，此时值为 2；

A 将值赋值给 i，此时 i 变量值为 2；

B 将值赋值给 i，此时 i 变量值为 2。

上述不经限制的并发访问，造成了数据错误，A 和 B 分别进行加 1 运算后，本应该是 3，结果是 2。

可见，对并发访问若不加限制，会造成数据错误，对 Application 对象的访问也是如此，幸好 ASP .NET 提供了互斥访问机制，当用户访问 Application 对象前，使用 Lock 方法将 Application 对象锁起，禁止其他用户访问，当用户访问完后，使用 UnLock 访问将 Application 对象解锁，这时其他的用户方可以访问 Application 对象，语法如下：

```
Application.Lock();
Application["Application 变量名称"]=变量、常量、字符串信息或表达式;
Application.Unlock();
```

9.7.2 读取 Application 中存储的信息

读取 Application 对象中存储的变量值和 Session 一样简单，只要把 Application["Application 变量名称|Application 变量索引值"]像一个变量一样使用就可以了。

读取一个不存在的 Application 变量值会报错。

9.7.3 使用 Global. asax 文件

Global. asax 文件中存放的是 Session 对象和 Application 对象的事件，因此可以在该文件中编写 Session 对象和 Application 对象的事件处理程序。每个网站只能有 1 个 Global. asax 文件，并且必须存放在根目录下，该文件存储的信息能应用于整个应用程序，所以称为全局性文件。

在 VS2008 中创建一个 Global. asax 文件的步骤如下。

(1) 右击【解决方案资源管理器】窗口中的网站名称，在弹出的菜单中选择【添加新项】，弹出【添加新项】对话框，如图 9-15 所示。

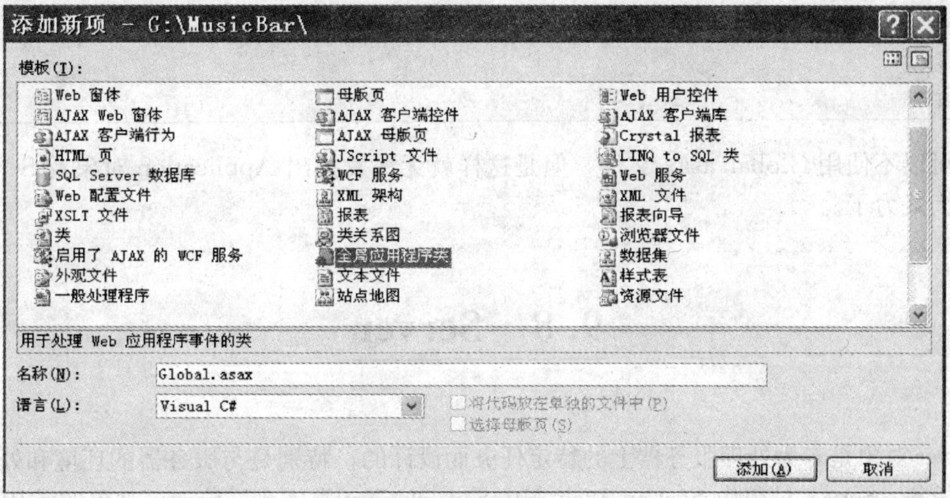

图 9-15　添加新项对话框

(2) 在弹出的【添加新项】对话框中选择“全局应用程序类”，单击【添加】按钮即可。
(3) 创建后 Global.asax 文件中的代码如下。

```
<%@Application Language="C#"%>

<script runat="server">
    void Application_Start(object sender,EventArgs e)
    {
        //在应用程序启动时运行的代码
    }
    void Application_End(object sender,EventArgs e)
    {
        //在应用程序关闭时运行的代码
    }
    void Application_Error(object sender,EventArgs e)
    {
        //在出现未处理的错误时运行的代码
    }
    void Session_Start(object sender,EventArgs e)
    {
        //在新会话启动时运行的代码
    }
    void Session_End(object sender,EventArgs e)
    {
        //在会话结束时运行的代码。
```

```
        //注意:只有在 Web.config 文件中的 sessionstate 模式设置为
        //InProc 时,才会引发 Session_End 事件,如果会话模式
        //设置为 StateServer 或 SQLServer,则不会引发该事件。
    }
</script>
```

也可以不使用 Global.asax 文件，但是这样就无法发挥出 Application 对象及 Session 对象的强大威力了。

9.8 Server

Server 对象是专为处理服务器上的特定任务而设计的，特别是与服务器的环境和处理活动有关的任务。Server 对象由 System.Web.HttpServerUtility 类实现，Server 对象的常用事件如表 9－10 所示，Session 对象的常用方法如表 9－11 所示。

表 9－10 Server 对象的常用事件

属 性	说 明
MachineName	服务器端计算机的名称
ScriptTimeout	脚本的最长执行时间，默认为 90 秒

表 9－11 Session 对象的常用方法

方 法	说 明
CreateObject	创建由对象类型标识（ProgId）的 COM 组件
HtmlEncode	对字符串进行 HTML 编码
HtmlDecode	对 HTML 编码的字符串进行解码
UrlEncode	对字符串进行 Url 编码
UrlDecode	对在 Url 中接收的字符串进行解码
MapPath	返回 Web 服务器上指定的虚拟路径对应的物理文件路径

9.8.1 使用 ScriptTimeout 属性

该属性用来规定脚本文件执行的最长时间，默认为 90 秒。如果超过这个时间脚本文件还没有执行完毕，就自动停止执行。主要是用来防止某些可能进入死循环的错误导致服务器过载问题。

对于确实需要运行很长时间的程序，则需要修改这个值。修改方法如下：

```
Server.ScriptTimeout=300;
```

9.8.2 使用 HtmlEncode 方法

浏览器是解释执行的，它将其中的 HTML 标记逐一解释执行，而有时就希望在屏幕上输出完整的 HTML 语句，比如在线考试系统中在考 HTML 知识时，就需要在页面中输出 HTML 语句。使用 HtmlEncode 方法可以将 HTML 标记原样输出，其运行机制是将 HTML 标记转换为字符实体，如将 <转换为 <，将> 转换为 >。

语法如下：

```
Server.HtmlEncode(变量或字符串);
```

HtmlDecode 方法执行的是相反操作，即将进行 HTML 编码的字符串进行解码。语法如下：

```
Server.HtmlDecode(HTML 编码的字符串);
```

Server 对象的 HtmlEncode 方法和 HtmlDecode 方法的使用示例代码如下，运行结果如图 9-16 所示。

```
protected void Page_Load(object sender, EventArgs e)
{
    Response.Write("<a href='http://www.baidu.com'>百度</a>");
    Response.Write("<br/>");
    string strHtmlEncode=Server.HtmlEncode("<a href='http://www.baidu.com'>百度</a>");
    Response.Write(strHtmlEncode);
    Response.Write("<br/>");
    Response.Write(Server.HtmlDecode(strHtmlEncode));
}
```

图 9-16 HtmlEncode 方法和 HtmlDecode 方法的使用

使用 HtmlEncode 方法还可以防止一些恶意的脚本入侵，脚本入侵是指一些恶意的用户在页面的提交信息中，提交了一些包含恶意脚本的代码段。如果不加处理，这些代码段在输出时就会被执行。如果使用 Server 对象的 HtmlEncode 方法进行输出，就会是代码段原样输出，不会执行，代码示例如下，运行结果如图 9-17 所示。

```
protected void Page_Load(object sender, EventArgs e)
```

```
{
    Response.Write(Server.HtmlEncode("<script>alert('恶意代码段')</script>"));
    Response.Write("<script>alert('恶意代码段')</script>");
}
```

图 9-17　使用 HtmlEncode 方法防止恶意代码入侵

9.8.3　使用 UrlEncode 方法

各个国家使用的文字不同，其中包含了一些特殊的符号，当以 UTF-8 编码提交页面信息时，经常会出现乱码。要解决这一问题就需要通过 Server 对象中的 UrlEncode 方法对其进行 URL 编码转换，URL 编码可以确保所有浏览器均能正确地传输 URL 字符串中的文本；其使用语法为：

```
Server.UrlEncode(字符串);
```

UrlDecode 方法可以将 URL 编码的字符串进行解码。

使用 UrlEncode 的示例代码如下。

(1) 在 Default.aspx 页的【源】视图中输入下面的超链接或使用 HyperLink 控件。效果如图 9-18 所示。

图 9-18　Default.aspx 页

```
<a href="Default2.aspx?stuname=张 三">张三</a>
```

(2) 在 Default2.aspx 页的代码中输入如下代码：

```
protected void Page_Load(object sender, EventArgs e)
{
    string strStuName=Request.QueryString["stuName"].ToString();
    Response.Write(strStuName);
}
```

(3) 单击 Default. aspx 页中的“张三”超链接打开的 Default2. aspx 页的效果如图 9 - 19 所示。

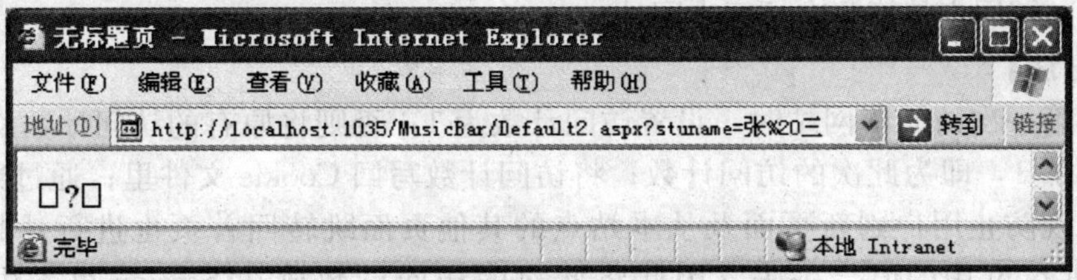

图 9 - 19 Default2. aspx 页中的乱码

若想避免乱码的现象产生，有两种修改方法。

(1) 修改 Default 页中的超链接。

<a href="Default2. aspx? stuname=<%=Server. UrlEncode（"张 三"）%>"> 张 三 </a>。效果如图 9 - 20 所示。

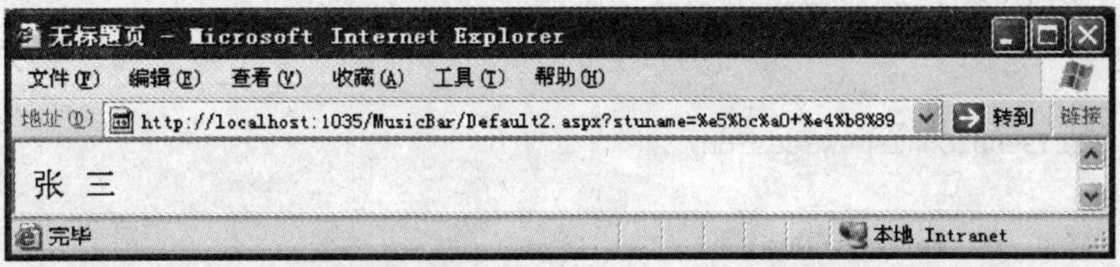

图 9 - 20 修改后 Default2. aspx 页的打开效果

(2) 也可以通过在程序代码中给超链接控件的 NavigagteUrl 属性进行赋值的方法避免乱码的出现，如可以在 Default. aspx 页的 Load 事件中加上如下代码。

```
HyperLink1.NavigateUrl="Default2.aspx?stuname="+Server.UrlEncode("张 三");
```

9.8.4 使用 MapPath 方法

在网站中标识页面，一般使用的是虚拟路径，但有时需要使用此虚拟路径对应的物理路径，如使用文件上传控件保存要上传的文件时就需要使用物理路径，这时就需要将虚拟路径转换为物理路径。代码如下，其中 fuPhoto 是上传控件 Id。

```
string filePath=Server.MapPath("Photos\\")+fileName;
fuPhoto.SaveAs(filePath);
```

项 目 任 务

项目任务——利用 Cookie 和 Session 实现用户访问网站的计数

在主页页脚的上方有个 Label 控件，ID 值为 lblCount，该控件主要用于显示访问计数；本网站实现的网站计数一共有 3 种：用户是第几次访问本网站；本网站共用多少个用户访问过，即单击率；当前在线用户有多少个。这 3 种计数都在 lblCount 控件中显示，本例实现第 1 种计数，即用户是第几次访问本网站。

【实现方法】

当用户第一次访问本网站时，设置访问计数为 1；否则将原有的访问计数从 Cookie 文件中取出再加 1，即为此次的访问计数；将访问计数写回 Cookie 文件里；通过判断是否是新的会话实现防止用户刷新页面及从本站点的其他页面跳转回首页也进行计数；当页面刷新时，lblCount 中的值会丢失，因此将此次的访问计数放在 Session 里不失为一个好办法。

【参考代码】

```
protected void Page_Load(object sender,EventArgs e)
{
    /*用户访问计数*/
    if(! IsPostBack)
    {
        if(Session.IsNewSession)
        {
            int intLoginNum;
            //通过是否有 Login_Num Cookie 判断用户是否是第一次访问本网站
            if (Request.Cookies.Get("Login_Num")==null)
                intLoginNum=1;
            else
                intLoginNum=Int32.Parse(Request.Cookies.Get("Login_Num").Value)+1;
            HttpCookie cookieLoginNum=new HttpCookie("Login_Num");
            cookieLoginNum.Value=intLoginNum.ToString();
            cookieLoginNum.Expires=System.DateTime.Now.AddYears(1);
            Response.Cookies.Add(cookieLoginNum);
            Session["Login_Num"]=intLoginNum.ToString();
        }
        lblCount.Text="您是第"+Session["Login_Num"].ToString()+"次访问本网站";
}
```

项目任务——使用 Application 和 Session 实现单击率计数

实现共有多少个用户访问本网站的计数，即单击率。注意：当用户刷新页面时，也是同一个用户在访问本网站，不能计数；当用户从本网站的其他页面跳转到主页时，也不能计数。

【实现方法】

不管是哪个用户访问本网站，都使该计数加 1，可见，此变量是所有用户共享的，因此使用 Application 对象存储单击率计数信息；用户刷新页面和从本站点的其他页面返回首页时不计算在内，因此，使用 Session 对象的 InNewSession 属性判断是否是新的会话。

【参考代码】

```
protected void Page_Load(object sender,EventArgs e)
{
    if(! IsPostBack)
    {
        if(Session.IsNewSession)
        {
            /*用户访问计数*/
            ......
            /*共有多少用户访问,单击率*/
            int intCount;
            if(Application["COUNT"]==null)
            {
                Application.Lock();
                intCount=1;
                Application["COUNT"]=intCount;
                Application.UnLock();
            }
            else
            {
                Application.Lock();
                intCount=Convert.ToInt32(Application["COUNT"].ToString())+1;
                Application["COUNT"]=intCount;
                Application.UnLock();
            }
        }
        lblCount.Text="您是第"+Session["Login_Num"].ToString()+"次访问本网站;共有"+
        Application["COUNT"].ToString()+"位用户访问本网站";
    }
}
```

上 机 实 战

上机实战——使用 Global.asax 实现在线人数计数

实现在线人数的统计，并把统计信息显示在主页的 lblCount 标签中。

【要点提示】

在线人数是所有用户共享的信息，因此需要将其保存在 Application 对象里；当网站启动时，在 Application 对象的 Start 事件中初始化在线人数；当用户访问网站时，会触发 Session_OnStart 事件，当用户长时间没有和网站进行交互或关闭浏览器后会触发 Session_OnEnd 事件，因此在 Session 的 Start 事件中，在线人数加 1，在 Session 的 End 事件中，在线人数减 1。这里需要特别注意的是当用户关闭浏览器时或是在浏览器地址栏里输入了其他网站的网址并回车后，不会立即触发 Session 的 End 事件，而是要等待 Session 对象的 Timeout 属性规定的时间后才执行事件处理程序；因此，在线人数的统计不是十分精确。

【参考代码】

Global.asax 文件：

```
<%@Application Language="C#"%>
<script runat="server">
    public int intOnlineCount=0;
    void Application_Start(object sender,EventArgs e)
    {
        //在应用程序启动时运行的代码
        Application["ONLINE_STUDENT"]=intOnlineCount;
    }
    void Session_Start(object sender,EventArgs e)
    {
        //在新会话启动时运行的代码
        Application.Lock();
        intOnlineCount=Convert.ToInt32(Application["ONLINE_STUDENT"].ToString());
        intOnlineCount++;
        Application["ONLINE_STUDENT"]=intOnlineCount;
        Application.UnLock();
    }
    void Session_End(object sender,EventArgs e)
    {
        //在会话结束时运行的代码。
        //注意：只有在 Web.config 文件中的 sessionstate 模式设置为
        //InProc 时，才会引发 Session_End 事件。如果会话模式设置为 StateServer
        //或 SQLServer，则不会引发该事件。
        Application.Lock();
        intOnlineCount=Convert.ToInt32(Application["ONLINE_STUDENT"].ToString());
        intOnlineCount--;
        Application["ONLINE_STUDENT"]=intOnlineCount;
        Application.UnLock();
    }
</script>
```

修改主页的 Load 事件中的代码：

```
protected void Page_Load(object sender,EventArgs e)
{
    if(!IsPostBack)
    {
        if(Session.IsNewSession)
        {
            ……
            lblCount.Text="您是第"+Session["Login_Num"].ToString()+"次访问本网站;
            共有"+Application["Count"].ToString()+"位用户访问本网站;当前在线人数
            为"+ Application["ONLINE_STUDENT"].ToString();
            ……
        }
    }
}
```

上机实战——在登录时保存学生信息，在需要的页面中调用这些信息

在主页和 login.aspx 页中提供了登录功能；在登录功能里需要将成功登录的用户信息保存起来；在其他页面（如 mySpace.aspx、adminSpace.aspx 页）中需要这些信息时再取出来使用。

【要点提示】

能在各个页面中共享的信息，不能在各个用户之间共享的信息，需要保存在 Session 对象里；在“登录”按钮的单击事件中，若用户成功登录，将用户信息（学生对象）保存在 Session 里，根据用户的角色跳转到不同的页面，即用户如果是管理员跳转到 adminSpace.aspx 页，如果是普通会员跳转到 mySpace.aspx 页；在 adminSpace.aspx 页和 mySpace.aspx 页判断用户是否登录，若没有登录，跳转到主页，这样做是防止用户直接输入这两个页面的地址请求此页面，这样就会绕过登录功能；在 adminSpace.aspx 页，除了判断用户是否登录外，还要判断用户是否是管理员，这样就能实现了权限限制。“登录”按钮的单击事件处理程序代码及 mySpace.aspx、adminSpace.aspx 页面的 Load 事件代码如下。

【参考代码】

```
protected void btnLogin_Click(object sender,EventArgs e)
{
    string userName=txtUserName.Text.Trim();
    string userPwd=txtUserPwd.Text.Trim();
    if(!string.IsNullOrEmpty(userName)&&!string.IsNullOrEmpty(userPwd))
    {
        Student s=new Student();
        s.StuNo=userName;
        s.StuPwd=userPwd;
```

```
            bool b=s.Login();
            if(b)
            {
                //使用Session保存用户
                s=s.GetModel(userName);
                Session["STUDENT_ME"]=s;
                if(s.Role)
                {
                    //管理员
                    Response.Redirect("adminSpace.aspx");
                }
                else
                {
                    //普通会员
                    Response.Redirect("mySpace.aspx");
                }
            }
        }
    }
```

MySpace.aspx

```
protected void Page_Load(object sender,EventArgs e)
{
    if(!Page.IsPostBack)
    {
        //没有登录,系统转向登录页面,确保登录时使用Session保存用户对象
        if(Session["STUDENT_ME"]==null)
        {
            Response.Redirect("login.aspx");
            return;
        }
    }
}
```

adminSpace.aspx

```
protected void Page_Load(object sender,EventArgs e)
{
    if(!IsPostBack)
    {
        //没有登录,系统转向登录页面,确保登录时使用Session保存用户对象
        if(Session["STUDENT_ME"]==null)
```

```
            {
                Response.Redirect("login.aspx");
                return;
            }
            else
            {
                //如果不是管理员也不允许进入该页面
                Student s=(Student)Session["STUDENT_ME"];
                if(!s.Role)
                {
                    Response.Redirect("login.aspx");
                    return;
                }
            }
            LoadMenu();
    }
}
```

习　题

1. 实现音乐上传功能（uploadMusic.aspx）。
2. 根据传入的音乐 ID 播放不同的音乐，并显示音乐相关信息（playMusic.aspx）。
3. 根据不同的学号，显示不同学生的基本信息和上载音乐列表（showUserBasicInfo.aspx）。
4. 根据不同的学号，显示不同学生的详细信息（showUserDetailInfo.aspx）。

第 10 章 数据绑定控件与数据源控件

本章要点

◆ 数据源控件的概念及其用法

◆ 编程实现数据绑定的方法

◆ GridView、DataList、Repeater、DetailsView、FormView 控件用法

◆ ListView 控件和 DataPager 控件的用法

◆ 模板和数据绑定表达式的概念和用法

10.1 概　　述

Web 应用程序一般都离不开数据库。ASP .NET 提供了多个数据控件用来在 Web 页面上展示数据库中的数据。数据控件主要分两类：数据绑定控件，用来在页面上显示数据；数据源控件，用来提供对不同类型数据源的访问，如数据库、XML 文件或中间层业务对象，并从中检索数据。数据绑定控件可以绑定到数据源而无须手动编写代码，降低了编程难度。数据源控件还支持修改数据的功能。

常用的数据源控件主要包括：①用于访问 Microsoft SQL Server、OLE DB、ODBC 或 Oracle 数据库的 SqlDataSource 控件。用于访问 SQL Server 时，还支持高级缓存功能。当数据作为 DataSet 对象返回时，此控件还支持排序、筛选和分页；②用于访问 Microsoft Access 数据库的 AccessDataSource 控件；③用于访问 XML 文件的 XmlDataSource 控件；④用于访问站点地图文件的 SiteMapDataSource 控件；⑤N 层架构应用程序下使用的 ObjectDataSource 控件等。

数据绑定控件主要分为三种类型：列表控件、表格式数据绑定控件和层次数据绑定控件。

(1) 列表控件用来显示简单的选项列表，主要包括以下几个列表控件：

- BulletedList，显示列表项，列表项可以显示为文本、链接按钮或是超链接；
- CheckBoxList，显示复选框列表，可以从列表中选择多项；
- DropDownList，显示下拉列表框，只能从下拉列表中选择一项；
- ListBox，显示列表框，可以从列表中选择多项；
- RadioButtonList，单选按钮列表，从列表中只能选中一项。

上述控件的基本用法在前面章节已经介绍。它们都从 ListControl 基类继承而来，也就

是说，它们共享一些核心的属性和方法。每个列表控件会呈现一个选项列表，每个选项列表都是 ListItem 类的一个实例。正如 TreeView 控件由 TreeNode 实例组成一样。ListItem 对象有几个常用的属性：Selected 属性表示该项是否被选中；Text 属性用于指定列表项显示的文本；Value 属性用于指定列表项对应的隐藏值，例如一个隐藏值可能表示一个数据库表中主键列的值；Enable 属性表示该选项是否可用。

和 TreeView 控件及 Menu 控件一样，列表控件都支持声明式绑定和编程式绑定。

在声明式绑定方式下，只需要设置列表控件的 DataSourceId 属性、DataTextField 和 DataValueField 属性即可。DataSourceId 属性指向数据源控件的 ID，数据源控件先从数据库中获取数据，然后，列表控件从数据源获取数据，并将每条记录创建为一个 ListItem 控件实例。当每个 ListItem 对象被创建时，DataTextField 和 DataValueField 对应列的值会自动赋值给 ListItem 对象的 Text 属性和 Value 属性。

在编程式绑定方式下，也需要设置列表控件的 DataTextField 和 DataValueField 属性，此外还需要设置 DataSource 属性，并调用 DataBind 方法将数据绑定到指定的列表控件上。此时的 DataSource 可以是 DataSet 对象、DataTable 对象或者是一个对象集合等。

此外，列表控件还提供了几个常用的属性，用来表示用户选择了哪个选项，如 SelectedIndex、SelectedItem 和 SelectedValue 属性。

关于列表控件数据绑定的用法，可以参考本章的项目任务一节内容。

(2) 表格式数据绑定控件是操作数据库记录时常用的控件。这些控件能够显示数据，并且还可以修改数据。表格式数据绑定控件分为两类：一类是一次显示多个数据项，另一类是一次显示一个数据项。

表格式数据绑定控件有：

- GridView 控件，在 HTML 表格中显示一组数据记录，也提供了排序、分页、选择和编辑数据功能，与 ASP .NET 1.x 框架中的 DataGrid 控件相比，GridView 控件功能更加强大；
- DataList 控件，同样也是在 HTML 表格中显示一组数据记录，与 GridView 控件不同的是，它可以在一行中显示多条记录；
- Repeater 控件，使用模板显示一组数据，与 GridView 和 DataList 控件不同的是，Repeater 控件不会自动呈现为一个 HTML 表格；
- DetailsView 控件，在 HTML 表格中一次呈现一个数据项，此控件也支持分页、编辑或添加新记录；
- FormView 控件，使用模板来显示一个数据项，与 DetailsView 不同的是，这个控件可以使用模板来进行窗体布局，此控件也支持分页、编辑或添加新记录；
- ListView 控件，该控件是 ASP .NET 3.5 引入的新控件，使用模板定义的格式来显示来自数据源的数据，该模板包含有用于设置数据布局的格式、控件和绑定表达式，ListView 控件对于重复结构中的数据很有用，它类似于 DataList 和 Repeater 控件，但是，与 DataList 和 Repeater 控件不同的是，ListView 控件隐式支持编辑、插入和删除操作，还有排序和分页功能。

此外，ASP .NET 3.5 还引入 DataPager 分页控件，用于对数据进行分页以及为实现 IPageableItemContainer 接口的数据绑定控件显示导航控件。例如，ListView 控件就是实现该接口的控件。

可以通过使用 PagedControlID 属性将 DataPager 控件与数据绑定控件关联起来。也可以选择将 DataPager 控件置于数据绑定控件层次结构的内部。例如，在 ListView 控件中，可以将 DataPager 控件置于 ListView. LayoutTemplate 模板内部。可以通过更改 PageSize 属性，定义每个数据页显示的数据项数。也可以通过设置 QueryStringField 属性，更改页面提交给服务器的方式。

(3) 层次数据绑定控件用来显示嵌套数据项。包括第 8 章讲述的 Menu 控件和 TreeView 控件。

10.2 数据源控件

ASP .NET 提供了多个数据源控件实现对不同数据源的访问，当使用 Microsoft SQL Server、Microsoft SQL Server Express、Oracle、DB2 或 MySQL 等数据库时，可以使用 SqlDataSource 数据源控件。

本节以 SqlDataSource 数据源控件为例进行讲解，其他数据源控件和 SqlDataSource 类似，可以参考相关书籍学习。

SqlDataSource 类是基于 ADO .NET 构建的，它以声明控件的方式，而不是编程的方式使用这些对象。SqlDataSource 控件属于不可见控件，即它放在页面上，但是不会呈现任何内容。通常需要将它和其他控件一起使用来显示和编辑数据库数据，如 GridView、FormView 等控件。

使用数据源控件可以快速构建 ASP .NET Web 数据库应用程序，非常适合于初学者建立一些小型 Web 站点。但是，在构建复杂的多层应用程序时，使用 SqlDataSource 等数据源控件并不合适，因为 SqlDataSource 数据源控件将数据访问层和用户界面层混在一起。如果要构建框架清晰的多层应用程序，就应该使用 ObjectDataSource 控件展现数据库数据，或自己通过编程手段实现。因此，本书没有对数据源控件进行深入探讨，数据源控件的详细用法可以参考微软帮助信息。

SqlDataSource 控件提供了设计向导，帮助用户完成数据库方面的配置。下面以一个具体的例子介绍 SqlDataSource 控件的用法。

【例 10-1】 用户在系统中注册（regV3. aspx 页面）时，需要填写学生详情信息，包括系别、专业和班级信息。当页面加载时，系统首先初始化系别信息；当用户选择一个系别后，系统将在专业下拉列表框中显示该系别所有的专业；某一专业一旦被选中，班级列表框将显示该专业下所有的班级。学生详情界面设计如图 10-1 所示。

使用 SqlDataSource 数据源控件结合列表控件实现该功能的详细步骤如下。

1. 添加系别下拉列表框数据源控件

(1) 打开校园音乐吧网站。在解决方案资源管理器中，双击 regV3. aspx 页面文件，并切换到设计视图。

(2) 在现有界面布局的基础上，从“工具箱”中拖放一个 SqlDataSource 控件，如

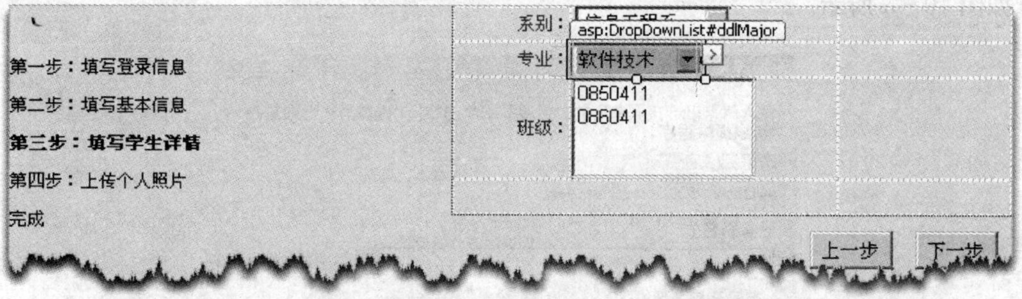

图 10-1　注册页面中第三步界面设计

图 10-2 所示。

(3) 在图 10-2 中单击“SqlDataSource 任务”下面的“配置数据源...”超级链接。将弹出【配置数据源】对话框，如图 10-3 所示。

图 10-2　SqlDataSource 控件

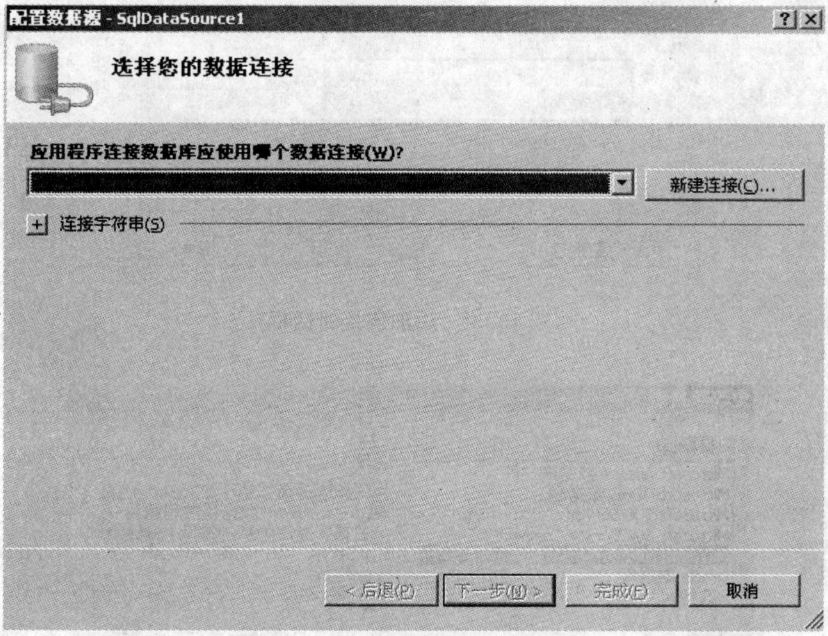

图 10-3　配置数据源对话框

(4) 由于我们还没有配置数据库连接，因此需要在【配置数据源】对话框中，单击【新建连接】按钮，添加数据库连接信息。如图 10-4 所示。

备注：

连接到 SQL Server 数据库有两种方式，一种是使用 Windows 身份认证方式，另一种是使用 SQL Server 身份验证机制。如果使用 Windows 认证方式必须要求 SQL Server 服务器在安装时支持混合认证模式。

(5) 在【添加连接】对话框中，单击【更改】按钮，在弹出的【更改数据源】对话框中选择“Microsoft SQL Server 数据库文件”，并单击【确定】按钮返回到【添加连接】对话框。如图 10－5 所示。

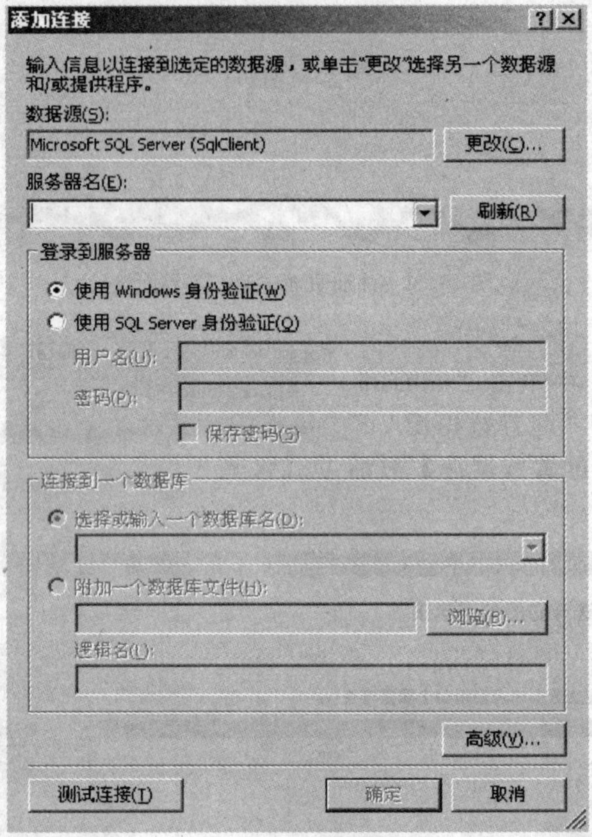

图 10－4　添加连接对话框

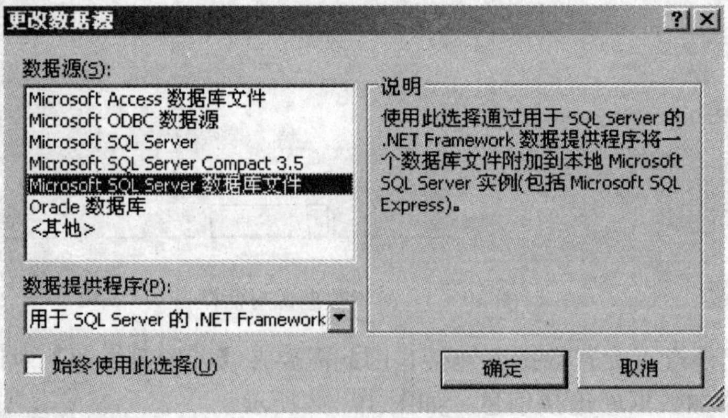

图 10－5　更改数据源对话框

（6）在【添加连接】对话框中，单击【浏览】按钮，选择当前章节站点目录下 App_Data 下的 MusicBar.mdf 数据文件。

（7）在【添加连接】对话框中，单击【测试连接】按钮，如果返回“测试连接成功”提示就表明配置正确了。可以单击【确定】按钮，返回到【配置数据源】对话框。此时可以看到连接下拉列表框中多了一个名为“MusicBar. mdf1”的连接。选择此连接，单击【下一步】按钮，出现是否将数据库连接串保存到配置文件中的界面，如图 10-6 所示。

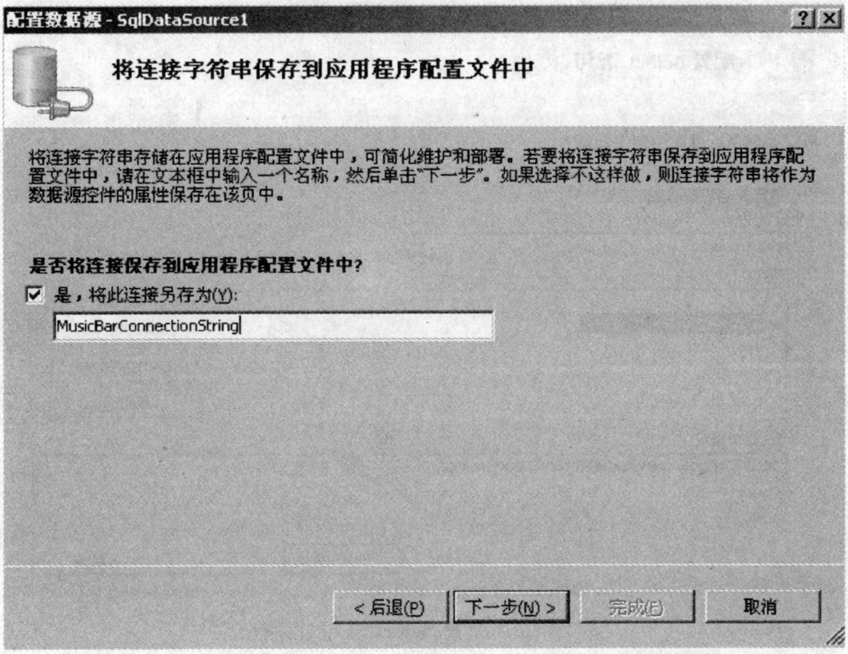

图 10-6 保存数据库连接串到配置文件对话框

备注:

如果选择“是”，数据库连接串将会保存到 Web. config 文件中。由于本站所有声明式绑定的例子都使用 SqlDataSource 数据源控件连接到同一个数据库。因此，可以选择将该信息保存到配置文件中，复用该连接信息，而不需要每次都重新构造数据库连接信息。此处选择“是”。并取名为“ConnectionString”。

保存到 Web. config 文件中后，数据库连接代码如下：

```
<add name="ConnectionString" connectionString="Data Source=.\SQLEXPRESS;
AttachDbFilename=D:\MusicWebSite\ch6\App_Data\MusicBar.mdf;Integrated Security=true;
Connect Timeout=30;User Instance=true" providerName="System.Data.SqlClient"/>
```

Data Source 用来指明 SQL Server 数据库服务器实例的名称，AttachDbFilename 指明数据库文件名称，此处使用了绝对文件路径，但是，如果网站路径发生改变后，Web 页面就有可能连接不到正确路径上的数据库。因此，最好使用如下路径表示方式：

```
AttachDbFilename=|DataDirectory|MusicBar.mdf
```

|DataDirectory|指当前 Web 站点的数据库专用目录 App_Data。上述语句表示连接当前 Web 网站 App_Data 目录下的 MusicBar. mdf 数据库文件，该方式避免了出现数据库路径不正确的错误。

(8) 在图 10-6 界面中，将名称修改为“ConnectionString”。单击【下一步】按钮，进入到配置 Select 语句界面。首先选择“指定来自表或视图的列”单选按钮。然后在【名称】

下拉列表框中选择“Department”表，在【列】列表框中选择【DepartmentName】列。如图 10－7 所示。

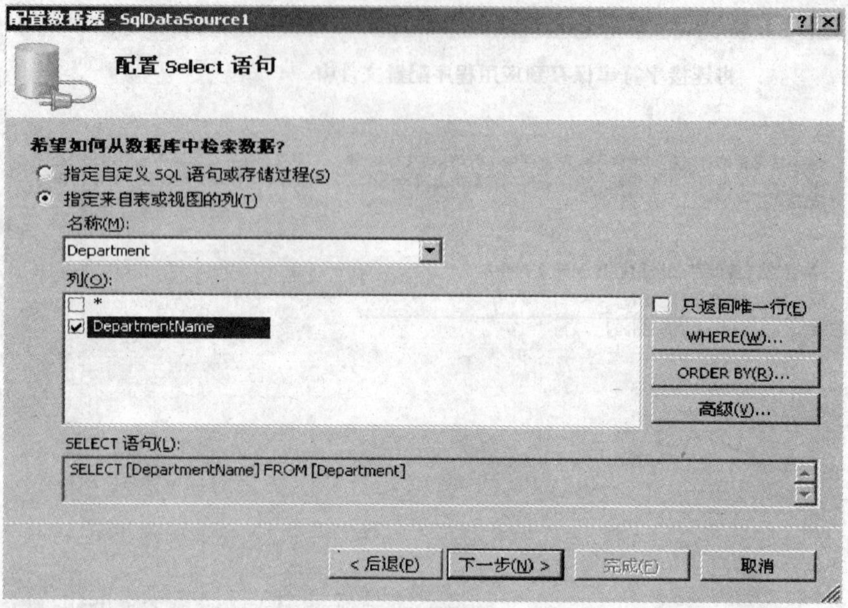

图 10－7　配置 Select 语句对话框

(9) 在【配置 Select 语句】对话框中单击【下一步】按钮，出现【测试查询】界面，可以单击【测试查询】按钮，预览一下要显示的数据。如图 10－8 所示。最后单击【完成】按钮，完成 SqlDataSource1 数据源的配置过程。

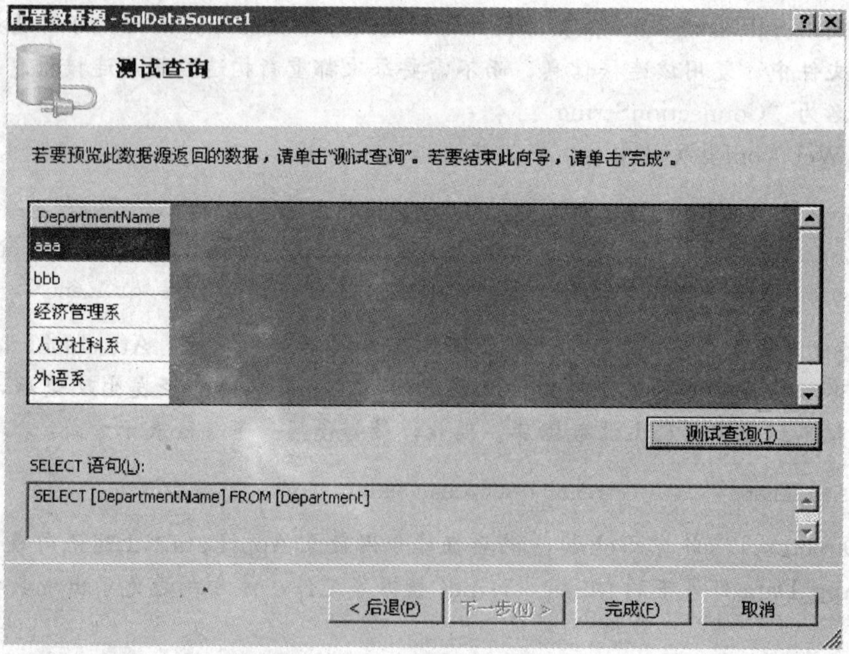

图 10－8　测试查询对话框

2. 添加专业下拉列表框数据源控件

从“工具箱”中再拖放一个 SqlDataSource 控件到该页面上，创建方法和上述过程基本一致。主要介绍一下不同之处。

(1) 在图 10 - 3【选择您的数据连接】界面中，不需要新建连接，直接从下拉列表框中选择“ConnectionString”项就可以了。

(2) 在图 10 - 7【配置 Select 语句】界面中，从【名称】下拉列表框中选择“Major”表。并且勾选 MajorId、MajorName 和 DepartmentName 列。

(3) 配置 WHERE 条件。由于专业是根据系别下拉列表框而变化的，因此需要设置参数。在图 10 - 7【配置 Select 语句】界面，单击【WHERE】按钮，出现【添加 WHERE 子句】对话框，如图 10 - 9 所示。

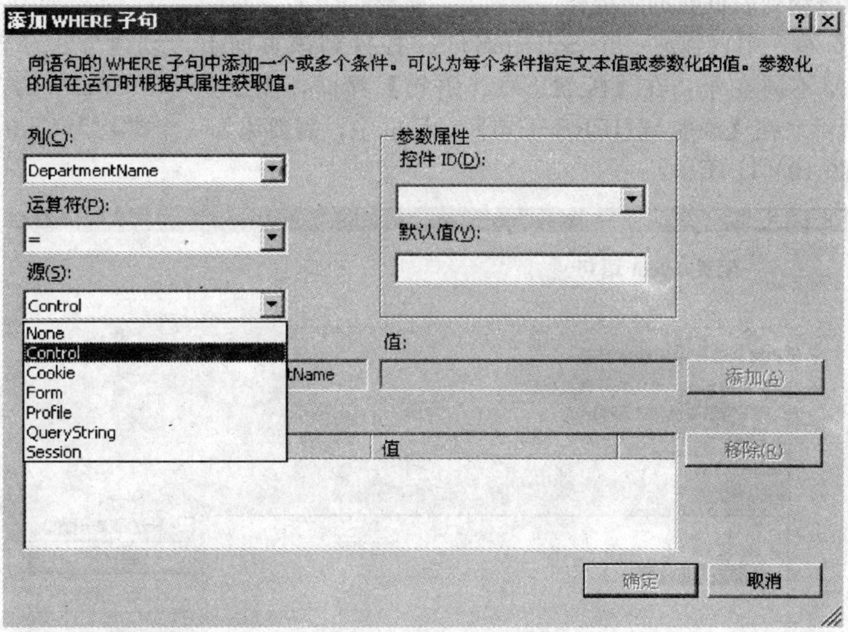

图 10 - 9　添加 WHERE 子句对话框

SqlDataSource 控件支持多种类型参数。

- Parameter——表示一个任意的静态值。对应图 10 - 9 中【源】下拉列表框中的【None】;
- ControlParameter——表示一个控件值或页面的属性值。对应图 10 - 9 中【源】下拉列表框中的【Control】;
- CookieParameter——表示浏览器的 cookie 值。对应图 10 - 9 中【源】下拉列表框中的【Cookie】;
- FormParameter——表示一个 HTML 表单字段的值。对应图 10 - 9 中【源】下拉列表框中的【Form】;
- ProfileParameter——表示一个配置文件属性值。对应图 10 - 9 中【源】下拉列表框中的【Profile】;
- QueryStringParameter——表示查询字符串字段中的值。对应图 10 - 9 中【源】下

拉列表框中的【QueryString】;

- SessionParameter——表示一个存储在 Session 对象中的对象的值。对应图 10－9 中【源】下拉列表框中的【Session】。

（4）由于本例中需要根据用户选择的系别下拉列表框值的不同动态更新专业下拉列表框信息，因此，参数类型应为 ControlParameter。在图 10－9 中【源】下拉列表框中的“Control”。在【列】下拉列表框中选择“DepartmentName”。【运算符】下拉列表框选择“＝”。【控件 ID】下拉列表框选择系别下拉列表框“ddlDepartment”，然后单击【添加】按钮，将其添加到【WHERE 子句】列表框中，然后单击【确定】按钮。返回到【配置 Select 语句】，一直单击【下一步】按钮，直到最后【测试查询】界面，单击【完成】按钮，完成 SqlDataSource2 的配置。

3. 添加班级列表框数据源控件

从“工具箱”中再拖放一个 SqlDataSource 控件到该页面上，创建方法和上述过程基本一致。主要不同在于：在【配置 Select 语句】界面，需要选择“StudentClass”表，如图 10－10 所示。在【添加 WHERE 子句】对话框中，需要添加一个类型为 Control 的参数，具体配置如图 10－11 所示。

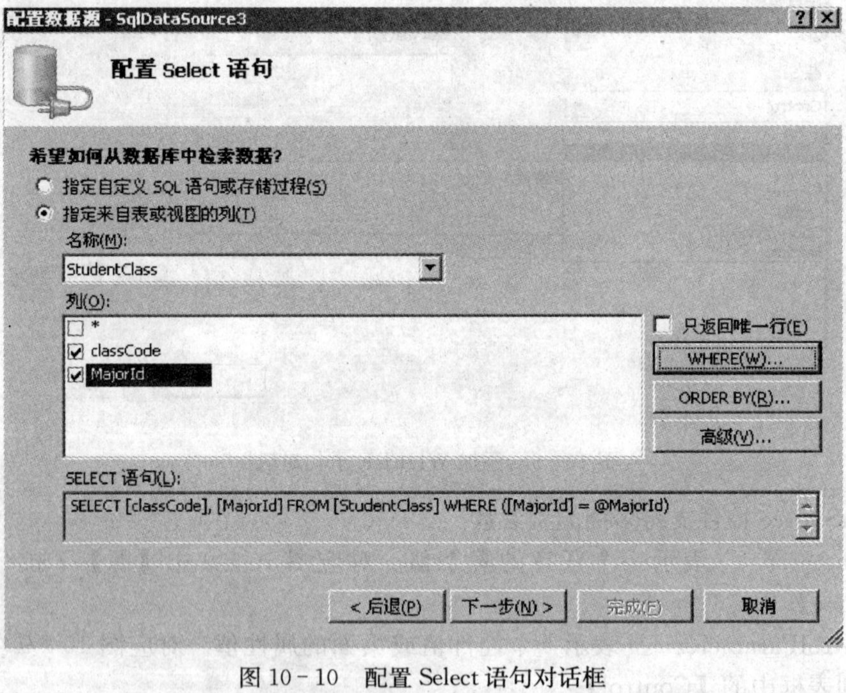

图 10－10　配置 Select 语句对话框

4. 关联数据绑定控件和数据源控件

将系别下拉列表框控件（ddlDepartment）的 DataSourceId 设置 SqlDataSource1，DataTextField 和 DataValueField 属性都设置为“DepartmentName”；将专业下拉列表框控件（ddlMajor）的 DataSourceId 设置 SqlDataSource2，DataValueField 设置为“MajorId”，DataTextField 属性设置为“MajorName”；将系别班级框控件（lbClass）的 DataSourceId 设置 SqlDataSource3，DataTextField 和 DataValueField 属性都设置为“classCode”。最后，一定要将 ddlDepartment 控件和 ddlMajor 控件的 AutoPostBack 属性设置为 true，否则，选

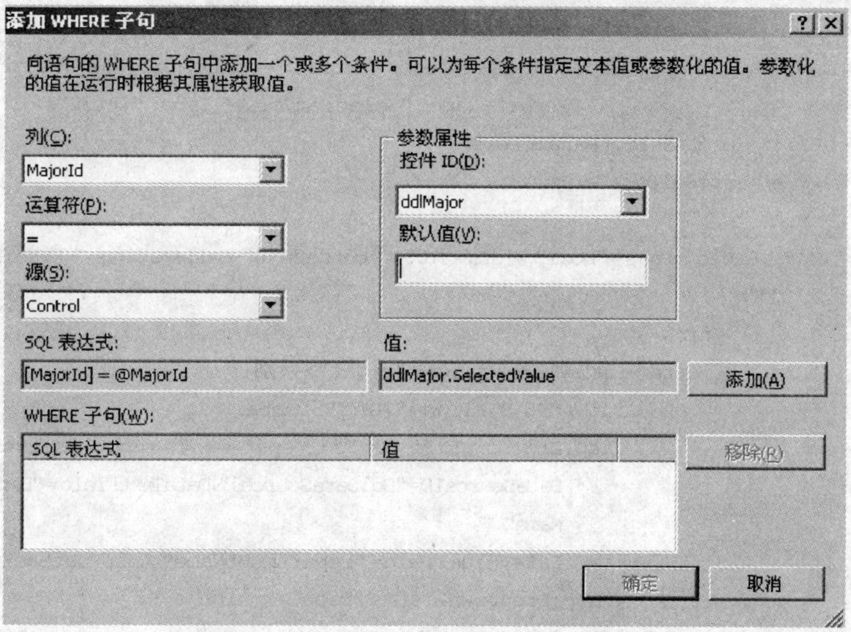

图 10-11　添加 WHERE 子句对话框

择系别后，不会自动加载专业信息。

至此，完成了各个控件的配置，可以直接运行程序，看一下效果，如图 10-12 所示。

图 10-12　运行效果

完整的注册页面（RegV3. ASPX）相关代码如下所示：

```
<asp:SqlDataSource ID="SqlDataSource1" runat="server"
              ConnectionString="<%$ConnectionStrings:ConnectionString%>"
              SelectCommand="SELECT *FROM [Department]"></asp:SqlDataSource>
          <asp:SqlDataSource ID="SqlDataSource2" runat="server"
              ConnectionString="<%$ConnectionStrings:ConnectionString%>"
              SelectCommand="SELECT[MajorId],[MajorName],[DepartmentName]FROM [Ma-
              jor]WHERE([DepartmentName]=@DepartmentName)">
              <SelectParameters>
                  <asp:ControlParameter ControlID="ddlDepartment" Name="Depart-
                  mentName"
                      PropertyName="SelectedValue" Type="String"/>
              </SelectParameters>
          </asp:SqlDataSource>
          <asp:SqlDataSource ID="SqlDataSource3" runat="server"
              ConnectionString="<%$ConnectionStrings:ConnectionString%>"
              SelectCommand="SELECT[classCode],[MajorId]FROM[StudentClass]WHERE([Ma-
              jorId]=@MajorId)">
```

```
            <SelectParameters>
                <asp:ControlParameter ControlID="ddlMajor" Name="MajorId"
                    PropertyName="SelectedValue" Type="Int32"/>
            </SelectParameters>
        </asp:SqlDataSource>

        <table class="box1" width="100%" border="0" cellspacing="0" cellpadding=
"0">
            <tr>
                <td width="21%" align="right">系别:</td>
                <td width="48%" align="left"><label>
                    <asp:DropDownList ID="ddlDepartment" runat="server"
                        DataSourceID="SqlDataSource1" DataTextField="Department-
                        Name"
                        DataValueField="DepartmentName" AutoPostBack="true">
                    </asp:DropDownList></label></td>
                <td width="31%"></td>
            </tr>
            <tr>
                <td align="right">专业:</td>
                <td align="left">
                    <asp:DropDownList ID="ddlMajor" runat="server" DataSourceID="Sq
                    lDataSource2"
                        DataTextField="MajorName" DataValueField="MajorId"
                        AutoPostBack="true">
                    </asp:DropDownList></td>
                <td> </td>
            </tr>
            <tr>
                <td align="right">班级:</td>
                <td align="left">
                    <asp:ListBox ID="lbClass" runat="server" Width="126px"
                        DataSourceID="SqlDataSource3" DataTextField="classCode"
                        DataValueField="classCode">
                    </asp:ListBox></td>
                <td> </td>
            </tr>
            <tr>
                <td colspan="2" align="center"><label>
                     
                </label></td>
                <td> </td>
```

```
            </tr>
        </table>
```

备注：

添加 SqlDataSource 控件的代码必须和系列、专业和班级控件位于同一个 WizardStep 步骤内，否则，SqlDataSource 控件找不到系列、专业控件。此外，上述代码中去除了系列、专业和班级原有的列表项。

<%$ConnectionStrings：ConnectionString%> 表示对 Web.config 文件中 ConnectionStrings 节 ConnectionString 的引用。

10.3　GridView 控件

GridView 控件是 ASP .NET 2.0 引入的一个新控件，是 ASP .NET 1.x 版本中 DataGrid 控件的升级版本。GridView 是功能最多、最复杂、应用最广泛的 ASP .NET 控件之一。它可以用来显示、选择、排序、分页和编辑数据库记录。

10.3.1　显示数据

GridView 控件将数据项呈现在一个 HTML 表格中，每个数据项呈现为一个独立的 HTML 行。GridView 控件支持声明式数据绑定和编程式数据绑定。通过设置 GridView 控件的 DataSourceId 属性，将数据源控件关联到该 GridView 控件。如果使用编程式数据绑定方式，需要设置 GridView 控件的 DataSource 属性，并调用 DataBind 方法。

如果 AutoGenerateColumns 属性为 true（默认为 true），GridView 控件可以根据数据源的内容自动生成绑定字段，如果字段类型为布尔类型，它将在页面上为其呈现一个复选框，其他类型的字段内容将直接呈现在页面上。

【例 10-2】　使用编程式数据绑定方式，利用 GridView 控件展示“管理会员页面”(adminUsers.aspx) 中的用户列表。

用户输入搜索内容，并选择按学号或名称搜索，单击搜索按钮，将搜索结果展示在 GridView 控件中。

具体步骤如下。

(1) 打开校园音乐吧网站，在解决方案资源管理器中双击 adminUsers.aspx 页面，切换到设计视图。选择用户列表所在的表格，如图 10-13 所示，将其删除。

(2) 在【工具箱】中拖放一个 GridView 控件到该位置，并重命名为“gvStudent”。

(3) 切换到 adminUsers.aspx 页面的后置代码文件 adminUsers.aspx.cs，定义一个名为 BindStudent 的方法，通过 Student 对象的 GetUsers 方法获取所有学生列表，并将其绑定到 gvStudent 控件上。代码如下：

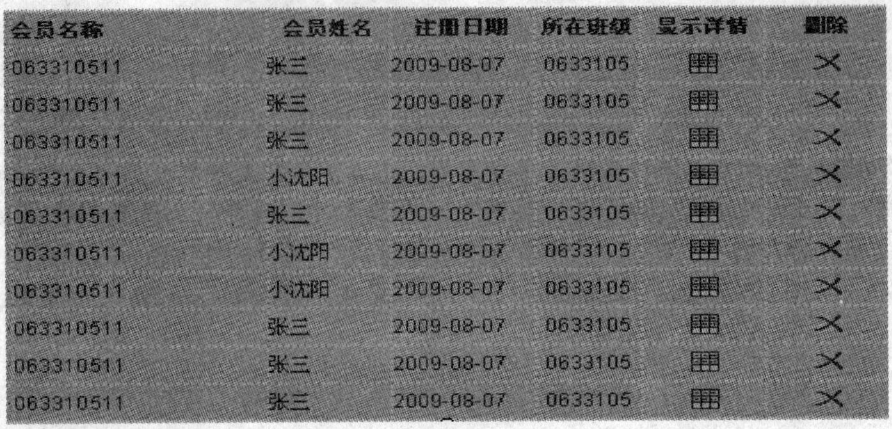

会员名称	会员姓名	注册日期	所在班级	显示详情	删除
063310511	张三	2009-08-07	0633105		×
063310511	张三	2009-08-07	0633105		×
063310511	张三	2009-08-07	0633105		×
063310511	小沈阳	2009-08-07	0633105		×
063310511	张三	2009-08-07	0633105		×
063310511	小沈阳	2009-08-07	0633105		×
063310511	小沈阳	2009-08-07	0633105		×
063310511	张三	2009-08-07	0633105		×
063310511	张三	2009-08-07	0633105		×
063310511	张三	2009-08-07	0633105		×

图 10-13 用户列表表格

```
//获取学生列表并绑定到 gvStudent 控件
protected void BindStudent()
{
        string str=txtUser.Text;//搜索内容
        int type=rblType.SelectedIndex;//搜索类型
        DataSet ds=null;
        if(type==0)
        {
            ds=Admin.SearchUsersByStuNo(str);
        }
        else
        {
            ds=Admin.SearchUsersByStuName(str);
        }
        gvStudent.DataSource=ds;
        gvStudent.DataBind();
}
```

提示：

用于 SearchUsersByStuNo 方法和 SearchUsersByStuName 方法使用了模糊搜索，当用户没有输入任何内容时，将返回所有的用户列表。又因为这两个方法为静态方法，因此是通过类名 Admin 直接调用的，不需要实例化 Admin 类。

（4）当页面第一次加载时，调用 BindStudent 方法，将学生列表绑定到 gvStudent 控件。代码如下：

```
protected void Page_Load(object sender,EventArgs e)
{
    if(!IsPostBack)
```

```
        {
            BindStudent();
        }
    }
```

(5) 保存该页面，并运行，结果如图 10 - 14 所示。

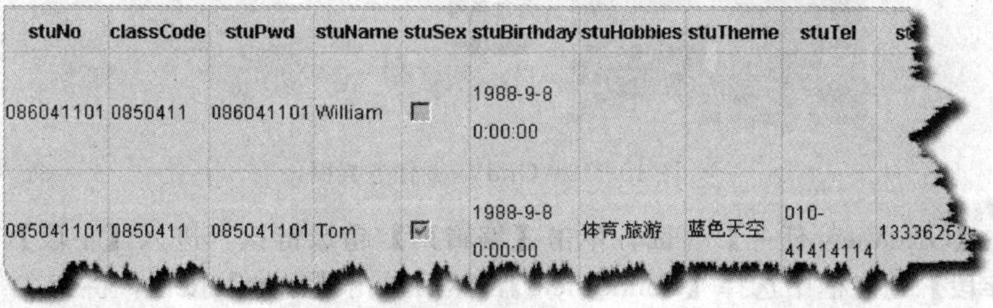

图 10 - 14　GridView 版学生列表运行效果

gvStudent 控件的相关页面代码如下：

```
<asp:GridView ID="gvStudent"runat="server">
</asp:GridView>
```

由此可见，使用 GridView 控件展现数据非常容易。但是，使用 GridView 自动生成的列通常不能满足用户的需要，比如在图 10 - 14 中，表格标题默认是字段的名称，这使得整个页面看起来很不专业。GridView 允许用户自己定义字段，优化显示效果。

通过将 AutoGenerateColumns 属性设置为 false 即可关闭自动生成列功能。

GridView 控件支持多种类型的字段，功能描述如下。

- BoundField——将数据项展现为文本。
- CheckBoxField——将数据项展现为复选框。
- CommonField——使用超级链接形式支持编辑、删除或选中行。
- ButtonField——将数据项显示为按钮（可以为 image 按钮、link 按钮或 push 按钮）。
- HyperLinkField——将数据项显示为超级链接。
- ImageField——将数据项显示为图片。
- TemplateField——用于自定义数据项的展示。

【例 10 - 3】 使用自定义字段定制 GridView 控件，显示学生信息。

在［例 10 - 2］的基础上，关闭自动生成列功能。将 stuNo 列设置为超级链接列（HyperLinkField），标题为“学号”，当单击该列的每行数据时，将当前学生的学号作为参数链接到“showUserDetailInfo.aspx”。将 stuName、classCode 和 stuBirthday 列设置为绑定列（BoundField），标题分别为“姓名”、“班级”和“出生日期”。将 stuSex 字段设置为复选框列（CheckBoxField），标题显示为“性别”。暂时忽略其他列。

GridView 等数据绑定控件允许直接修改代码或通过提供的向导完成上述功能，如果是初学者，建议通过其提供的向导完成。具体实现步骤如下。

(1) 在［例 10-2］的基础上，打开 adminUsers 页面，并切换到设计视图，选中 gvStudent 控件，单击其右上角的 图标，进入【GridView 任务】界面，如图 10-15 所示。

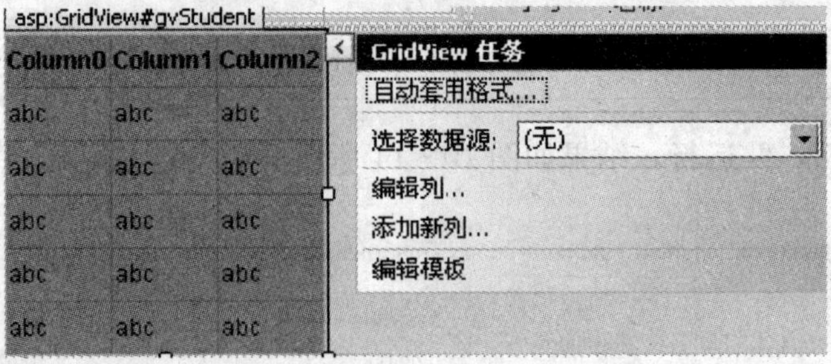

图 10-15 GridView 任务界面

(2) 在【GridView 任务】界面，单击【编辑列】超级链接，进入【字段】编辑界面。在【可用字段】列表框中选择【BoundField】，然后单击【添加】按钮，将会在【选定的字段】列表框中添加一项。如图 10-16 所示。

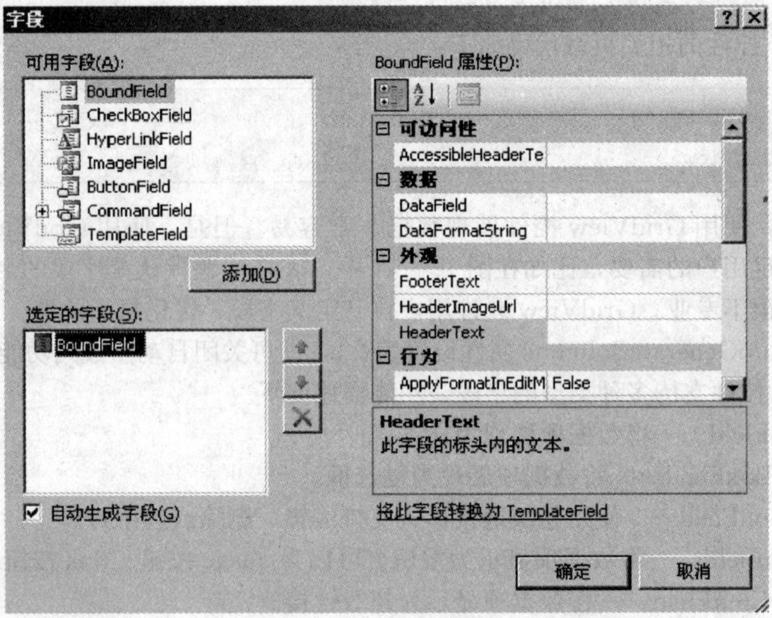

图 10-16 字段编辑界面

在显示状态下，一个 BondField 字段总是直接把数据项作为文本显示。而在编辑状态下，BoundField 字段就将数据项显示为一个单行的文本框。BoundField 有三个非常重要的属性。DataField 属性，如果数据源是 DataSet、DataView 或 DataTable 对象，DataField 属性就是表中某个字段的字段名称（不区分大小写），如果数据源是一个对象的集合，DataField 属性就是其中对象的某个属性名（区分大小写）。DataFormatString 属性是用来格式数据的，比如，{0：c} 可以将数据格式化为货币格式，{0：yyyy-MM-dd} 会将数据格式为“年-月-日”的日期格式。HeaderText 属性用来设置该列的标题文本显示，可以是任意的字符串。

以同样方法再增加两个 BoundField 列，并在【BoundField 属性】列表框中设置其属性，3 个 BoundField 列的属性设置如表 10－1 所示。

表 10－1 3 个 BoundField 字段的主要属性值列表

HeaderText	DataField	DataFormatString
姓　名	stuName	
班　级	classCode	
出生日期	stuBirthday	{0：yyyy－MM－dd}

(3) 在【字段】界面，在【可用字段】列表框中选择【HyperLinkField】，然后单击【添加】按钮，添加一个超级链接字段。HyperLinkField 字段的各个属性设置及说明，如表 10－2 所示。

表 10－2 HyperLinkField 字段的主要属性值列表

字段属性	本例中设置的值	描　述
HeaderText	学号	超级链接列表标题文本
Text		如果没有设置 DataTextField 属性值，各行都显示该属性设置的文本
Target	_self	打开超级链接的目标窗口或框架，可以为_blank、_parent、_self、_top，也可以直接指定框架的名称
DataTextField	stuNo	用来显示超级链接文本的数据源列名
DataTextFormateString		DataTextField 值的格式化字符串
DataNavigateUrlFields	stuNo	DataNavigateUrlFormatString 中要使用的列名称
DataNavigateUrlFormatString	showUserDetailInfo.aspx? sn={0}	将 stuNo 字段值设为 sn 参数的值，传给指定的页面

(4) 在【字段】界面，在【可用字段】列表框中选择【CheckBoxField】，然后单击【添加】按钮，添加一个复选框字段。并将其 HeaderText 属性设置为【性别】，DataField 属性设置要绑定的数据源列的名称【stuSex】。

(5) 在【字段】界面中，选择【选定的字段】列表框中【学号】项，多次单击⬆按钮，将其顺序调整到最上端。同样，通过⬆或⬇按钮将【性别】项调整到【姓名】项的下边。如图 10－17 所示。

上述步骤完成后，gvStudent 控件完整的代码如下，运行效果如图 10－18 所示。

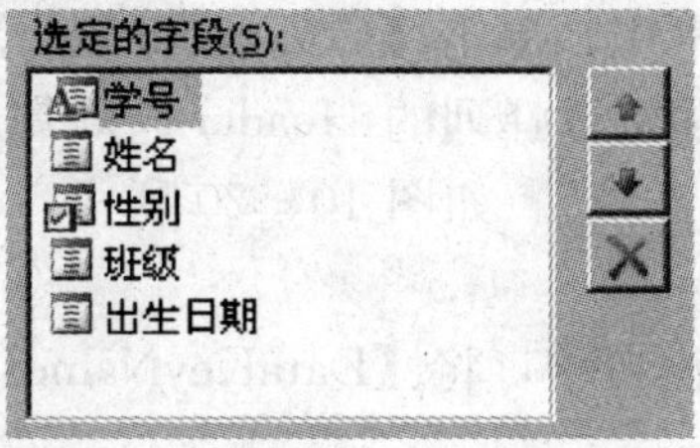

图 10－17 调整字段显示顺序

图 10－18 学生列表显示效果

```
<asp:GridView ID="gvStudent" runat="server" AutoGenerateColumns="false">
    <Columns>
        <asp:HyperLinkField DataNavigateUrlFields="stuno"
            DataNavigateUrlFormatString="showUserDetailInfo.aspx?sn={0}"
            DataTextField="stuno" HeaderText="学号" Target="_self" Text="xxx"/>
        <asp:BoundField DataField="stuName" HeaderText="姓名"/>
        <asp:CheckBoxField DataField="stuSex" HeaderText="性别"/>
        <asp:BoundField DataField="classcode" HeaderText="班级"/>
        <asp:BoundField DataField="stuBirthday"
            HeaderText="出生日期" DataFormatString="{0:yyyy-MM-dd}"/>
    </Columns>
</asp:GridView>
```

10.3.2 选择数据

GridView控件允许用户选择其中的一行数据，通常使用该功能创建一个主从结构表。比如，在[例10-3]中显示的学生列表信息非常简单，只包括了学号、姓名、性别、班级和出生日期信息，除此之外，还有许多信息没有显示出来，[例10-3]使用了超级链接列的方式，将用户导航到另外一个单独页面显示用户的详细信息。这样用户需要在不同的页面之间进行切换，非常不方便。可以使用GridView控件的选择数据功能，在本页上显示学生的详细信息。

为了标识一行数据，在数据源中有主键的概念，为了实现选择数据功能以及在GridView控件中编辑、删除或修改数据，需要设置GridView控件的DataKeyNames属性。DataKeyNames属性在GridView控件中为每行关联一个值，可以直接指定一个数据列的名称或者使用逗号隔开的列名列表作为属性值。通常情况下，将数据源的主键列名赋值给DataKeyNames属性。

【例10-4】 在[例10-3]的基础上添加一个选择列，当单击某一行上的【选择】链接时，在该列表的右边显示学生的详细信息。

实现步骤如下。

(1) 在[例10-3]的基础上，打开adminUsers页面，并切换到设计视图，在学生列表的右边，添加一个名为【lblDetail】的Label控件。如图10-19所示。

(2) 单击【gvStudent】控件，在【GridView任务】对话框中，选择【编辑列】超链接，在弹出的【字段】对话框中的【可用字段】列表框中，单击【CommandField】|【选择】项，然后单击【添加】按钮，就添加了一个选择列，并将选择列的HeaderText属性修改为“显示学生详情”，将SelectText的属性修改为“学生详情”。如图10-20所示。单击【确定】按钮，返回设计视图。

(3) 选择【gvStudent】控件，在出现的【属性】窗口中，将【DataKeyNames】属性值修改为“stuNo”。

(4) 选择【gvStudent】控件，单击【属性】窗口上方的事件图标，找到SelectedIndex-

Changed 事件，在后面的空白处双击鼠标左键，将在页面后置代码文件【adminUsers. aspx. cs】中自动添加 gvStudent_SelectedIndexChanged 事件处理方法。

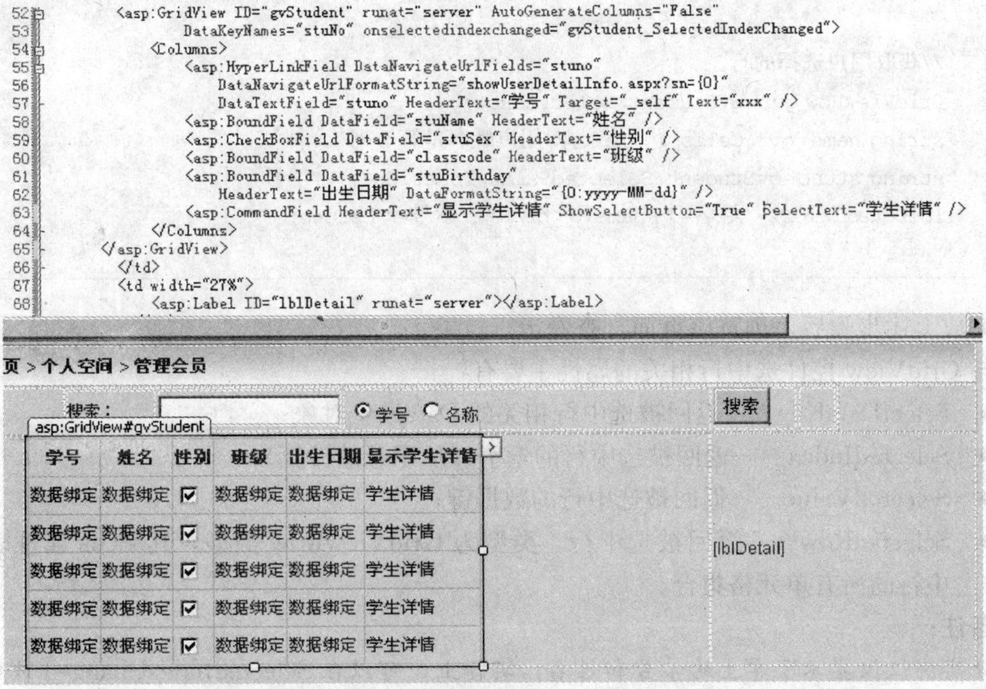

图 10-19　添加选择列后的页面设计视图

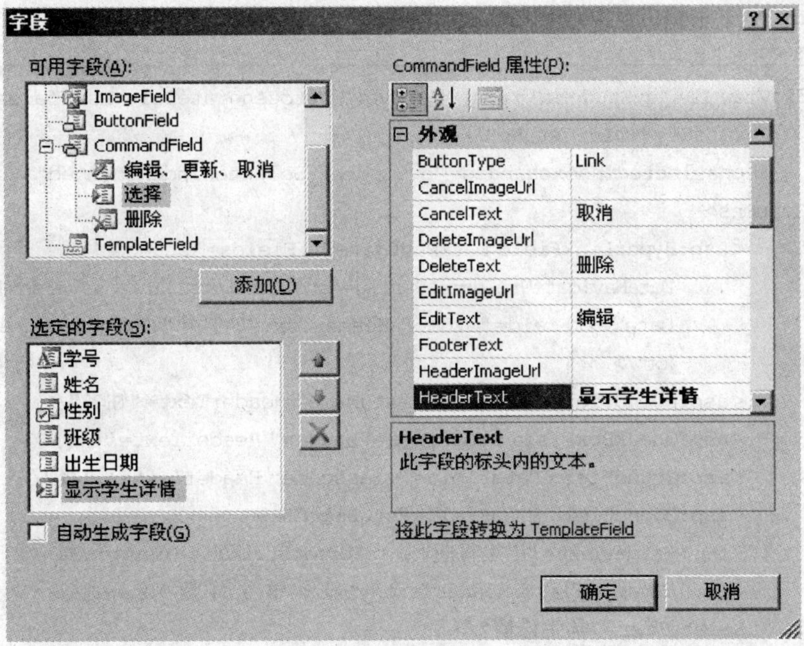

图 10-20　添加选择列

(5) 编写 gvStudent_SelectedIndexChanged 事件代码。详细代码如下：

```
protected void gvStudent_SelectedIndexChanged(object sender,EventArgs e)
{
    //获取用户选择的行。
    GridViewRow gvr=gvStudent.SelectedRow;
    string name=gvr.Cells[1].Text;//用户姓名是第 2 列
    string stuno=gvStudent.SelectedValue.ToString();//学号
    lblDetail.Text="姓名="+name+"<br/>"+"学号="+stuno;
}
```

完成上述步骤后，浏览该页面，查看运行效果。

与 GridView 控件选中行相关的属性主要有：

- SelectDataKey——返回被选中行相关的 DataKey 对象；
- SelectedIndex——返回被选中行的索引（从零开始计算）；
- SelectedValue——返回被选中行的数据键；
- SelectedRow——返回被选中行。类型为 GridViewRow 类型，其 Cells 属性表示选中行的所有单元格集合。

备注：

此实例仅仅显示了学生的学号和姓名，实际上，可以在 SelectedIndexChanged 做更多的操作，比如通过 Stuent 对象的 GetModel 方法获取选中学生的详细信息，然后显示在页面上，后面章节将使用控件完成信息的展示。

gvStudent 控件完整的代码如下：

```
<asp:GridView ID="gvStudent" runat="server" AutoGenerateColumns="false"
        DataKeyNames="stuNo"
        onselectedindexchanged="gvStudent_SelectedIndexChanged">
    <Columns>
        <asp:HyperLinkField DataNavigateUrlFields="stuno"
            DataNavigateUrlFormatString="showUserDetailInfo.aspx?sn={0}"
            DataTextField="stuno" HeaderText="学号" Target="_self" Text="x
            xx"/>
        <asp:BoundField DataField="stuName" HeaderText="姓名"/>
        <asp:CheckBoxField DataField="stuSex" HeaderText="性别"/>
        <asp:BoundField DataField="classcode" HeaderText="班级"/>
        <asp:BoundField DataField="stuBirthday"
            HeaderText="出生日期" DataFormatString="{0:yyyy-MM-dd}"/>
        <asp:CommandField HeaderText="显示学生详情" ShowSelectButton="true"
        SelectText="学生详情"/>
    </Columns>
</asp:GridView>
```

10.3.3 数据分页

如果要显示的数据量比较大，把这些数据分在不同的页面显示是比较有效的方法。将 GridView 控件的 AllowPaging 属性设置为真就可以启用分页功能。此外，还需要设置 PageSize 属性，指定每页显示记录的条数。PageIndex 属性表示当前选中页的索引（从零开始）。PagerSettings 属性用来设置分页界面的外观。PagerSettings 类主要有以下几个属性。

- FirstPageImageUrl——第一页按钮显示的图像 URL。
- FirstPageText——第一页按钮显示的文字。
- LastPageImageUrl——最后一页按钮显示的图像 URL。
- LastPageText——最后一页按钮显示的文字。
- Mode——分页显示模式，值可以为 NextPrevious、NextPreviousFirstLast、Numeric、NumericFirstLast。
- NextPageImageUrl——下一页按钮显示的图像 URL。
- NextPageText——下一页按钮显示的文字。
- PageButtonCount——页按钮的数量。
- Position——分页界面的显示位置，可以是 Bottom、Top 和 TopAndBottom。
- PreviousPageImageUrl——上一页按钮显示的图像 URL。
- PreviousPageText——上一页按钮显示的文字。
- Visible——是否显示分页界面。

FirstPageImageUrl、FirstPageText、LastPageImageUrl、LastPageText、NextPageImageUrl、NextPageText、PreviousPageImageUrl、PreviousPageText 属性只有分页显示模式 Mode 设置为 NextPreviousFirstLast 才有效。如果设置了 xxxImageUrl 属性，分页按钮将会忽略与之对应的 xxxText 属性并显示该图片，否则显示 xxxText 属性的值。

当 Mode 属性设置为 NextPrevious 时，仅显示 NextPageImageUrl、NextPageText、PreviousPageImageUrl、PreviousPageText 属性值。

当 Mode 属性设置为 Numeric、NumericFirstLast 时，页面上将显示页码相关信息，页按钮的数量由 PageButtonCount 属性值决定。

采用此分页方式，所有的数据都需要预先读入内存然后进行分页。例如，如果需要对包含 500 万条记录的数据表进行分页，即使每页只显示 10 条数据，仍然需要将这 500 万条记录读入内存，这就大大降低了系统的性能。所以在数据量比较大的时候，不应该使用此分页方式，而应该仅将该页需要的数据加载到内存就可以了。

如果 GridView 控件绑定到数据源控件时，只需要设置 AllowPaging 属性和 PageSize 属性就可以正确地分页了。如果采用编程式绑定数据源的方式，还需要响应 PageIndexChanging 事件。

【例 10-5】 在［例 10-4］的基础上为 gvStudent 控件增加自定义分页功能。

实现步骤如下。

(1) 在［例 10-4］的基础上，打开 adminUsers.aspx 页面，并切换到设计视图，选择 gvStudent 控件，然后在【属性】窗口中设置 AllowPaging 属性为【true】、PageSize 属性为【10】。

(2) 设置分页界面。选择 gvStudent 控件，然后在【属性】窗口中展开【PagerSettings】属性。将 FirstPageText 属性设置为【第一页】，LastPageText 属性设置为【最后一页】，Mode 属性值选择【NextPreviouseFirstLast】，Position 属性值选择【Bottom】。

(3) 编写 PageIndexChanging 事件处理代码。选择 gvStudent 控件后，在属性窗口中单击【事件】按钮，然后选择【PageIndexChanging】事件，并在其后面的空白处双击，系统会自动添加 PageIndexChanging 事件处理代码框架。PageIndexChanging 事件有一个为 GridViewPageEventArgs 类型的参数，该参数的 NewPageIndex 属性保存了用户当前选择页的页码。需要将当前选择页的页码手动赋值给 GridView 控件的 PageIndex 属性，最后重新绑定数据源。

(4) 保存 adminUsers.aspx 文件并运行。效果如图 10－21 所示。

图 10－21 GridView 分页显示效果

PageIndexChanging 事件完整的代码如下：

```
protected void gvStudent_PageIndexChanging(object sender,GridViewPageEventArgs e)
{
    gvStudent.PageIndex=e.NewPageIndex;
    BindStudent();
}
```

10.3.4 编辑数据

GridView 控件除了显示数据外，还支持编辑数据。GridView 在编辑模式下，每一行都显示一个“编辑”按钮，当用户单击该按钮时，当前行的每个单元格中的数据都会显示在一个可编辑控件（如 TextBox 控件、CheckBox 控件或者用户自己定义的其他 DropDownList 控件等）内。此时“编辑”按钮变为“更新”和“取消”按钮。用户可以修改单元格中的内容，修改完毕后，单击“更新”按钮，保存修改内容，或单击“取消”按钮，放弃修改的内容。

当 GridView 控件绑定到一个数据源控件时，如 SqlDataSource 控件，只需要将 AutoGenerateEditButton 属性设置为 true 即可启用编辑功能，将 AutoGenerateDeleteButton 属性设置为 true 可以启用删除功能，不需要用户编写代码，但需要配置好数据源控件。

此外，GridView 控件还支持通过编程的方式添加编辑和删除功能。此时需要手动添加编辑和删除列，并且需要编写代码响应 RowDeleting、RowUpdating、RowEditing 等事件。

【例 10－6】 在［例 10－5］的基础上，通过编程方式为 gvStudent 控件增加编辑和删除功能。

实现步骤如下。

(1) 在［例 10－5］的基础上，打开 adminUsers.aspx 页面，并切换到设计视图，选择 gvStudent 控件，然后在【属性】窗口中确认【DataKeyNames】属性值为【stuNo】。

(2) 选择 gvStudent 控件，在【GridView 任务】窗口，单击【编辑列】超链接，在弹出的【字段】对话框中【可用字段】列表框中选择【CommandField】|【编辑、更新、取消】项，然后单击【添加】按钮，在【CommandField】属性中，将【HeaderText】属性修改为【编辑】。使用同样的方法添加【删除】列，并将【HeaderText】属性修改为【删除】，如图 10－22 所示。单击【确定】按钮，返回页面的设计视图。

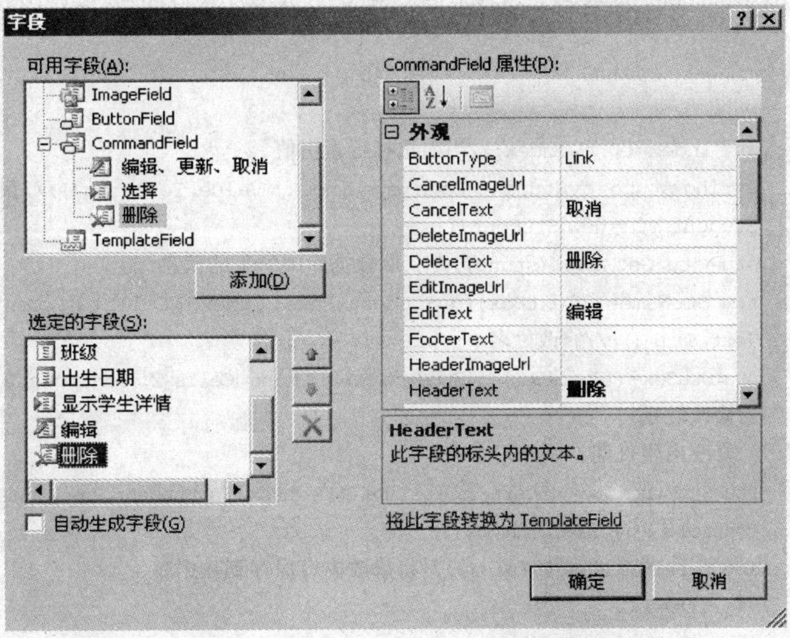

图 10－22 为 GridView 添加删除列

(3) 响应编辑事件。在设计视图中，选择 gvStudent 控件，单击【属性】窗口上部的【事件】按钮，进入到【事件】窗口。双击 RowEditing 事件右面的空白处，切换到编辑 adminUsers. aspx. cs 页面后置代码文件中的 gvStudent_RowEditing 方法处。首先，通过将 GridView 控件的 EditIndex 属性设置为当前行索引，使得当前行处于编辑状态。其次，调用 BindStudent 方法重新绑定数据源。

编辑事件的代码如下：

```
protected void gvStudent_RowEditing(object sender,GridViewEditEventArgs e)
{
    gvStudent.EditIndex=e.NewEditIndex;//使当前行处于可编辑状态
    BindStudent();//重新绑定数据源
}
```

(4) 响应更新事件。和步骤(3)类似，在【事件】窗口中，双击 RowUpdating 事件后面的空白处，切换到编辑 adminUsers. aspx. cs 页面后置代码文件中的 gvStudent_RowUpdating 方法处。首先，通过 GridViewUpdateEventArgs 参数 RowIndex 属性获取当前编辑行的索引值；然后，从 gvStudent 的 DataKeys 属性中获取当前行的主键，即学号；接着通过 gvStudent 控件的 Rows 属性获取修改后姓名、性别和出生日期字段的新值；最后通过 Student 类的 ModifyInfo 方法，将数据更新到数据库中，并取消编辑状态，重新绑定数据。

更新事件的代码如下：

```
protected void gvStudent_RowUpdating(object sender,GridViewUpdateEventArgs e)
    {
        try
        {
            int index=e.RowIndex;//当前选择行索引值
            string stuno=gvStudent.DataKeys[index].Value.ToString();//获取主键学号
            Student stu=new Student();
            stu=stu.GetModel(stuno);//获取数据库中学生的信息
            stu.StuName=((TextBox)(gvStudent.Rows[index].Cells[1].Controls[0])).
            Text.Trim();//修改姓名
            stu.StuSex=((CheckBox)(gvStudent.Rows[index].Cells[2].Controls[0])).Checked;
            //修改性别
            //修改出生日期
            stu.StuBirthday=Convert.ToDateTime(((TextBox)(gvStudent.Rows[index].Cells[4].
            Controls[0])).Text.Trim());
            int ret=stu.ModifyInfo();//将修改内容保存到数据库
            if(ret==1)
            {
                //更新成功
            }
            else
            {
                //更新失败
            }
            gvStudent.EditIndex=-1;//取消编辑模式
            BindStudent();//重新绑定数据源
        }
        catch(Exception ex)
        {
            ScriptManager.RegisterStartupScript(this,GetType(),"msg","alert('更新
            失败,请检查输入的数据格式是否正确!');",true);
        }
    }
```

(5) 响应取消事件。和步骤(4)类似，在【事件】窗口中，双击 RowCancelingEdit 事件后面的空白处，切换到编辑 adminUsers.aspx.cs 页面后置代码文件中的 gvStudent_RowCancelingEdit 方法处。通过将 GridView 控件的 EditIndex 赋值为-1，然后重新绑定数据，

就可以取消编辑模式。

取消事件的代码如下：

```
protected void gvStudent_RowCancelingEdit(object sender,GridViewCancelEditEven-
tArgs e)
{
    gvStudent.EditIndex=-1;//取消编辑模式
    BindStudent(); //重新绑定数据源
}
```

(6) 响应删除事件。和步骤(5)类似，在【事件】窗口中，双击 RowDeletting 事件后面的空白处，切换到编辑 adminUsers. aspx. cs 页面后置代码文件中的 gvStudent_RowDeletting 方法处。首先，获取当前删除行的主键，即学号，然后调用 Student 对象的 Del 方法，将学生信息从数据库中删除，最后，重新绑定数据。

删除事件的代码如下：

```
protected void gvStudent_RowDeleting(object sender,GridViewDeleteEventArgs e)
    {
        int index=e.RowIndex;//当前选择行索引值
        string stuno=gvStudent.DataKeys[index].Value.ToString();//获取主键学号
        Student stu=new Student();
        stu.StuNo=stuno;
        stu.Del();//从数据库中删除数据
        BindStudent();//重新绑定数据源
    }
```

备注：

GridView 控件的编辑、更新、删除、取消等事件都需要重新绑定数据，这也是为何一开始就将数据绑定功能抽象为一个方法的原因。

此外，如果不希望用户编辑 GridView 控件中的某一列，可以将该列的 ReadOnly 属性设置为 true，比如，不允许用户随便修改学生班级信息。

由于数据库中学生信息表和其他表有外键关系，因此，如果要删除学生信息表中的记录，就应该先删除和它关联的其他表中的记录信息，如音乐表。否则，会出现异常，直接运行本例，测试删除功能，就可以看到异常界面。

完整 gvStudent 控件的 HTML 代码如下：

```
<asp:GridView ID="gvStudent" runat="server" AutoGenerateColumns="false"
            DataKeyNames="stuNo"
            onselectedindexchanged="gvStudent_SelectedIndexChanged" AllowPaging="true"
            onpageindexchanging="gvStudent_PageIndexChanging" PageSize="1"
            onrowcancelingedit="gvStudent_RowCancelingEdit"
```

```
            onrowdeleting="gvStudent_RowDeleting" onrowediting="gvStudent_
            RowEditing"
            onrowupdating="gvStudent_RowUpdating">
        <PagerSettings FirstPageText="第一页" LastPageText="最后一页"
            Mode="NextPreviousFirstLast"/>
        <Columns>
            <asp:HyperLinkField DataNavigateUrlFields="stuno"
                DataNavigateUrlFormatString="showUserDetailInfo.aspx?sn={0}"
                DataTextField="stuno" HeaderText="学号" Target="_self"/>
            <asp:BoundField DataField="stuName" HeaderText="姓名"/>
            <asp:CheckBoxField DataField="stuSex" HeaderText="性别"/>
            <asp:BoundField DataField="classcode" HeaderText="班级" ReadOnly=
            "true"/>
            <asp:BoundField DataField="stuBirthday"
                HeaderText="出生日期" DataFormatString="{0:yyyy-MM-dd}"/>
            <asp:CommandField HeaderText="显示学生详情" ShowSelectButton="true"
            SelectText="学生详情"/>
            <asp:CommandField HeaderText="编辑" ShowEditButton="true"/>
            <asp:CommandField HeaderText="删除" ShowDeleteButton="true"/>
        </Columns>
    </asp:GridView>
```

10.4 Repeater 控件

Repeater 控件是一个容器控件，用于创建自定义列表。Repeater 控件不具备内置的呈现功能，因此，必须通过创建模板为 Repeater 控件提供布局、格式设置和样式标记。当包含 Repeater 控件的页面运行时，Repeater 控件依次为数据源中的每个记录呈现一个项。

要使用 Repeater 控件，至少要提供一个项模板（ItemTemplate），其他模板可以根据情况添加。Repeater 控件的模板如表 10-3 所示。

表 10-3 Repeater 模板

模　板	说　明
ItemTemplate	此模板为必选模板。包含要为数据源中每个数据项都要呈现一次的 HTML 元素和控件。
AlternatingItemTemplate	使用此模板为交替项创建不同的外观，例如指定一种与 ItemTemplate 不同颜色的背景色。

续表

模　板	说　明
SeparatorTemplate	包含在每项之间呈现的元素。例如可能是一条直线（使用 <hr/> 元素）。
HeaderTemplate	列表的开始处呈现的文本和控件。仅呈现一次。
FooterTemplate	列表的结束处呈现的文本和控件。仅呈现一次。

【例 10-7】 利用 Repeater 控件实现首页音乐排行列表。实现效果如图 10-23 所示。

由图 10-23 可知，排行榜部分可以认为是一个表格。如果使用 Repeater 控件实现，需要在 HeaderTemplate 模板中添加表头部分 <table> 和 <thead>，用 ItemTemplate 模板表示其中的一行 <tr>，中间分割线效果可以通过在 SeperatorTemplate 模板中添加 <hr /> 标记使用实现，最后，在 FooterTemplate 模板中添加结束标记 </table>。如果要实现隔行不同显示效果，还需要设置 AlternatingItemTemplate 模板。

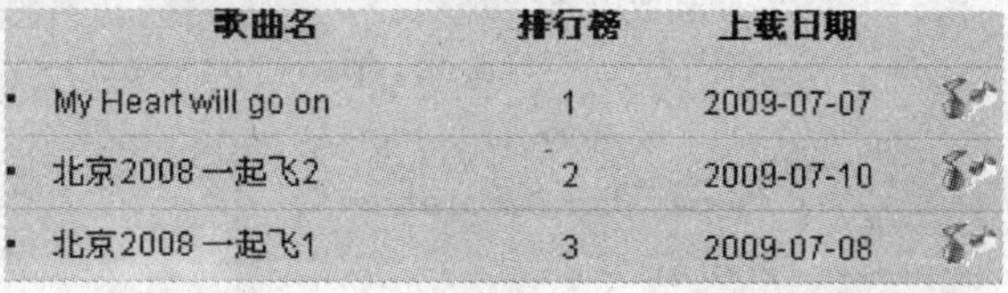

图 10-23　首页音乐排行榜列表

实现步骤如下。

(1) 打开校园音乐吧网站，然后在解决方案资源管理器中打开 index. aspx 文件，切换到【设计】视图。

(2) 删除图 10-23 所在部分程序代码，并从【工具箱】中拖放一个 Repeater 控件放于该处。并更名为 repeaterHotMusic。

(3) 切换到 index. aspx 文件的源视图，修改 Repeater 控件代码如下。

```
<asp:Repeater ID="repeaterHotMusic" runat="server">
      <HeaderTemplate>
        <table cellpadding="0" cellspacing="0" border="0" width="100%">
            <thead align="center">
              <td></td>                    <td><b>歌曲名</b></td>
              <td><b>排行榜</b></td>
              <td><b>上载日期</b></td>
              <td></td>
            </thead>
        </HeaderTemplate>
        <ItemTemplate>
            <tr>                    <td>•</td>
                <td><%#Eval("musicName")%></td>
                <td><%#RowIndex++%></td>
                <td><%#Eval("addDate","{0:yyyy-MM-dd}")%></td>
                <td>
                    <a href='playMusic.aspx?id=<%#Eval("musicId")%>' target="_blank">
```

```
<img src="Images/listen.gif" alt="Listen" width="20" height="20" border="0" longdesc=
"#"/>
                    </a>
                  </td>
                </tr>
        </ItemTemplate>
        <SeparatorTemplate>
                <tr>
                    <td colspan="5"><hr/></td>
                </tr>
        </SeparatorTemplate>
        <FooterTemplate>
                </table>
          </FooterTemplate>
</asp:Repeater>
```

(4) 切换到首页的后置代码文件 index.aspx 中，在类 index 中添加一个类型为 int 型的实例变量 RowIndex，表示排行榜的序号。代码如下：

```
public int RowIndex=1;
```

(5) 在类 index 中定义一个 LoadHotMusic 方法，用于从数据库中获取音乐信息，并绑定到 repeaterHotMusic 控件。

```
protected void LoadHotMusic()
{
    Music m=new Music();
    DataSet ds=m.GetHotMusics(10);
    repeaterHotMusic.DataSource=ds;
    repeaterHotMusic.DataBind();
}
```

(6) 在 index 类的 Page_Load 事件代码中，调用 LoadHotMusic 方法。

```
protected void Page_Load(object sender,EventArgs e)
{
    if(!IsPostBack)
    {
        //……此处省略掉以前例子中的代码。
        LoadHotMusic();
    }
}
```

(7) 保存并运行该页面，效果如图 10-24 所示。

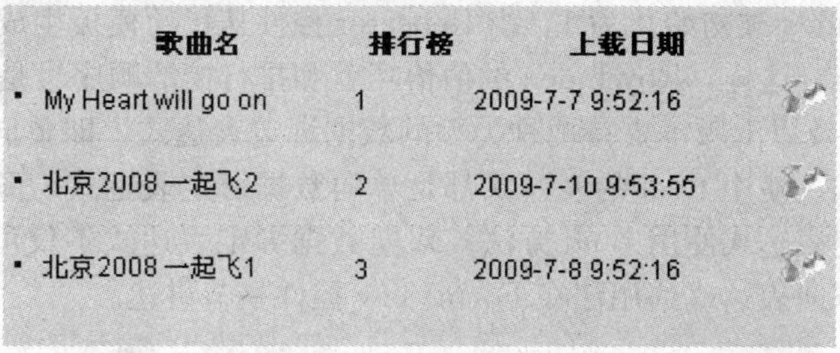

图 10-24　使用 Repeater 控件显示音乐排行榜列表效果

由于整个页面使用了一个通用的 CSS 样式，将 ＜hr /＞ 标记格式化为一条虚线。如果要显示为一条实线，可以使用一个实线图片进行替换。

上述代码中出现了几个新的知识点，现做一下介绍。

在声明式数据绑定（declaration databinding）模式下，数据绑定控件从数据源控件获取数据项，ASP .NET Framework 会处理所有的细节。

在编程式数据绑定（programmatic databinding）模式下，用户编程设置数据绑定控件的 DataSource 属性，并调用 DataBind 方法。如例 10-7。

在 ASP .NET 中，大部分数据绑定控件都支持模板。如 Repeater、DataList、FormView，都必须使用模板，否则无法显示数据。GridView、DetailsView 和 Menu 控件也支持模板，但不是必需的。

模板中可以包含 HTML、数据绑定表达式或者其他服务器控件。

数据绑定表达式是一种特殊的表达式，它直到运行时才计算出结果。在页面代码中使用数据绑定表达式的方法是将表达式包含在＜%＃和%＞符号之间。

数据绑定表达式是在控件的 DataBinding 事件触发时才开始计算其值。当使用声明式绑定方式时，这个事件是自动触发的；如果使用编程式绑定方式，事件是在调用 DataBind 方法时触发的。

在［例 10-7］Repeater 控件的 ItemTemplate 模板中，就使用了绑定表达式。＜%＃ Eval ("musicName")%＞ 用来获取当前行的音乐名称。＜%＃ Eval（"addDate","{0：yyyy-MM-dd}")%＞ 绑定表达式用来获取音乐的上载日期。＜%＃ Eval（"musicId")%＞ 绑定表达式用来获取音乐的唯一标识。

两个表达式都调用了 Eval 方法。Eval 方法是 Page 类的受保护方法。实际上，Page 类的 Eval 方法调用的是共享的静态 DataBinder. Eval 方法。因此，上述表达式也可以写为：

```
<%#DataBinder. Eval(Container.DataItem,"musicName")%>
<%#DataBinder.Eval(Container.DataItem,"addDate","{0:yyyy-MM-dd}")%>
<%#DataBinder. Eval(Container.DataItem,"musicId")%>
```

在 ASP .NET 1. x 版本中，在模板中显示数据项必须使用 DataBinder. Eval 方法。在 ASP .NET 2. 0 以后的版本中，为了方便编程，就提供了这种简单的语法。

在数据绑定表达中，除了可以调用 Eval 方法外还可以调用其他方法或变量。例如，在［例 10-7］中，排行榜字段就绑定了一个实例变量表达式，＜%＃RowIndex++%＞。由于 RowIndex 是 index 类的一个实例变量，而 index. apx 页面继承了 index 类，所以可以访问到该实例变量。RowIndex 被初始化为 1，当 Repeater 控件迭代项模板生成每一行时，RowIndex 就实现了++操作。这样，RowIndex 的值恰巧就和排行榜的顺序号是一致的。

ASP .NET 2.0 及以上版本支持两种类型的数据绑定表达式，即单向数据绑定表达式和双向数据绑定表达式。使用 Eval 的表达式都是单向数据绑定表达式，只能用来显示数据项的值。双向数据绑定表达式使用 Bind 方法。双向数据绑定表达式不仅可以显示值，而且也可以修改值。关于双向表达式的用法在 FormView 控件一节讲述。

10.5 DataList 控件

DataList 控件与 Repeater 控件一样都是由模板驱动的。但是和 Repeater 控件不同，DataList 控件默认输出一个 HTML 表格，因此在使用 DataList 控件的时候可以做更多的格式化设置。

DataList 的 RepeatLayout 属性默认为 Table，即输出为一个表格。还可以修改为 Flow，表示在 HTML 标签中 <SPAN> 中输出数据。

DataList 控件可以把内容显示为多列表格，每个数据项占用一个单元格。以下两个属性用来控制 DataList 控件的输出布局：

- RepeatColumns——显示的列数；
- RepeatDirection——输出网格的方向，Horizontal 表示横向，Vertical 表示纵向。

DataList 控件除了和 Repeater 控件一样，支持 ItemTemplate、AlternatingItemTemplate、SeperatorTemplate、HeaderTemplate 和 FooterTemplate 模板外，还支持另外两个模板：

- EditItemTemplate——当进入编辑状态时显示；
- SelectedItemTemplate——当列被选中时显示。

【例 10-8】 应用 DataList 控件显示首页中最新注册用户列表。最终效果如图 10-25 所示。

图 10-25 首页最新注册用户列表效果图

实现步骤如下。

(1) 打开校园音乐吧网站，然后在解决方案资源管理器中打开 index.aspx 文件，切换到【设计】视图。

(2) 删除图 10-25 所在部分程序代码，并从【工具箱】中拖放一个 DataList 控件放于该处。并更名为 dlNewUsers。

(3) 切换到【源】视图下，将 dlNewUsers 控件的代码修改如下：

```
<asp:DataList ID="dlNewUsers" runat="server" Width="100%" RepeatColumns="6"
RepeatDirection="Horizontal">
    <ItemTemplate>
        <table width="100%" border="0" cellspacing="0" cellpadding="0">
            <tr>
                <td align="center">
                    <a href='showUserBasicInfo.aspx?stuno=<%#Eval("Stu-
                    No")%>'>
                    <img src='<%#Eval("stuPhotoUrl")%>' alt="photo" width=
                    "108" height="108" border="0"/></a>
                </td>
            </tr>
            <tr>
                <td align="center">
                    <a href='showUserBasicInfo.aspx?stuno=<%#Eval("Stu-
                    No")%>'><%#Eval("StuName")%></a>
                </td>
            </tr>
        </table>
    </ItemTemplate>
</asp:DataList>
```

(4) 添加后台绑定代码。切换到【index. aspx. cs】文件，添加 LoadNewUsers 方法。

```
protected void LoadNewUsers()
{
    Student m=new Student();
    DataSet ds=m.GetNewUsers(6);
    dlNewUsers.DataSource=ds;
    dlNewUsers.DataBind();
}
```

在 Page_Load 事件中调用 LoadNewUsers 方法。

```
protected void Page_Load(object sender,EventArgs e)
    {
        if(!IsPostBack)
        {
            //省略了部分其他代码
            LoadNewUsers();
        }
    }
```

(5) 保存并运行该页面，查看显示结果。

10.6 DetailsView 控件

DetailsView 控件用于一次处理一条数据记录。可以用来显示、编辑、插入和删除数据项。DetailsView 控件将一条记录中的每一列都呈现为一个独立的 HTML 表格行。

和 GridView 等数据绑定控件一样，DetailsView 控件也支持声明式数据绑定和编程式数据绑定，并且 DetailsView 控件中使用的字段类似于 GridView 控件的 Column，DetailsView 控件的字段包括 BoundField、CheckBoxField、CommandField、ButtonField、HyperLinkField、ImageField 和 TemplateField。

当 DetailsView 控件的 AutoGenerateRows 属性设置为 false 时，DetailsView 控件不会自动为记录中的每一列创建一行来呈现数据，否则将自动创建一行。当使用字段自定义 DetailsView 控件外观时，需要将 AutoGenerateRows 设置为 false。

【例 10-9】 在 10.3.2 选择数据一节中，为 GridView 控件添加了选择功能。当用户单击某一行的【学生详情】链接按钮时，希望在右边显示其详细信息。但是，在［例 10-4］中仅仅使用了一个 Label 控件显示了用户的简单信息。现在使用 DetailsView 控件显示用户的详细注册信息。

实现步骤如下。

(1) 使用 Visual Studio 2008 打开校园音乐吧网站，选择并打开 adminUsers.aspx 文件，并切换到设计视图。

(2) 从【工具箱】中拖放一 DetailsView 控件到 lblDetail 控件处，并改名为【dvUser】，如图 10-26 所示。

(3) 单击【dvUser】控件右上角的 > 标记，进入到【DetailsView 任务】窗口，然后选择【编辑字段】按钮。如图 10-27 所示。

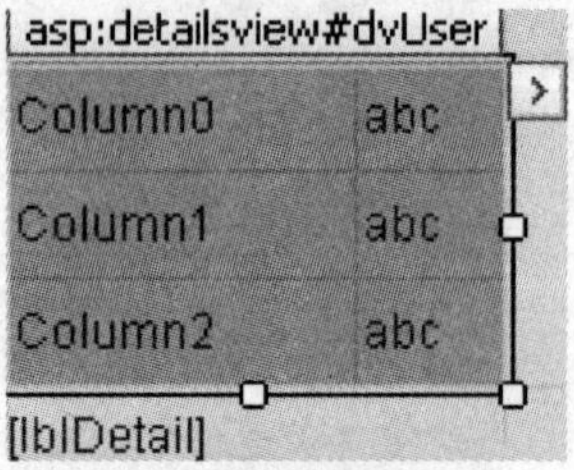

图 10-26 添加 DetailsView 控件

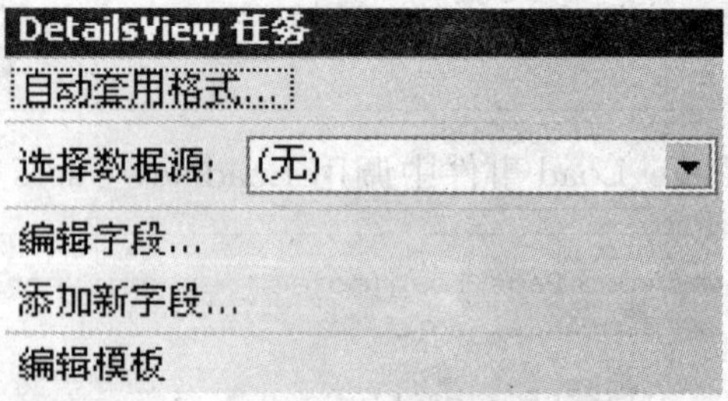

图 10-27 DetailsView 任务窗口

(4) 在弹出的字段对话框中，仿照 GridView 控件字段编辑的过程，添加如下几个字段，字段属性设置如表 10-4 所示。取消自动生成字段前面复选框中的勾选标记。最后设置结果如图 10-28 所示。

表 10－4　dvUser 控件相关字段设置

列名称	字段类型	属性设置说明
学号	HyperLinkField	HeaderText：学号；DataField：StuNo；DataNavigateUrlFields：StuNo；DataNavigateUrlFormatString：showUserDetailInfo. aspx? sn＝{0}；Target：_self
姓名	BoundField	HeaderText：姓名；DataField：StuName
班级	BoundField	HeaderText：班级；DataField：ClassCode
性别	TemplateField	HeaderText：性别；ItemTemplate 模板
出生日期	BoundField	HeaderText：出生日期；DataField：StuBirthday；DataFormatString：{0：yyyy－MM－dd}
通信地址	BoundField	HeaderText：通信地址；DataField：StuAddress
邮编	BoundField	HeaderText：邮编；DataField：StuPost
E-mail	BoundField	HeaderText：E-mail；DataField：StuE-mail
电话	BoundField	HeaderText：电话；DataField：StuTel
手机	BoundField	HeaderText：手机；DataField：StuMobile
兴趣爱好	BoundField	HeaderText：兴趣爱好；DataField：StuHobbies
主要消费领域	BoundField	HeaderText：主要消费领域；DataField：StuExpenseArea
主题皮肤	BoundField	HeaderText：主题皮肤；DataField：StuTheme
照片	ImageField	HeaderText：照片；DataImageUrlField：StuPhotoUrl
注册日期	BoundField	HeaderText：注册日期；DataField：RegDate；DataFormatString：{0：yyyy－MM－dd}

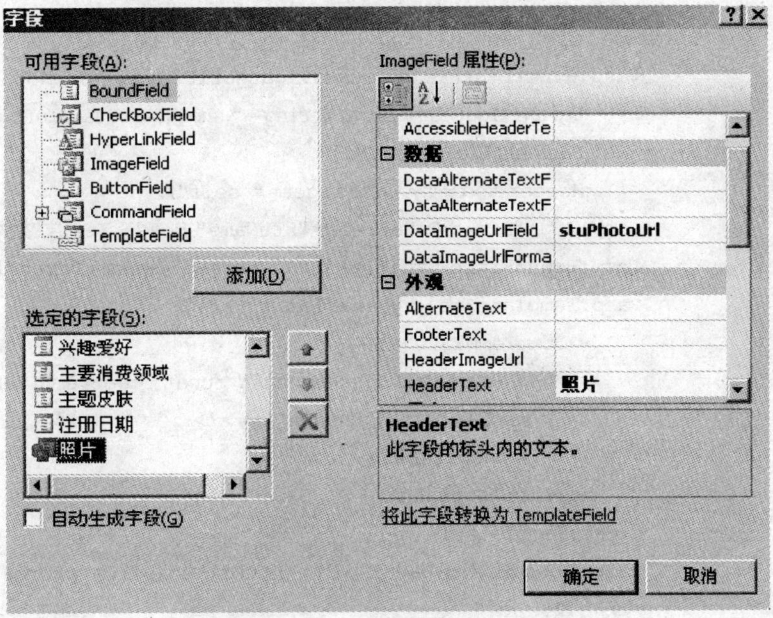

图 10－28　dvUser 字段设置对话框

提示：

由于DetailsView控件支持的数据源不仅可以是DataSet、DataTable和DataView等，也可以是对象的列表。在本例中，首先将Student对象为添加List对象中，然后将List对象作为DetailsView控件的数据源并调用DataBind方法进行绑定。从表中可以看出，每个字段的DataField、DataImageUrlField等属性的第一个字母都是大写，这是因为它们都是Student对象的属性，而不是数据库表中的字段名，是区分大小写的。

特别注意的是性别项，将其设置为TemplateField字段，而不是CheckBoxField字段类型。原因是本例仅仅使用DetailsView控件显示数据，而不编辑数据。如果将性别项设置为CheckBoxField字段类型，实际显示出来的结果将是“true”字符串或者“false”字符串，而不是用户期望的“男”或者“女”。因此，本例在性别模板字段中调用了一个格式化函数FormatSex，用来将该字段格式化为一个“男”、“女”或者一个空串。

此外，照片项被设置为了ImageField字段类型，关于ImageField字段和TemplateField的用法，参考下面的讲解。

学号	085041101
姓名	Tom
班级	0850411
性别	男
出生日期	1988-09-08
通信地址	北京
邮编	101601
Email	test@sohu.com
电话	010-41414114
手机	13336252525
兴趣爱好	体育,旅游
主要消费领域	旅游
主题皮肤	蓝色天空
注册日期	2009-07-01
照片	

图10-29 dvUser运行效果

(5) 保存并运行该页。显示效果如图10-29所示。

adminUsers.aspx页面中gvUser控件相关代码如下。

```
<asp:DetailsView ID="dvUser" runat="server" Height="50px" Width="100%" AutoGenerateRows=
"false">
                <Fields>
                    <asp:HyperLinkField DataNavigateUrlFields="stuNo"
                        DataNavigateUrlFormatString="showUserDetailInfo.aspx?sn={0}"
                        DataTextField="stuNo"
                        HeaderText="学号" Target="_self"/>
                    <asp:BoundField DataField="StuName" HeaderText="姓名"/>
                    <asp:BoundField DataField="Classcode" HeaderText="班级"/>
                    <asp:TemplateField HeaderText="性别">
                        <ItemTemplate>
                            <asp:Label ID="Label1" runat="server" Text='<%#For-
                            matSex(Eval("Stusex"))%>'>
                            </asp:Label>
                        </ItemTemplate>
                    </asp:TemplateField>
                    <asp:BoundField DataField="StuBirthday" DataFormatString="{0:
                    yyyy-MM-dd}"
                        HeaderText="出生日期"/>
```

```
            <asp:BoundField DataField="StuAddress" HeaderText="通信地址"/>
            <asp:BoundField DataField="StuPost" HeaderText="邮编"/>
            <asp:BoundField DataField="StuE-mail" HeaderText="E-mail"/>
            <asp:BoundField DataField="StuTel" HeaderText="电话"/>
            <asp:BoundField DataField="StuMobile" HeaderText="手机"/>
            <asp:BoundField DataField="StuHobbies" HeaderText="兴趣爱好"/>
            <asp:BoundField DataField="StuExpenseArea" HeaderText="主要消费
            领域"/>
            <asp:BoundField DataField="StuTheme" HeaderText="主题皮肤"/>
               <asp:BoundField DataField="RegDate" DataFormatString="{0:yyyy-
               MM-dd}"
                 HeaderText="注册日期"/>
            <asp:ImageField DataImageUrlField="StuPhotoUrl" HeaderText="照
            片">
            </asp:ImageField>
        </Fields>
    </asp:DetailsView>
```

adminUsers.aspx.cs 文件中“FormatSex”方法，用于格式化性别。

```
  /// <summary>
    /// 格式化性别
    /// </summary>
    /// <param name="objSex"></param>
    /// <returns></returns>
    protected string FormatSex(object objSex)
    {
        if(objSex==null||objSex.ToString()=="")
            return"";
        if(Convert.ToBoolean(objSex))
            return "男";
        else
            return "女";
}
```

adminUsers.aspx.cs 文件中修改后的“gvStudent_SelectedIndexChanged”方法。

```
protected void gvStudent_SelectedIndexChanged(object sender,EventArgs e)
    {
        //获取用户选择的行
        GridViewRow gvr=gvStudent.SelectedRow;
        string name=gvr.Cells[1].Text;//用户姓名是第 2 列
```

```
        string stuno=gvStudent.SelectedValue.ToString();//学号
        //首先注释以前的代码
        //lblDetail.Text="姓名="+name+"<br/>"+"学号="+stuno;
        //重新将数据绑定到 dvUser 控件上
        Student s=new Student();
        s=s.GetModel(stuno);
        System.Collections.Generic.IList<Student>list=new System.Collections.Generic.List
        <Student>();
        list.Add(s);
        dvUser.DataSource=list;
        dvUser.DataBind();
    }
```

可以使用 ImageField 显示保存在服务器端硬盘上的图片，但是不可以用来显示保存在数据库中的图片。其 DataImageUrlField 属性用来表示数据源中和图片相关的字段名，DataImageUrlFormatString 属性用来对 DataImageUrlField 属性值进行格式化。DataAlternateTextField 属性用来指定 <img> 标签的 alt 属性值。

在 ImageField 的 DataImageUrlField 属性中可以使用“～”开始的相对 URL 地址。

TemplateField 字段为数据绑定控件提供了非常强的扩展性。可以在 TemplateField 字段中添加 HTML、数据绑定表达式或者 ASP .NET 控件等。

相对于 GridView 控件模板列，DetailsView 控件字段多了 InsertItemTemplate 字段，少了 FooterTemplate 字段。TemplateField 字段支持的模板类型包括：

- AlternatingItemTemplate——间隔行模板；
- EditItemTemlate——编辑行模板，当 DetailsView 等数据绑定控件进入到编辑模式时使用；
- FooterTemplate——脚注模板（DetailsView 控件不支持）；
- HeaderTemplate——标题模板；
- InsertItemTemplate——插入行模板（GridView 控件不支持），当数据绑定控件进入插入模式时使用；
- ItemTemplate——项模板，必须设置。

10.7 FormView 控件

和 DetailsView 控件一样，FormView 控件也用于一次处理一条数据记录，并且可以显示、编辑、插入和删除数据项。不同之处在于，DetailsView 控件将一条记录中的每一列都呈现为一个独立的 HTML 表格行，而 FormView 控件则完全由模板驱动。相比较而言，使用 FormView 控件需要更多的编码，正因如此，FormView 控件可以有更多的设置，完成更灵活的页面布局。

FormView 控件通常结合数据源控件完成记录的更新和插入操作，FormView 控件的 DefaultMode 属性用于设置该控件的默认模式，在执行取消、插入和更新命令后恢复为该模式。和 DetailsView 控件一样，FormView 控件还通常用于主/从方案中。

和 GridView、Repeater、DataList 控件相似，FormView 控件支持多种类型模板，如表 10－5 所示。

表 10－5　FormView 控件模板类型及说明

模　板	说　明
ItemTemplate	项模板。定义只读模式下的数据行显示界面。
EditItemTemplate	编辑模板，定义编辑模式下的数据行显示界面。
InsertItemTemplate	插入模板，与编辑模板相似，控制用户在后端数据源中添加一条新记录时的字段显示。
EmptyDataTemplate	空数据模板。当数据源中没有数据时，显示此模板中的内容。
HeaderTemplate	标题模板。
FooterTemplate	表尾模板。
PagerTemplate	分页模板。用于控制分页。

此外，FormView 和 DetailsView 控件都可以自动对其关联数据源中的数据以一次一个记录的方式进行翻页。如果将 FormView 控件的 AllowPaging 属性设置为 true，则 FormView 控件可自动添加用于分页的用户界面（UI）控件。也可以通过添加 PagerTemplate 模板来自定义用于分页的用户界面。在 FormView 控件中，一个数据页就是一条绑定记录。

FormView 控件也支持声明式数据绑定和编程式数据绑定方式。下面［例 10－10］就讲述了声明式绑定用法，由于编程式数据绑定需要更多的编码，在此没有介绍，读者可以参考其他相关书籍。

【例 10－10】 利用 FormView 控件，结合 SqlDataSource 数据源控件完成专业的添加、删除和修改功能。

当使用 DataSourceID 属性绑定到数据源时，FormView 控件支持双向数据绑定。除可以使该控件显示数据之外，还可以使它自动支持对绑定数据的插入、更新和删除操作，前提是用户必须配置好数据源控件以支持编辑功能。

具体操作步骤如下。

(1) 使用 Visual Studio 2008 打开校园音乐吧网站，选择并打开 adminMajor. aspx 文件，并切换到设计视图。

(2) 从【工具箱】中拖放一个 SqlDataSource 控件放置到页面上，并改名为【dsMajor】，仿照前面的例子，配置【dsMajor】控件。【配置 Select 语句】界面如图 10－30 所示。单击【高级】按钮，在弹出的【高级 SQL 生成选项】界面中，选择【生成 INSERT、UPDATE 和 DELETE 语句】前面的复选框，如图 10－31 所示。然后单击【确定】按钮，返回图 10－30 界面。接着单击【下一步】按钮，出现【测试查询】界面，直接单击【完成】按钮，结束 dsMajor 控件的配置。

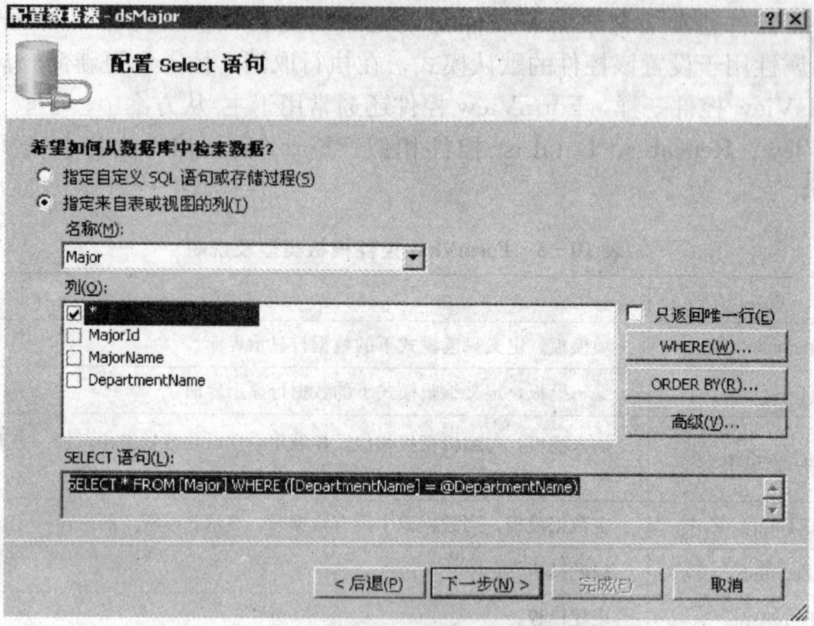

图 10-30 为 dsMajor 配置 Select 语句

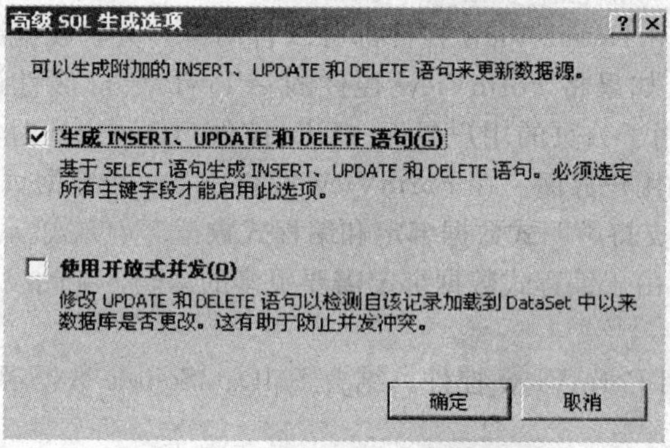

图 10-31 高级 SQL 生成选项界面

提示：

由于本例希望按照不同的系别分别维护专业信息，因此在 SELECT 语句中添加了一个系别名称@DepartmentName 参数。

dsMajor 控件配置完成后的代码如下所示，用户也可以手动输入下面的代码。

```
<asp:SqlDataSource ID="dsMajor" runat="server"
                ConnectionString="<%$ConnectionStrings:ConnectionString%>"
                DeleteCommand="DELETE FROM [Major] WHERE [MajorId]=@MajorId"
                InsertCommand="INSERT INTO [Major]([MajorName],[DepartmentName])
                        VALUES(@MajorName,@DepartmentName)"
                SelectCommand="SELECT* FROM [Major] WHERE ([DepartmentName]=@Depart-
                mentName)"
```

```
. UpdateCommand="UPDATE [Major] SET [MajorName]=@MajorName,
          [DepartmentName]=@DepartmentName WHERE [MajorId]=@
          MajorId">
<SelectParameters>
    <asp:ControlParameter ControlID="ddlDep2" Name="Department-
    Name"
        PropertyName="SelectedValue" Type="String"/>
</SelectParameters>
<DeleteParameters>
    <asp:Parameter Name="MajorId" Type="Int32"/>
</DeleteParameters>
<UpdateParameters>
    <asp:Parameter Name="MajorName" Type="String"/>
    <asp:Parameter Name="DepartmentName" Type="String"/>
    <asp:Parameter Name="MajorId" Type="Int32"/>
</UpdateParameters>
<InsertParameters>
    <asp:Parameter Name="MajorName" Type="String"/>
    <asp:Parameter Name="DepartmentName" Type="String"/>
</InsertParameters>
</asp:SqlDataSource>
```

(3) 从【工具箱】中拖放一个 FormView 控件替换现有专业列表处的表格，并改名为【fvMajor】，将其【AllowPaging】属性设置为 true，并选择【DataSourceID】为刚添加的【dsMajor】数据源控件。此时，系统自动为 fvMajor 控件添加了各个模板，并且设置了【DataKeyNames】的值为 Major 表的主键 MajorId。如图 10－32 所示。

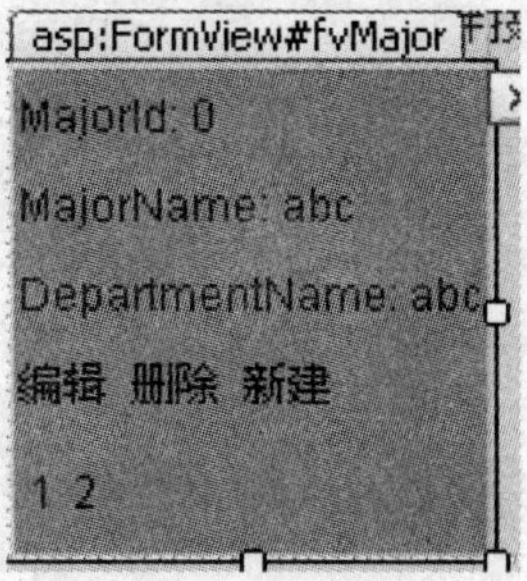

图 10－32　fvMajor 控件

(4) 将 adminMajor.aspx 页面切换到源视图模式，可以查看到 fvMajor 控件完整的代码。可以将各个模板中的英文字段标签名称修改为中文名称。如将【MajorId:】修改为【专业编号:】,【MajorName:】修改为【专业名称:】，【DepartmentName:】修改为【所在部门:】。为 fvMajor 控件添加 Width 属性，值为【100%】，HeaderText 属性设置为【专业维护】，并使标题居中显示【<HeaderStyle HorizontalAlign="Center"/>】。修改后的代码如下。

```
<asp:FormView ID="fvMajor" runat="server" AllowPaging="true" DataKeyNames="MajorId"
          DataSourceID="dsMajor" Width="100%" HeaderText="专业维护">
      <EditItemTemplate>
          专业编号:
          <asp:Label ID="MajorIdLabel1" runat="server" Text='<%#Eval("Major-
          Id")%>'/>
```

```
        <br/>
        专业名称:
        <asp:TextBox ID="MajorNameTextBox" runat="server"
            Text='<%#Bind("MajorName")%>'/>
        <br/>
        所在部门:
        <asp:TextBox ID="DepartmentNameTextBox" runat="server"
            Text='<%#Bind("DepartmentName")%>'/>
        <br/>
        <asp:LinkButton ID="UpdateButton" runat="server" CausesValidation=
        "true" CommandName="Update" Text="更新"/>
         <asp:LinkButton ID="UpdateCancelButton" runat="server"
            CausesValidation="false" CommandName="Cancel" Text="取消"/>
    </EditItemTemplate>
    <InsertItemTemplate>
        专业名称:
        <asp:TextBox ID="MajorNameTextBox" runat="server"
              Text='<%#Bind("MajorName")%>'/>
        <br/>
        所在部门:
        <asp:TextBox ID="DepartmentNameTextBox" runat="server"
            Text='<%#Bind("DepartmentName")%>'/>
        <br/>
        <asp:LinkButton ID="InsertButton" runat="server" CausesValidation=
        "true"
            CommandName="Insert" Text="插入"/>
         <asp:LinkButton ID="InsertCancelButton" runat="server"
            CausesValidation="false" CommandName="Cancel" Text="取消"/>
    </InsertItemTemplate>
    <ItemTemplate>
        专业编号:
        <asp:Label ID="MajorIdLabel" runat="server" Text='<%#Eval("MajorId")%>'/>
        <br/>
        专业名称:
        <asp:Label ID="MajorNameLabel" runat="server" Text='<%#Bind("Major-
       Name")%>'/>
        <br/>
        所在部门:
        <asp:Label ID="DepartmentNameLabel" runat="server"
            Text='<%#Bind("DepartmentName")%>'/>
        <br/>
```

```
<asp:LinkButton ID="EditButton" runat="server" CausesValidation="
false"
        CommandName="Edit"Text="编辑"/>
 <asp:LinkButton ID="DeleteButton" runat="server" CausesValidation
="false"
        CommandName="Delete" Text="删除"/>
 <asp:LinkButton ID="NewButton" runat="server" CausesValidation=
"false"
        CommandName="New" Text="新建"/>
</ItemTemplate>
    <HeaderStyle HorizontalAlign="Center"/>
        </asp:FormView>
```

(5) 保存并运行该页面。你可以测试添加、删除、修改专业等操作。运行结果如图 10-33 所示。

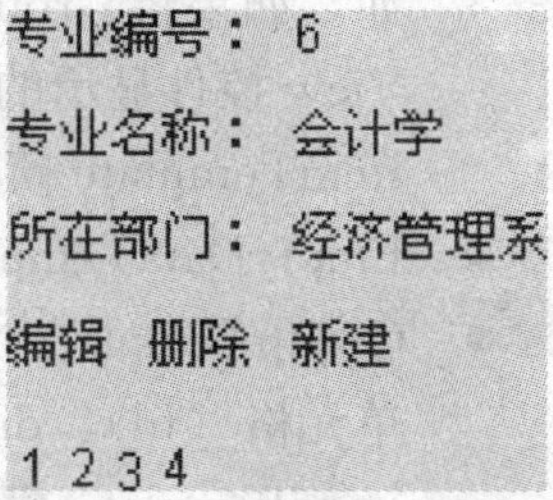

图 10-33 运行结果界面

用户可以对上面的每个模板进行编辑，美化界面。比如通过表格定位每个模板里面的元素、增加一些图片或设置 CSS 等。

备注：

在添加或编辑数据时，必须填写正确的【所在部门】名称。这是因为数据库中【系别表】和【专业表】存在外键关联关系，否则会出现异常。

如果希望用户编辑专业信息时，不允许用户编辑【所在部门】列，可以将编辑模板中的【所在部门】字段所在的 TextBox 控件的 ReadOnly 属性设置为【true】。

10.8 ListView 控件

ListView 控件是 ASP .NET 3.5 中新引入的控件，可以绑定从数据源返回的数据项并显示它们。这些数据可以显示在多个页面或者在一个页面逐个显示数据项，也可以对它们分组。

ListView 控件会按照项模板和样式显示数据。与 DataList 和 Repeater 控件相似，此控件也适用于任何具有重复结构的数据。但与这些控件不同的是，ListView 控件允许用户编辑、插入和删除数据，以及对数据进行排序和分页，并且所有这一切都无须编写代码。

可以说，ListView 就是 DataGrid 和 Repeater 的结合体，它既有 Repeater 控件的开放式模板，又具有 DataGrid 控件的编辑特性。ListView 控件并不直接支持分页，需要借助下一节讲述的 DataPager 控件完成分页功能。

ListView 类似于 Repeater 控件，它支持如下模板。

- LayoutTemplate：布局模板。定义 ListView 控件的布局，必须包含一个充当数据占位符的控件。例如，该布局模板可以包含 ASP .NET Table、Panel 或 Label 控件（它还可以包含 runat 属性设置为“server”的 table、div 或 span 元素）。这些控件将包含 ItemTemplate 模板所定义的每个项的输出，还可以在 GroupTemplate 模板定义的内容中对这些输出进行分组。

- ItemTemplate：项模板。标识要为各个项显示的数据绑定内容。此模板包含的控件通常已绑定到数据列或其他单个数据元素上。
- ItemSeparatorTemplate：标识要在各个项之间呈现的内容。
- AlternatingItemTemplate：交替项模板。标识为便于区分连续项，而为交替项呈现的内容。
- SelectedItemTemplate：为区分所选数据项与显示的其他项，而标识该所选项呈现的内容。
- EmptyItemTemplate：标识在使用 GroupTemplate 模板为空项时呈现的内容。例如，如果将 GroupItemCount 属性设置为 5，而从数据源返回的总项数为 8，则 ListView 控件显示的最后一行数据将包含 ItemTemplate 模板指定的 3 个项以及 EmptyItemTemplate 模板指定的 2 个项。
- EmptyDataTemplate：标识在数据源没有返回数据时要呈现的内容。
- GroupTemplate：分组模板。标识组布局的内容。它包含一个占位符对象，例如表单元格（td）、div 或 span。该对象将由其他模板（例如 ItemTemplate 和 EmptyItemTemplate 模板）中定义的内容替换。
- GroupSeparatorTemplate：标识项组之间呈现的内容。
- EditItemTemplate：标识要在编辑项时呈现的内容。对于正在编辑的数据项，将呈现 EditItemTemplate 模板的内容以替代 ItemTemplate 模板的内容。
- InsertItemTemplate：标识要在插入项时呈现的内容。将在 ListView 控件显示的项的开始或末尾处呈现 InsertItemTemplate 模板，以替代 ItemTemplate 模板。通过使用 ListView 控件的 InsertItemPosition 属性，可以指定 InsertItemTemplate 模板的呈现位置。

【例 10－11】 使用 ListView 控件完成班级信息的管理功能（adminClasses. aspx）。

利用 ListView 控件，首先显示班级相关信息，包括班级名称、所在专业、专业编号和系别名称，然后在此基础上添加、删除、插入记录功能。由于本系统相对比较简单，添加班级时，只需要输入班级编号和所属专业代码就可以，因此不需要提供编辑功能，而只需要插入和删除功能即可。本例子结合 SqlDataSource 控件完成，除了要配置 Select 语句外，还需要配置 Insert 和 Delete 语句。

具体步骤如下。

(1) 使用 Visual Studio 2008 打开校园音乐吧网站，选择并打开 adminClasses. aspx 文件，并切换到设计视图。

(2) 从【工具箱】中拖放一个 SqlDataSource 控件放置到页面上，并改名为【dsClasses】，仿照前面的例子，配置【dsClasses】控件。在【配置 Select 语句】界面，选择【指定自定义 SQL 语句或存储过程】选项，如图 10－34 所示。单击【下一步】按钮，弹出【定义自定义语句或存储过程】配置界面，如图 10－35 所示。

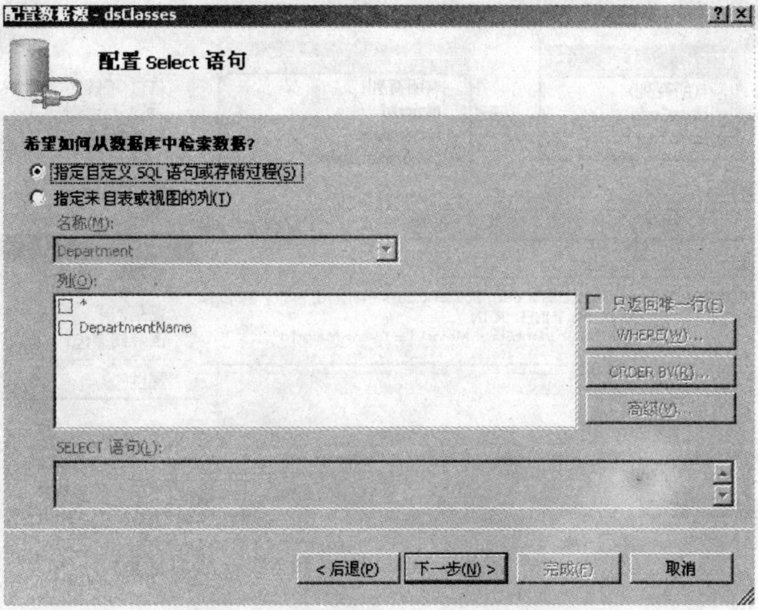

图 10 - 34　配置 Select 语句对话框

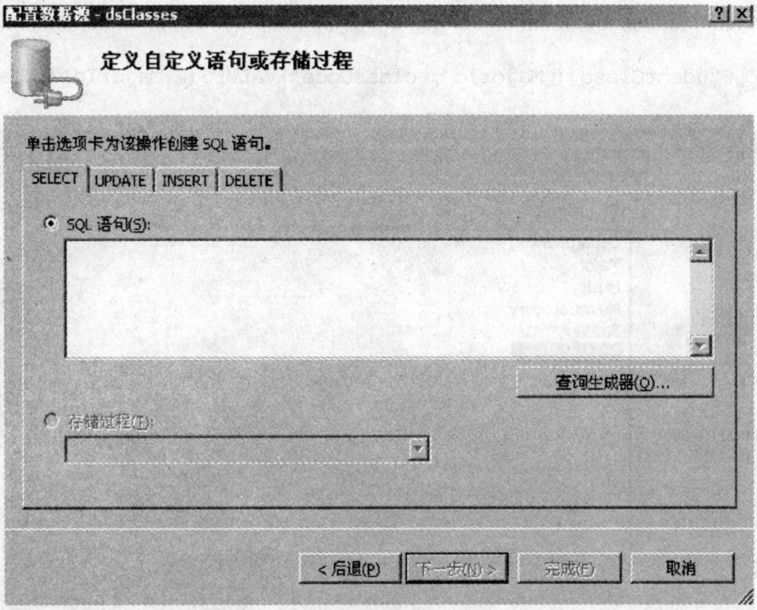

图 10 - 35　自定义语句或存储过程对话框

(3) 在【定义自定义语句或存储过程】配置界面中，单击【SELECT】Tab 页中的【查询生成器】按钮，弹出【查询生成器】对话框。在【查询生成器】对话框中的上半部分空白处右击，选择【添加表】命令，添加 StudentClass 和 Major 表，并勾选 StudentClass 表中的 ClassCode 和 MajorId 字段以及 Major 表中的 MajorName 和 DepartmentName 字段，如图 10 - 36 所示。单击【确定】按钮，返回【定义自定义语句或存储过程】配置界面。

(4) 在【定义自定义语句或存储过程】配置界面中单击【INSERT】Tab 页中的【查询

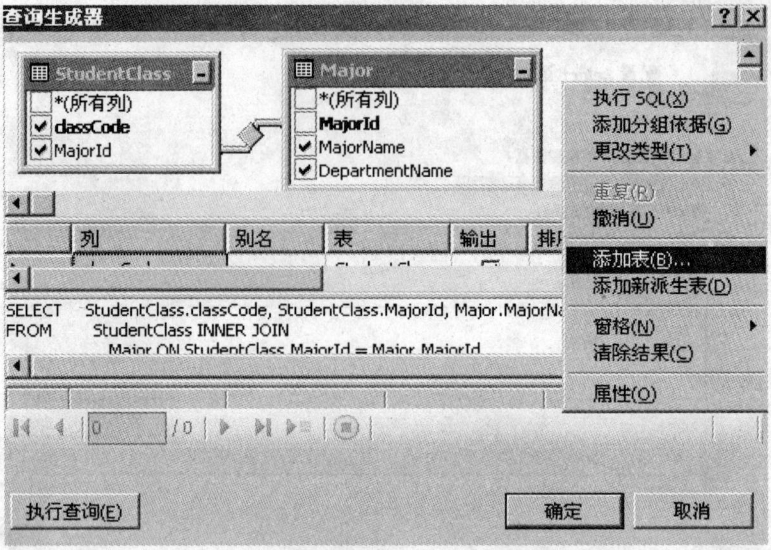

图 10－36 添加 StudentClass 和 Major 表对话框

生成器】按钮，弹出【查询生成器】对话框和【添加表】对话框，选择 StudentClass 表，如图 10－37 所示。单击【添加】按钮返回到【查询生成器】对话框。单击【确定】按钮，返回【定义自定义语句或存储过程】配置界面。修改【INSERT】Tab 页的【SQL 语句】为：

```
INSERT INTO[StudentClass]([MajorId],[classCode])VALUES(@ MajorId,@ classCode)
```

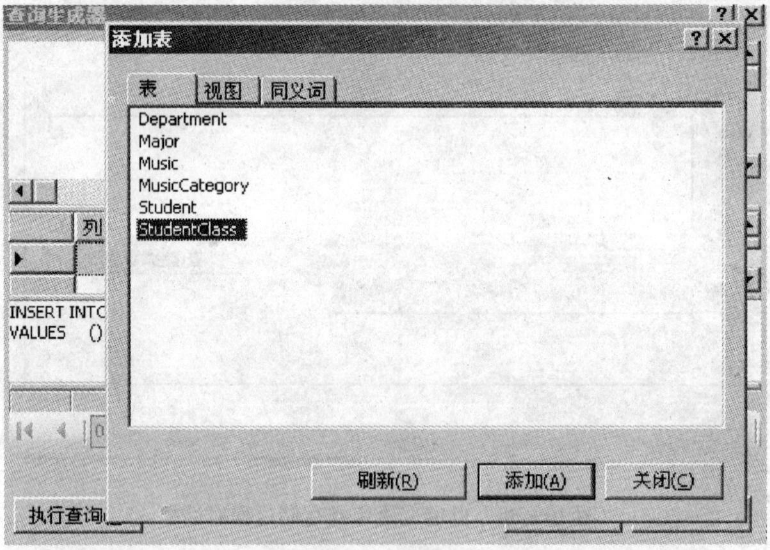

图 10－37 配置 INSERT 语句对话框

（5）使用和步骤（4）一样的方法，在【定义自定义语句或存储过程】配置界面的【DELETE】Tab 页中生成 DELETE 语句。也可以直接在【DELETE】Tab 页的【SQL 语句】中输入下述语句：

```
DELETE FROM[StudentClass]WHERE([classCode]=@classCode)
```

(6) 在【定义自定义语句或存储过程】配置界面中单击【下一步】按钮，直到最后完成配置向导。

(7) 在 adminClasses. aspx 页面的设计视图中，删除专业列表所在的 Table，然后从【工具箱】中拖放一个 ListView 控件至此处，并改名为 lvClasses。单击 lvClasses 控件的智能标记 >，在弹出的【ListView 任务】窗口中的【选择数据源】下拉列表框中选择 dsClasses 数据源，如图 10-38 所示。然后单击【配置 ListView】超级连接，弹出【配置 ListView】对话框。

图 10-38　ListView 任务窗口

备注：

由于本例所用数据源控件没有配置 UPDATE 语句，因此【启用编辑】选项不可用。此外，由于将在 DataPager 一节讲述 ListView 控件分页功能，因此，没有选择【启用分页】选项。

(8) 在【配置 ListView】对话框中，选择【网格】布局和【彩色型】样式，并勾选【启用插入】和【启用删除】复选框。如图 10-39 所示。单击【确定】按钮返回页面设计视图。

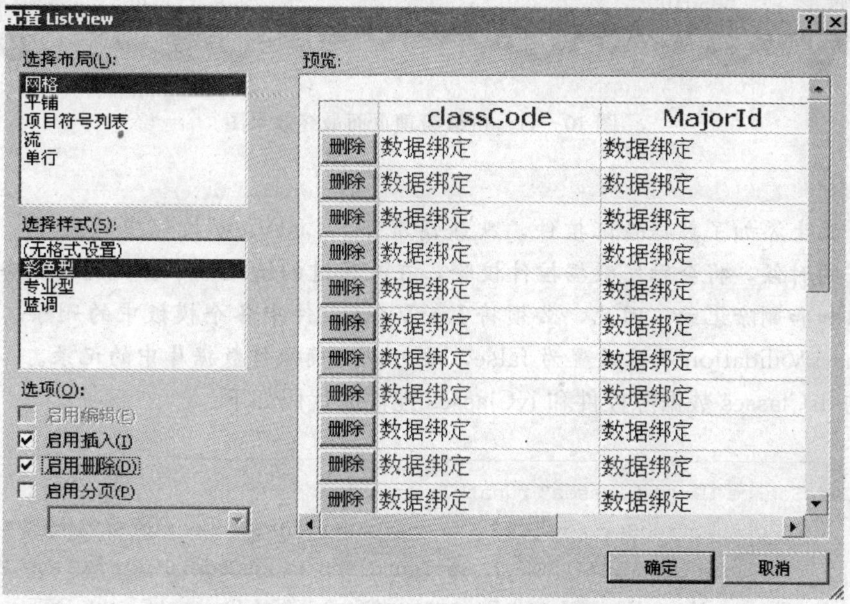

图 10-39　配置 ListView 对话框

(9) 保存并运行该页面，效果如图 10-40 所示。

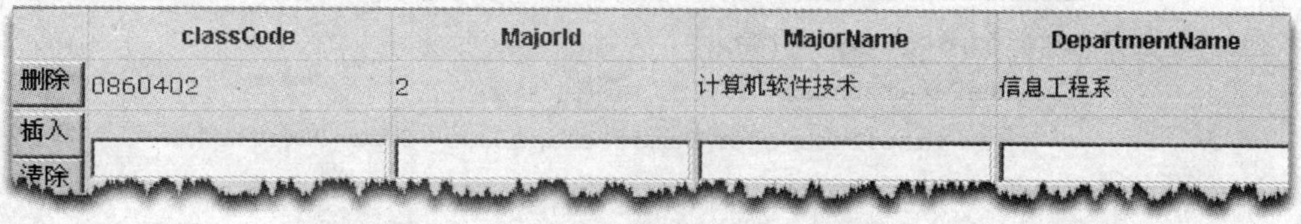

图 10-40　班级管理页面初步效果图

(10) 界面优化。由于标题都显示的是英文字段的名称，应该改为中文名称，此外插入新班级时，只需要输入班级编号和专业编码就可以了，因此可以去掉 MajorName 和 Department 对应列中的文本框。

将 adminClasses. aspx 页面切换到源视图。将 lvClasses 控件的 LayoutTemplate 模板中的【classCode】标题修改为【班级编号】，【MajorId】标题修改为【专业编码】，【MajorName】标题修改为【专业名称】，【DepartmentName】标题修改为【所在系别】。由于不需要编辑功能，可以删除编辑模板内容，即 <EditItemTemplate> 和 </EditItemTemplate> 之间的内容。删除 InsertItemTemplate 模板中的 MajorNameTextBox 文本框和 DepartmentNameTextBox 文本框控件。再次保存并运行，页面效果如图 10-41 所示。

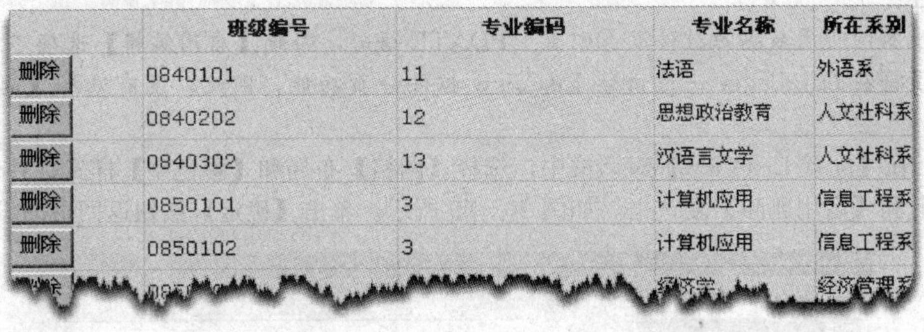

图 10-41　班级管理页面最终效果图

备注:

由于页面上添加了数据验证控件，默认情况下，ListView 控件中的删除、插入和清除按钮被单击的时候，将会触发数据控件校验，在未通过的情况下不会提交到服务器，也即不能正确地添加和删除记录。因此，必须将 ListView 控件中各个模板中的删除、插入和清除按钮的 CausesValidation 属性设置为 false，才可以正确操作数据库中的记录。

完整的 dsClasses 数据源控件和 lvClasses 控件的代码如下。

```
<asp:SqlDataSource ID="dsClasses" runat="server"
            ConnectionString="<%$ConnectionStrings:ConnectionString%>"
             SelectCommand="SELECT StudentClass.classCode,StudentClass.MajorId,Ma-
             jor.MajorName,Major.DepartmentName FROM StudentClass INNER JOIN Major
             ON StudentClass.MajorId=Major.MajorId"
             DeleteCommand="DELETE FROM [StudentClass] WHERE ([classCode]=@classCode)"
             InsertCommand="INSERT INTO [StudentClass]([MajorId],[classCode]) VALUES (@
             MajorId,@classCode)">
             <DeleteParameters>
                   <asp:Parameter Name="classCode" Type="String"/>
             </DeleteParameters>
             <InsertParameters>
                   <asp:Parameter Name="MajorId" Type="Int32"/>
```

```
                <asp:Parameter Name="classCode" Type="String"/>
            </InsertParameters>
        </asp:SqlDataSource>

<asp:ListView ID="lvClasses" runat="server" DataKeyNames="classCode"
            DataSourceID="dsClasses" InsertItemPosition="LastItem">
            <ItemTemplate>
                <tr style="background-color:#FFFBD6;color:#333333;">
                    <td>
                        <asp:Button ID="DeleteButton" runat="server" CommandName=
                        "Delete"
                          Text="删除" CausesValidation="false"/>
                    </td>
                    <td>
                        <asp:Label ID="classCodeLabel" runat="server" Text='
                        <%#Eval("classCode")%>'/>
                    </td>
                    <td>
                        <asp:Label ID="MajorIdLabel" runat="server" Text='<%#Eval
                        ("MajorId")%>'/>
                    </td>
                    <td>
                        <asp:Label ID="MajorNameLabel" runat="server" Text='
                        <%#Eval("MajorName")%>'/>
                    </td>
                    <td>
                        <asp:Label ID="DepartmentNameLabel" runat="server"
                            Text='<%#Eval("DepartmentName")%>'/>
                    </td>
                </tr>
            </ItemTemplate>
            <AlternatingItemTemplate>
                <tr style="background-color:#FAFAD2;color:#284775;">
                    <td>
                        <asp:Button ID="DeleteButton" runat="server" CommandName=
                        "Delete"
                          Text="删除" CausesValidation="false"/>
                    </td>
                    <td>
                        <asp:Label ID="classCodeLabel" runat="server" Text='
                        <%#Eval("classCode")%>'/>
                    </td>
```

```
                    <td>
                        <asp:Label ID="MajorIdLabel" runat="server" Text='<%#
                        Eval("MajorId")%>'/>
                    </td>
                    <td>
                        <asp:Label ID="MajorNameLabel" runat="server" Text='
                        <%#Eval("MajorName")%>'/>
                    </td>
                    <td>
                        <asp:Label ID="DepartmentNameLabel" runat="server"
                            Text='<%#Eval("DepartmentName")%>'/>
                    </td>
                </tr>
            </AlternatingItemTemplate>
            <EmptyDataTemplate>
                <table id="Table1" runat="server"
                    style="background-color:#FFFFFF;border-collapse:collapse;
                    border-color:
                            #999999;border-style:none;border-width:1px;">
                    <tr>
                        <td>
                            未返回数据</td>
                    </tr>
                </table>
            </EmptyDataTemplate>
            <InsertItemTemplate>
                <tr style="">
                    <td>
                        <asp:Button ID="InsertButton" runat="server" CommandName=
                       "Insert"
                         Text="插入" CausesValidation="false"/>
                  <asp:Button ID="CancelButton" runat="server" CommandName=
                 "Cancel"
                         Text="清除" CausesValidation="false"/>
                    </td>
                    <td>
                        <asp:TextBox ID="classCodeTextBox" runat="server"
                         Text='<%#Bind("classCode")%>'/>
                    </td>
                    <td>
                        <asp:TextBox ID="MajorIdTextBox" runat="server" Text=
                        '<%#Bind("MajorId")%>'/>
```

```
                </td>
                <td>
                </td>
                <td>

                </td>
            </tr>
        </InsertItemTemplate>
        <LayoutTemplate>
            <table id="Table2" runat="server">
                <tr id="Tr1" runat="server">
                 <td id="Td1" runat="server">
                        <table ID="itemPlaceholderContainer" runat="server"
                        border="1"
                            style="background-color:#FFFFFF;border-collapse:
                            collapse;border-color:#999999;
                          border-style:none;border-width:1px;font-family:Ver-
                          dana,Arial,Helvetica,sans-serif;">
                            <tr id="Tr2" runat="server" style="background-
                            color:#FFFBD6;color:#333333;">
                                <th id="Th1" runat="server">
                                </th>
                                <th id="Th2" runat="server">
                                    班级编号</th>
                                <th id="Th3" runat="server">
                                    专业编码</th>
                                <th id="Th4" runat="server">
                                    专业名称</th>
                                <th id="Th5" runat="server">
                                    所在系别</th>
                            </tr>
                            <tr ID="itemPlaceholder" runat="server">
                            </tr>
                        </table>
                        </td>
            </tr>
            <tr id="Tr3" runat="server">
                <td id="Td2" runat="server"
                    style="text-align:center;background-color:#FFCC66;
                         fontfamily:Verdana,Arial,Helvetica,sansserif;color:#
                         333333;">
                </td>
```

```
            </tr>
        </table>
    </LayoutTemplate>

    <SelectedItemTemplate>
        <tr style="background-color:#FFCC66;font-weight:bold;color:#000080;">
            <td>
                <asp:Button ID="DeleteButton" runat="server" CommandName="Delete"
                    Text="删除" CausesValidation="false"/>
            </td>
            <td>
                <asp:Label ID="classCodeLabel" runat="server" Text='<%#Eval
                ("classCode")%>'/>
            </td>
            <td>
                <asp:Label ID="MajorIdLabel" runat="server" Text='<%#Eval("Ma-
                jorId")%>'/>
            </td>
            <td>
                <asp:Label ID="MajorNameLabel" runat="server" Text='<%#Eval
                ("MajorName")%>'/>
            </td>
            <td>
                <asp:Label ID="DepartmentNameLabel" runat="server"
                    Text='<%#Eval("DepartmentName")%>'/>
            </td>
        </tr>
    </SelectedItemTemplate>
</asp:ListView>
```

10.9 DataPager 控件

和 ListView 控件一样，DataPager 控件也是 ASP .NET 3.5 中新引入的控件，用于为实现了 IPageableItemContainer 接口的数据绑定控件显示导航控件。ListView 控件就是实现该接口的一个控件。

可以通过使用 DataPager 控件的 PagedControlID 属性将 DataPager 控件与数据绑定控件关联起来。也可以选择将 DataPager 控件置于数据绑定控件层次结构的内部。例如，可以将 DataPager 控件置于 ListView 控件的 LayoutTemplate 模板内部。

可以通过更改 PageSize 属性定义每个数据页显示的项数。也可以通过设置 QueryStringField 属性更改页面提交给服务器的方式。

DataPager 控件允许定义页面导航字段，用于显示不同的导航界面（UI）。导航字段有 3 种类型，如表 10－6 所示。

表 10－6　DataPager 页导航字段

页导航字段类型	说　明
NextPreviousPagerField	使用户能够逐页浏览页面，或跳到第一页或最后一页。
NumericPagerField	使用户能够按照页码选择页面。
TemplatePagerField	使用户可以创建自定义分页 UI。

【例 10－12】　为［例 10－11］中的 lvClasses 控件添加分页功能。

具体操作步骤如下。

(1) 使用 Visual Studio 2008 打开校园音乐吧网站，选择并打开【adminClasses. aspx】文件，并切换到设计视图。

(2) 从【工具箱】中拖放一个 DataPager 控件放置到页面上，并命名为 dpClassess。放置在 lvClasses 控件的下方。

(3) 选择 dpClassess 控件，修改其【PagedControlID】属性为【lvClasses】，【PageSize】属性为【5】。

(4) 选择 dpClassess 控件，单击其右上角的智能标记 ，在弹出的【DataPager 任务】窗口，单击【编辑页导航字段】超级链接，弹出【字段】对话框。如图 10－42 所示。

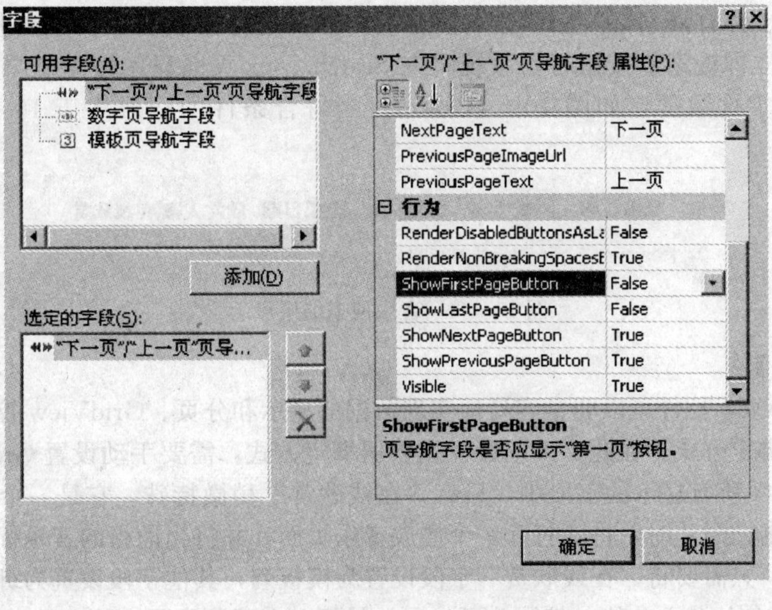

图 10－42　DataPager 字段编辑对话框

(5) 在图 10－42 中，在【可用字段】列表框中，选择【"下一页"/"上一页" 页导航字段】项，然后单击【添加】按钮。在右边【"下一页"/"上一页" 页导航字段属性】列表中，将 ShowFirstPageButton 行设置为 true，将 ShowLastPageButton 属性设置为 true。单击【确定】按钮，完成分页控件配置。

（6）保存并运行该页面，运行结果如图 10-43 所示。

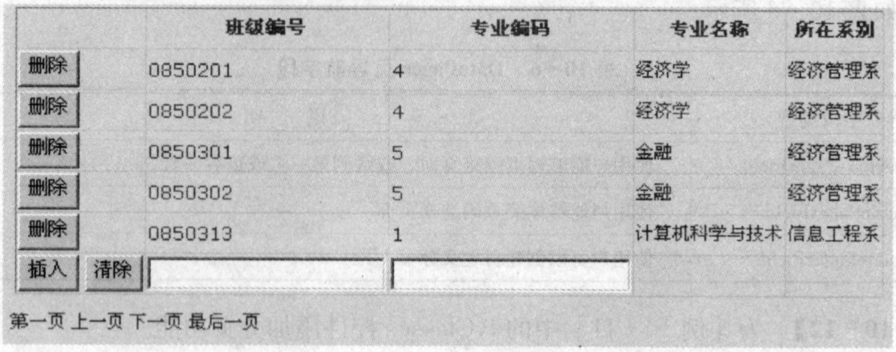

图 10-43 DataPager 分页控件运行结果

项 目 任 务

项目任务——使用 GridView 控件显示音乐搜索结果

每个页面上都有搜索框，用户输入内容后，然后选择按歌名、歌手或歌词进行搜索。当用户单击【立即搜索】按钮时，系统将在 Search.aspx 页面显示搜索结果，包括歌曲名称、歌手、欣赏次数等，如图 10-44 所示。当符合条件的记录多于 10 条时，应分页显示。

图 10-44 音乐搜索结果显示

【实现方法】

使用 GridView 控件可以非常容易地实现数据的显示和分页。GridView 控件支持声明式和编程式数据绑定方式。在此，采用编程式数据绑定方式，需要手动设置 GridView 控件模板。在图 10-44 所有显示的字段中，只有“在线欣赏”稍微特殊，它是一个具有超级链接的图片，当单击该图片时，将新打开一个播放音乐页面，并将当前行的音乐标识作为参数传递过去。因此，只需要将“在线欣赏”字段设置为模板列，其他字段设置为绑定列即可。启用 GridView 控件的分页功能，编写分页代码，就可以实现题目要求。

【操作步骤】

（1）打开校园音乐吧网站，切换到 search.aspx 页面设计视图，删除原有的音乐列表表格，并从工具箱中拖放一个 GridView 控件至此处，名称为 GridView1。

(2) 选择 GridView1 控件，打开智能标识 >，选择【编辑列】，编辑字段，如图 10-45 所示。清除【自动生成字段】复选框。

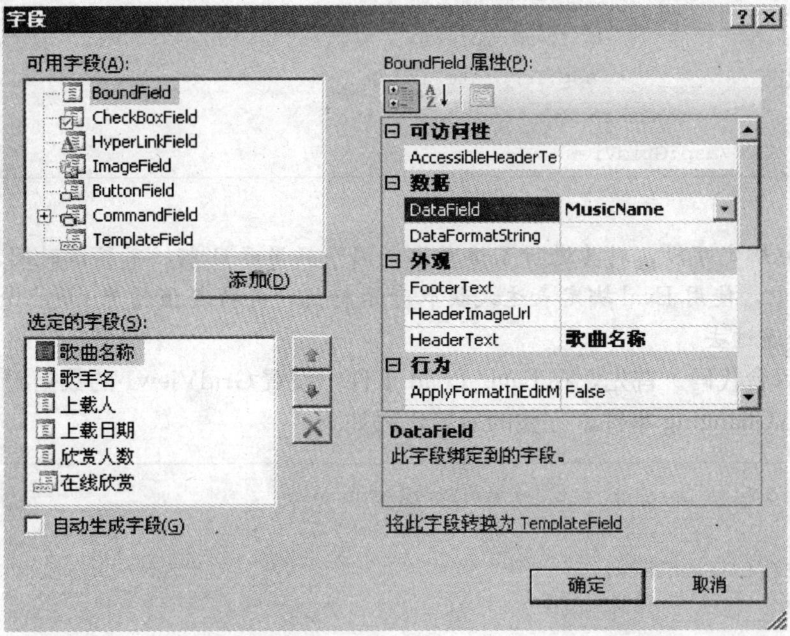

图 10-45　Gridview 控件字段设置

(3) 设置 GridView1 控件属性 AllowPaging 为 true，并设置 PageIndexChanging 事件为 GridView1_PageIndexChanging。

(4) 转换到 search.aspx 页面源视图，修改【在线欣赏】模板字段，为其添加 ItemTemplate 模板项，增加一个超级链接。GridView1 完整的代码如下：

```
<asp:GridView ID="GridView1" runat="server" AutoGenerateColumns="false"
              AllowPaging="true" onpageindexchanging="GridView1_PageIndex-
              Changing" style="margin-right:3px">
              <Columns>
                  <asp:BoundField DataField="MusicName" HeaderText="歌曲名称"/>
                  <asp:BoundField DataField="Singer" HeaderText="歌手名"/>
                  <asp:BoundField DataField="uploaderStuNo" HeaderText="上载
                  人"/>
                  <asp:BoundField DataField="adddate" DataFormatString="{0:
                  yyyy-MM-dd}"
                        HeaderText="上载日期"/>
                  <asp:BoundField DataField="clicks" HeaderText="欣赏人数"/>
                  <asp:TemplateField HeaderText="在线欣赏">
                    <ItemTemplate>
```

```
                        <a href="playMusic.aspx?id=<%#Eval("MusicId")%>"
                        target="_blank">
                <img src="Images/listen.gif" alt="Listen" width="20" height="20" border
                ="0" longdesc="#"/></a>
                    </ItemTemplate>
                  </asp:TemplateField>
              </Columns>
          </asp:GridView>
```

提示：

在 adddate 绑定字段，对其进行了格式化，用于只显示日期，不显示时间。在“在线欣赏”模板字段中，使用 Eval 绑定表达式获取音乐标识，并将其值作为 playMusic.aspx 页面的 id 参数值传递过去。

(5) 添加后台代码。首先，在 Page_Load 事件中设置 GridView1 的数据源，其次，还要响应 PageIndexChanging 事件。完整的后置代码如下。

```
protected void Page_Load(object sender,EventArgs e)
    {
        if(!IsPostBack)
        {
            BindData();
        }
    }
    private void BindData()
    {
        string keyword=Request["keywords"];
        string type=Request["t"];
        if(!string.IsNullOrEmpty(keyword)&&!string.IsNullOrEmpty(type))
        {
            Header1.KeyWords=keyword;
            Music m=new Music();
            DataSet ds=null;
            if(type=="1")
            {
                ds=m.SearchByName(keyword);
            }
            else if(type=="2")
            {
                ds=m.SearchBySinger(keyword);
            }
            else if(type=="3")
            {
```

```
                ds=m.SearchByContent(keyword);
            }
            else
            {
                //参数非法
                Response.Redirect("index.aspx");
                return;
            }
            Header1.SearchType=Convert.ToInt32(type);
            GridView1.DataSource=ds;
            GridView1.DataBind();
        }
        else
        {
            Response.Redirect("index.aspx");//转移到首页
        }
    }
    protected void GridView1_PageIndexChanging(object sender,GridViewPageEventArgs e)
    {
        GridView1.PageIndex=e.NewPageIndex;
        BindData();
    }
```

提示：

在 BindData 方法中，通过 Request 对象获取用户选择的搜索类型和输入的关键字。如果参数非法或没有输入关键字，系统将转到网站首页，否则根据用户输入内容进行搜索，并将搜索结果绑定到 GridView1 控件上。其中 Header1.KeyWords＝keyword 和 Header1.SearchType＝Convert.ToInt32（type）用来在当前页面还原用户输入的搜索关键字和选择的搜索类别。

KeyWords 和 SearchType 为 Header 控件的两个自定义属性，用来设置搜索框内容和搜索类型。具体实现为：

```
public string KeyWords
{
    get{return txtSearch.Text;}
    set{txtSearch.Text=value;}
}
public int SearchType
{
    get{return Convert.ToInt32(rblType.SelectedValue);}
    set{rblType.SelectedValue=value.ToString();}
}
```

项目任务——使用 DetailsView 控件实现"系别管理"

使用 DetailsView 控件和 SqlDataSource 数据源控件完成系别的添加、删除、修改功能（adminDepartment. aspx）。

【实现方法】

DetailsView 控件一页显示一条记录，支持数据的添加、删除和修改，前提是先配置好数据源。

【操作步骤】

（1）打开校园音乐吧网站，切换至 adminDepartment. aspx 页面的设计视图。删除系别列表所在的表格，然后从【工具箱】中拖放一个 SqlDataSource 控件至此处，命名为 SqlDataSource1。

（2）选择 SqlDataSource1 控件，打开智能标记 >，单击【配置数据源】超链接按钮，启动配置向导。依次做如下操作。选择【ConnectionString】数据库连接，配置【SELECT】语句为：

```
SELECT [DepartmentName] FROM [Department]
```

配置【UPDATE】语句为：

```
UPDATE Department SET Departmentname=@departmentname
where Departmentname=@original_departmentname
```

配置【INSERT】语句为：

```
INSERT INTO Department(DepartmentName)VALUES(@departmentname)
```

配置【DELETE】语句为：

```
DELETE FROM Department where departmentname=@departmentname
```

单击【下一步】和【完成】按钮，完成配置过程，UPDATE 配置界面如图 10-46 所示。

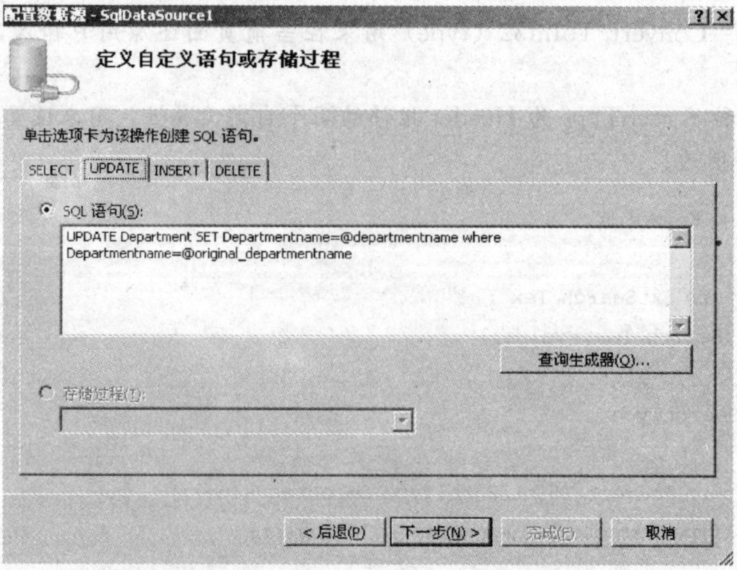

图 10-46　部门管理数据源配置界面

备注：

在 UPDATE 语句中有一个@original_departmentname 参数。由于在 Department 表中，仅有一个 DepartmentName 字段，并且该字段是表的主键，因此如果要更新 DepartmentName 的值，必须在 where 条件中指定它原来的值。在 SqlDataSource 数据源控件中使用@original_开头的参数表示原有的值。

如果在其他表中已经关联了该表中某个记录的值，当对其修改或删除时将会引发异常。

(3) 从【工具箱】处拖放一个 DetailsView 控件于此处。打开智能标记 >，选择【SqlDataSource1】为数据源。并且勾选【启用分页】、【启用插入】、【启用编辑】和【启用删除】复选框。如图 10－47 所示。

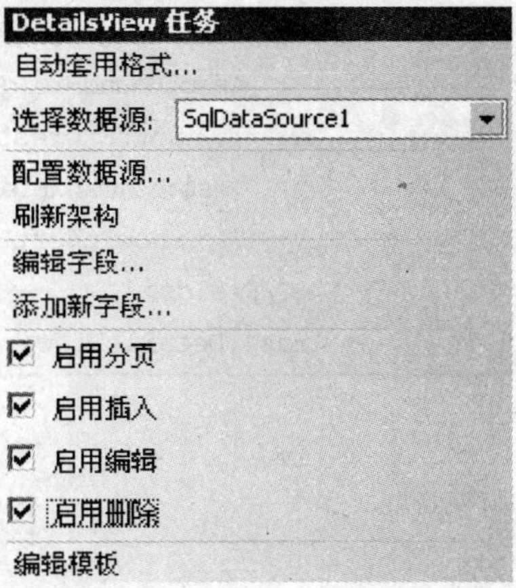

图 10－47　DetailsView 控件配置界面

(4) 切换到页面源视图，将 DetailsView1 控件 DepartmentName 绑定列的 HeaderText 的值由 DepartmentName 更改为【院系名称】，去除 DepartmentName 绑定列的 ReadOnly 属性。并将 DetailsView1 控件的 Width 属性设置为 100%。完整的数据源控件 SqlDataSource1 和 DetailsView1 控件的代码如下。

```
<asp:SqlDataSource ID="SqlDataSource1" runat="server"
        ConnectionString="<%$ConnectionStrings:ConnectionString%>"
        DeleteCommand="DELETE FROM Department where departmentname=@departmentname"
        InsertCommand="INSERT INTO Department(DepartmentName)VALUES(@departme-
        ntname)"
        SelectCommand="SELECT [DepartmentName] FROM [Department]"
        UpdateCommand="UPDATE Department SET Departmentname=@departmentname
                        where Departmentname=@original_departmentname">
        <DeleteParameters>
            <asp:Parameter Name="departmentname"/>
        </DeleteParameters>
        <UpdateParameters>
            <asp:Parameter Name="departmentname"/>
            <asp:Parameter Name="original_departmentname"/>
        </UpdateParameters>
        <InsertParameters>
            <asp:Parameter Name="departmentname"/>
        </InsertParameters>
</asp:SqlDataSource>
<asp:DetailsView ID="DetailsView1" runat="server" Height="50px" Width="125px"
        AllowPaging="true" AutoGenerateRows="false" DataKeyNames="Department-
        Name"
        DataSourceID="SqlDataSource1" Width="100%">
```

```
    <Fields>
        <asp:BoundField DataField="DepartmentName" HeaderText="院系名称"
            SortExpression="DepartmentName"/>
        <asp:CommandField ShowDeleteButton="true" ShowEditButton="true"
            ShowInsertButton="true"/>
    </Fields>
</asp:DetailsView>
```

上机实战

上机实战——利用 DataList 控件实现“音乐类别”管理

使用编程式数据绑定方式，利用 DataList 控件实现音乐类别的显示、编辑和删除功能（adminMusicCategory. aspx）。

【要点提示】

由于系统中的类别并不多，因此不需要对数据进行分页显示，故选择了 DataList 控件。DataList 控件需要用户自己编辑 ItemTemplate 模板实现数据显示，通过编辑 EditItemTemplate 模板实现编辑、更新和取消功能。由于 DataList 控件不会自动呈现为表格，所以和 Repeater 控件一样，可以通过设置 HeaderTemplate 和 FooterTemplate 模板，组合为一个 Table 布局。

DataList 控件也不像 FormView 控件或 DetailsView 控件，可以自动生成上述模板，并在模板中添加【编辑】、【删除】、【更新】和【取消】按钮，需要用户手动添加 LinkButton 实现，并且必须正确设置其 CommandName 属性为 Edit、Delete、Update 和 Cancel。最后用户手动编写代码响应 DataList 控件的 EditCommand、DeleteCommand 、UpdateCommand 和 CancelCommand 事件。

音乐类别名称	音乐类别描述	编辑	删除
大陆流行音乐	大陆流行音乐	编辑	删除
港台金曲	港台金曲	编辑	删除
欧美经典	欧美经典	编辑	删除

图 10-48 音乐类别管理

实现后的效果如图 10-48 所示。

【参考代码】

adminMusicCategory. aspx 页面 DataList 控件相关代码如下。

```
<asp:DataList ID="dlMusicCategory" runat="server" DataKeyField="CategoryName"
            oncancelcommand="dlMusicCategory_CancelCommand"
            ondeletecommand="dlMusicCategory_DeleteCommand" oneditcommand="dl-
            MusicCategory_EditCommand"
```

```
        onupdatecommand="dlMusicCategory_UpdateCommand">
    <HeaderTemplate>
    <table border="0" cellpadding="2" cellspacing="3" width="100%">
        <tr>
                <td>音乐类别名称</td>
                <td>音乐类别描述</td>
                <td>编辑</td>
                <td>删除</td>
        </tr>
    </HeaderTemplate>
    <FooterTemplate>
            </table>
    </FooterTemplate>
    <ItemTemplate>
        <tr>
                <td>
                    <asp:Label ID="lblCategoryName" runat="server"
                    Text='<%#Eval("CategoryName")%>'></asp:Label>
                </td>
                <td>
                    <asp:Label ID="Label1" runat="server" Text='<%#Eval("Memo")%>'>
                    </asp:Label>
                </td>
                <td><asp:LinkButton ID="lbEdit" runat="server" CausesValida-
               tion="false"
                        CommandName="Edit">编辑</asp:LinkButton></td>
                <td><asp:LinkButton ID="lbDelete" runat="server" CausesVali-
               dation="false"
                        CommandName="Delete">删除</asp:LinkButton></td>
        </tr>
    </ItemTemplate>
    <EditItemTemplate>
        <tr>
         <td>
                    <asp:Label ID="lblCategoryName" runat="server"
                        Text='<%#Eval("CategoryName")%>'></asp:Label>
         </td>
         <td>
                    <asp:TextBox ID="txtMemo" runat="server" Text='<%#Eval("Me-
                    mo")%>'></asp:TextBox>
         </td>
```

```
                <td>
                    <asp:LinkButton ID="lbEdit" CommandName="Update" runat="server"
                        CausesValidation="false">更新</asp:LinkButton>
                </td>
                <td>
                    <asp:LinkButton ID="lbCancel" CommandName="Cancel" runat
                    ="server"
                        CausesValidation="false">取消</asp:LinkButton>
                </td>
            </tr>
        </EditItemTemplate>
</asp:DataList>
```

adminMusicCategory.aspx后置相关代码如下：

```
protected void Page_Load(object sender,EventArgs e)
{
    if(!IsPostBack)
    {
        BindMusicCategory();
    }
}
//获取所有音乐列表并绑定到音乐类别控件
protected void BindMusicCategory()
{
    MusicCategory mc=new MusicCategory();
    dlMusicCategory.DataSource=mc.GetAll();
    dlMusicCategory.DataBind();
}
//取消事件
protected void dlMusicCategory_CancelCommand(object source,DataListCommandEven-
tArgs e)
{
    dlMusicCategory.EditItemIndex=-1;
    BindMusicCategory();
}
//删除事件
protected void dlMusicCategory_DeleteCommand(object source,DataListCommandEven-
tArgs e)
{
    string categoryName=dlMusicCategory.DataKeys[e.Item.ItemIndex].ToString();
    MusicCategory mc=new MusicCategory();
```

```
        mc.CategoryName=categoryName;
        mc.DelCategory();
        BindMusicCategory();
}
//编辑事件
protected void dlMusicCategory_EditCommand(object source,DataListCommandEventArgs e)
{
        dlMusicCategory.EditItemIndex=e.Item.ItemIndex;
        BindMusicCategory();
}
//更新事件
protected void dlMusicCategory_UpdateCommand (object source, DataListCommandEven-
tArgs e)
{
        string categoryName=dlMusicCategory.DataKeys[e.Item.ItemIndex].ToString();
        string newmemo=((TextBox)e.Item.FindControl("txtMemo")).Text;
        MusicCategory mc=new MusicCategory();
        mc.CategoryName=categoryName;
        mc.ModifyCategory(categoryName,newmemo);
        dlMusicCategory.EditItemIndex=-1;
        BindMusicCategory();
}
```

上机实战——使用 ListView 控件实现“我的音乐”管理

myMusic.aspx 页面是对用户自己上传的音乐进行分类管理。当用户单击左边的音乐类别时，右边将显示该类别下自己上传的所有音乐，如图 10－49 所示。在该页面中，允许用户修改歌曲的名称和歌手名称，不允许用户修改上载日期和欣赏人数等信息；用户也可以删除某条音乐信息。如果音乐非常多，需要对其进行分页，每页显示 10 条音乐信息。

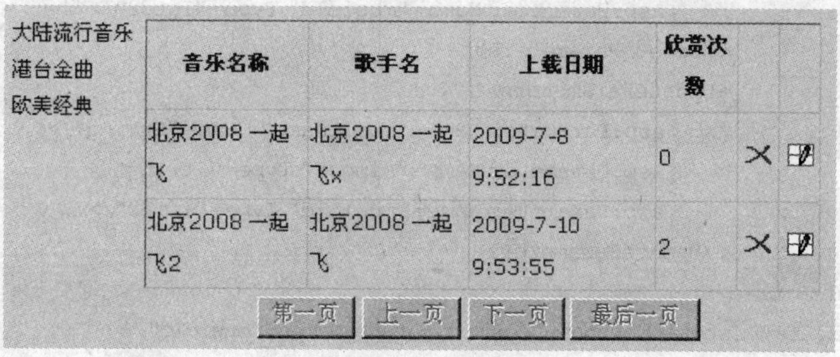

图 10－49　管理“我的音乐”

【要点提示】

ListView 控件结合数据源控件提供了数据显示、删除、编辑功能。

首先，拖放一个 SqlDataSource 控件到该页面上，设置 Select 语句，并为其设置两个参数，一个是 Control 参数，指向 tvCategory 控件，另外一个是 None 参数，可以在 Page_Load 事件中为其赋值为当前登录用户的学号。由于不需要插入功能，所以不需要配置 Insert 语句。因为只允许修改音乐名称和歌手名，所以在 Update 语句中去除其他不必要的字段。Delete 语句默认就可以。

然后，拖放一个 ListView 控件到该页面上，并将其 DataSourceID 指向刚才 SqlDataSource 数据源，选择【启用编辑】、【启用删除】和【启用分页】复选项。系统自动为其生成模板。要显示的和最终效果一样，用户需要自己动手修改 ListView 控件模板，删除不必要的字段。

最后，如果要实现删除和编辑按钮的图片显示效果，需要将 ItemTemplate、AlternatingItemTemplate、SelectedItemTemplate 模板中【删除】和【编辑】按钮转换为 ImageButton 按钮。将编辑模板中不需要更新的字段替换为 Label 控件显示其值即可。

【参考代码】

控件页面参考代码：

```
<asp:SqlDataSource ID="SqlDataSource1" runat="server"
                   ConnectionString="<%$ConnectionStrings:ConnectionString%>"
                   DeleteCommand="DELETE FROM [Music] WHERE [musicId]=@musicId"
                   SelectCommand="SELECT * FROM[Music]WHERE(([CategoryName]=@CategoryName)
                     AND([uploaderStuNo]=@uploaderStuNo))"
                   UpdateCommand="UPDATE [Music] SET [musicName]=@musicName,[singer]=
                   @singer
                     WHERE [musicId]=@musicId">
                     <SelectParameters>
                       <asp:ControlParameter ControlID="tvCategory" Name="CategoryName"
                           PropertyName="SelectedValue" Type="String"/>
                       <asp:Parameter Name="uploaderStuNo" Type="String"/>
                     </SelectParameters>
                     <DeleteParameters>
                       <asp:Parameter Name="musicId" Type="Int32"/>
                     </DeleteParameters>
                     <UpdateParameters>
                       <asp:Parameter Name="musicName" Type="String"/>
                       <asp:Parameter Name="singer" Type="String"/>
                       <asp:Parameter Name="musicId" Type="Int32"/>
                     </UpdateParameters>
</asp:SqlDataSource>
<asp:ListView ID="ListView1" runat="server" DataKeyNames="musicId"
                   DataSourceID="SqlDataSource1">
                     <ItemTemplate>
```

```
            <tr style="background-color:#FFFBD6;color:#333333;">
                <td>
                    <asp:Label ID="musicNameLabel" runat="server" Text='<%#
                   Eval("musicName")%>'/>
                </td>
                <td>
                    <asp:Label ID="singerLabel" runat="server" Text='<%
                   #Eval("singer")%>'/>
                </td>
                <td>
                    <asp:Label ID="addDateLabel" runat="server" Text='<%#
                    Eval("addDate")%>'/>
                </td>
                <td>
                    <asp:Label ID="clicksLabel" runat="server" Text='<%#Eval
                    ("clicks")%>'/>
                </td>
                <td>
                    <asp:ImageButton ID="Ib1" runat="server" CommandName
                    ="Delete"
                      ImageUrl="Images/Delete.gif"/>
                </td>
                <td>
                    <asp:ImageButton ID="Ib2" runat="server" CommandName
                    ="Edit"
                      ImageUrl="Images/Edit.gif"/>
                </td>
             </tr>
        </ItemTemplate>
        <AlternatingItemTemplate>
             <tr style="background-color:#FAFAD2;color:#284775;">
                <td>
                    <asp:Label ID="musicNameLabel" runat="server" Text=
                    '<%#Eval("musicName")%>'/>
                </td>
                <td>
                    <asp:Label ID="singerLabel" runat="server" Text='<%
                   #Eval("singer")%>'/>
                </td>
                <td>
                    <asp:Label ID="addDateLabel" runat="server" Text='<%#
                   Eval("addDate")%>'/>
```

```
                    </td>
                    <td>
                        <asp:Label ID="clicksLabel" runat="server" Text='<%
                        #Eval("clicks")%>'/>
                    </td>
                    <td>
                        <asp:ImageButton ID="ib1" runat="server" CommandName
                        ="Delete"
                          ImageUrl="Images/Delete.gif"/>
                    </td>
                    <td>
                        <asp:ImageButton ID="Ib2" runat="server" CommandName
                        ="Edit"
                          ImageUrl="Images/Edit.gif"/>
                        </td>

                </tr>
            </AlternatingItemTemplate>
            <EmptyDataTemplate>
                <table runat="server"
                        style="background-color:#FFFFFF;border-collapse:col-
                        lapse;border-color:
                        #999999;border-style:none;border-width:1px;">
                        <tr>
                            <td>
                                未返回数据。</td>
                        </tr>
                </table>
            </EmptyDataTemplate>
            <LayoutTemplate>
                <table runat="server">
                    <tr runat="server">
                        <td runat="server">
                            <table ID="itemPlaceholderContainer" runat=
                            "server" border="1"
                                    style="background-color:#FFFFFF;bor-
                                    der-collapse:collapse;border-color:
                                    #999999;
                            border-style:none;border-width:1px;font-fami-
                            ly:Verdana,Arial,Helvetica,sans-serif;">
                            <tr runat="server" style="background-col-
                            or:#FFFBD6;color:#333333;">
```

```
                                    <th runat="server">音乐名称</th>
                                    <th runat="server">歌手名</th>
                                    <th runat="server">上载日期</th>
                                    <th runat="server">欣赏次数</th>
                                    <th runat="server"></th>
                                    <th runat="server"></th>
                                </tr>
                                <tr ID="itemPlaceholder" runat="server">
                                </tr>
                            </table>
                        </td>
                    </tr>
                    <tr runat="server">
                        <td runat="server"
                style="text-align:center;background-color:#FFCC66;
                    font-family:Verdana,Arial,Helvetica,sans-serif;color:#
                    333333;">
                <asp:DataPager ID="DataPager1" runat="server">
                    <Fields>
                        <asp:NextPreviousPagerField ButtonType="Button" Show-
                        FirstPageButton="true"
                            ShowLastPageButton="true"/>
                    </Fields>
                </asp:DataPager>
            </td>
        </tr>
    </table>
</LayoutTemplate>
<EditItemTemplate>
    <tr style="background-color:#FFCC66;color:#000080;">
        <td>
            <asp:TextBox ID="musicNameTextBox" runat="server"
                Text='<%#Bind("musicName")%>'/>
        </td>
        <td>
            <asp:TextBox ID="singerTextBox" runat="server" Text='<%#Bind
            ("singer")%>'/>
        </td>
        <td>
            <asp:LabelID="addDateLabel" runat="server" Text='<%#Eval("addDate")
            %>'/>
        </td>
```

```
        <td>
            <asp:Label ID="Label1" runat="server" Text='<%#Eval("clicks")%>'>
        </td>
        <td>
            <asp:Button ID="UpdateButton" runat="server" CommandName="Update"
            Text="更新"/>
        </td>
        <td>
            <asp:Button ID="CancelButton" runat="server" CommandName="Cancel"
            Text="取消"/>
        </td>
        </tr>
</EditItemTemplate>
<SelectedItemTemplate>
    <tr style="background-color:#FFCC66;font-weight:bold;color:#000080;">
        <td>
            <asp:Label ID="musicNameLabel" runat="server" Text='<%#Eval("mu-
            sicName")%>'/>
        </td>
        <td>
            <asp:Label ID="singerLabel" runat="server" Text='<%#Eval("sing-
            er")%>'/>
        </td>
        <td>
            <asp:Label ID="addDateLabel" runat="server" Text='<%# Eval("ad-
            dDate")%>'/>
        </td>
        <td>
            <asp:Label ID="clicksLabel" runat="server" Text='<%#Eval("clicks")
            %>'/>
        </td>
        <td>
            <asp:ImageButton ID="ib1" runat="server" CommandName="Delete" ImageUrl
            ="Images/Delete.gif"/>
        </td>
        <td>
            <asp:ImageButton ID="Ib2" runat="server" CommandName="Edit" ImageUrl
            ="Images/Edit.gif"/>
        </td>
    </tr>
    </SelectedItemTemplate>
        </asp:ListView>
```

页面后置文件相关代码：

```
protected void Page_Load(object sender,EventArgs e)
{
    if(!IsPostBack)
    {
        LoadMusicCategory();

        //设定数据源参数——学生学号
    if(Session["STUDENT_ME"]!=null)
    {
        string stuNo=((Student)Session["STUDENT_ME"]).StuNo;
        SqlDataSource1.SelectParameters["uploaderStuNo"].DefaultValue=stuNo;
    }
}
```

习　　题

1. 应用 Repeater 控件实现首页最新音乐列表显示功能。
2. 应用 GridView 控件实现更多音乐排行列表功能（moreHotMusic. aspx)。
3. 应用 GridView 控件实现更多新歌列表功能（moreNewMusic. aspx)。
4. 应用 GridView 控件实现管理员后台“所有音乐”管理功能（adminAllMusic. aspx)。
5. 应用 GridView 控件实现用户基本信息页面“最近贡献音乐”列表功能（showUser-BasicInfo. aspx. aspx)。

第 11 章 母版页、主题与皮肤

本章要点

- ◆ 母版页的概念
- ◆ 母版页的创建与应用
- ◆ 主题与皮肤的概念
- ◆ 主题与皮肤创建与应用

11.1 概　　述

在浏览网页时，注意到多数网站的网页设计风格都很相似，每个页面仿佛是由一个模板克隆而来的。统一的页面风格主要体现在以下几个方面：

(1) 具有相同的网站 LOGO 和页眉部分；

(2) 相同的包含版权信息的页脚部分；

(3) 相同的菜单、导航或搜索框；

(4) 相似的色彩和字体。

通过前面第 2 章和第 3 章的学习，校园音乐吧网站和其他网站一样，在页面设计时，考虑到页面风格一致性问题。所有的网页具有共同的外观，例如每个页面左上角为网站 LOGO，每个网页具有相同的页脚版权信息以及搜索框等。

如果采用第 2 章的方法，通过复制相同内容部分的 HTML 代码，以达到页面风格一致的目的，工作量是相当大的，并且容易出错。ASP.NET 2.0 及以后版本提供了母版页、用户控件和主题技术，从网站全局、网页局部到某类控件，为创建一致风格的网站，提供了最佳解决方案。

母版页（Master Page）的作用类似 Dreamweaver 中“模板”的概念，可以为应用程序中的网页创建一致的布局。母版页可以为应用程序中的所有页（或一组页）定义统一的外观和行为。然后可以在此基础上创建包含显示内容的各个内容页。当用户请求内容页时，这些内容页与母版页合并，将母版页的布局与内容页的内容组合在一起输出。

一个网站可以设置多个母版页，以满足不同显示风格的需要。

母版页是一种特殊的 ASP .NET 网页，像其他的常规 ASP .NET 网页一样，可以包含静态 HTML 内容和各种 Web 服务器端控件。母版页通常包含网页布局内容。创建一个新的 ASP .NET 网页时，可以将该新网页关联到母版页，从而让新网页继承母版页的内容。

母版页技术适合在整个网站范围内为所有页面（或多个页面）创建一致的页面风格。

用户控件（User Control）技术是另外一种技术，在本书第 8 章中，我们已经学习了如何创建和使用用户控件的相关知识。使用用户控件技术不仅可以减小程序员工作量，降低出错的概率，而且可以创建一致的页面局部风格。只需要修改用户控件内容，经过编译后，所有网页中的用户控件都会自动跟着变化。

用户控件技术适合于创建风格一致的页面局部内容。通过在多个页面内引用该控件，达到一致的风格。

主题（Theme）是定义网站中页和控件的外观的属性集合。主题可以包括外观文件（定义 ASP .NET Web 服务器控件的属性，也称为皮肤文件，必须以 .SKIN 为扩展名，且必须放置在系统的 App_Themes 目录下），还可以包括级联样式表文件（.css 文件）和图形。通过应用主题，可以为网站中的页提供一致的外观。

主题技术适合于为所有页面（或多个页面）中的某类控件定义相同的外观。比如，为所有页面的 GridView 控件、FormView 控件或 TextBox 等控件定义相同的外观。

11.2 母 版 页

母版页由两部分组成，即母版页本身与一个或多个内容页。母版页是指扩展名为 .master（如 MySite.master）的 ASP .NET 文件，它具有可以包括静态文本、HTML 元素和服务器控件的预定义布局。母版页由特殊的@Master 指令识别，该指令替换了用于普通 .aspx 页的@Page 指令。该指令类看起来类似下面这样。

```
<%@Master Language="C#"%>
```

@Master 指令可以包含的指令与@Control 指令可以包含的指令大多数是相同的。例如，下面的母版页指令包括一个代码隐藏文件的名称并将一个类名称分配给母版页。

```
<%@Master Language="C#" CodeFile="MasterPage.master.cs" Inherits="MasterPage"%>
```

除@Master 指令外，母版页还包含页的所有顶级 HTML 元素，如 HTML、HEAD 和 FORM；也可以在母版页中使用任何 HTML 元素和 ASP .NET 元素。例如，在母版页上可以将一个 HTML 表用于布局、将一个 IMG 元素用于显示公司徽标、将静态文本用于版权声明并使用服务器控件创建站点的标准导航。

除了在所有页上显示的静态文本和控件外，母版页还包含一个或多个 ContentPlaceHolder 占位符控件。这些占位符控件定义了可替换内容出现的区域。在内容页中定义可替换的具体内容。

通过创建各个内容页来定义母版页的占位符控件的内容，这些内容页为绑定到特定母版页的 ASP .NET 页（.aspx 文件以及可选的代码隐藏文件）。通过内容页的@Page 指令的 MasterPageFile 属性，建立内容页和母版页的绑定关系。例如，一个内容页可能包含下面的@Page 指令，该指令将内容页绑定到 Master1.master 母版页。

```
<%@Page Language="C#" MasterPageFile="~/MasterPages/Master1.master" Title="Content Page"%>
```

在内容页中，通过添加 Content 控件并将这些控件映射到母版页上的 ContentPlaceHolder 控件来创建内容。例如，母版页可能包含名为 Main 和 Footer 两个内容占位符。在内容页中，可以创建两个 Content 控件，一个映射到 ContentPlaceHolder 控件 Main，而另一个映射到 ContentPlaceHolder 控件 Footer，如图 11-1 所示。

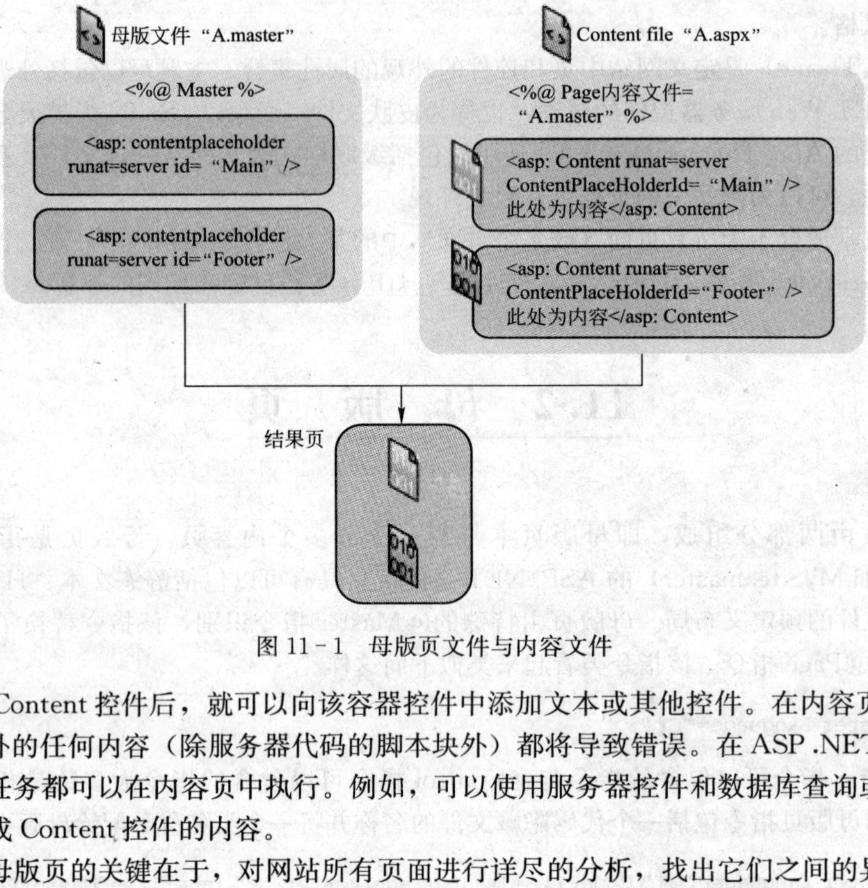

图 11-1　母版页文件与内容文件

创建 Content 控件后，就可以向该容器控件中添加文本或其他控件。在内容页中，Content 控件外的任何内容（除服务器代码的脚本块外）都将导致错误。在 ASP .NET 页中所执行的所有任务都可以在内容页中执行。例如，可以使用服务器控件和数据库查询或其他动态机制来生成 Content 控件的内容。

定义母版页的关键在于，对网站所有页面进行详尽的分析，找出它们之间的异同，确定一个或多个母版页。将相同的部分定义在母版页中，将不同的内容定义在内容页中。

11.2.1　创建母版页

由于我们在学习前面章节时，还没有学习到母版页技术，所有的页面都已经做好。除用户控件外，其他页面（包括 HTM 页面和 ASPX 页面）都可以单独运行。如果将所有的页面转换到母版页下，工作量比较大。因此，本章主要介绍母版页创建和使用技术，读者自己可以将网站页面转换到母版页技术下实现。

Visual Studio 2008 提供了母版页创建向导，帮助程序人员创建母版页。下面通过一个具体的例子讲解母版页创建的过程。

【例 11-1】　分析校园音乐吧项目页面布局，创建母版页。

由前面章节的学习知道，校园音乐吧网站的页面主要分为两大类，一类是所有用户都可以访问的页面，如首页、音乐播放页面、用户信息页面、排行榜页面、新歌列表页面以及登录和注册页面等。另一类是会员页面，包括普通会员相关页面和管理员相关页面。在第一类页面中，除首页外，其他页面具有相同的页脚和页眉部分，因此可以为其创建一个单独母版。在第二类页面中，由于普通会员相关页面和管理员相关页面左边的目录树并不一样，因此可以为其单独创建模板，也可以将中间部分看作是内容页部分，这样就可以重用第一个母版。

本例以创建一个具有相同页眉和页脚的母版页为例，讲述其创建的具体步骤。

(1) 打开校园音乐吧网站，单击菜单【网站】|【添加新项】，在弹出的对话框中，选择【母版页】模板，并将其命名为 MyMasterPage.master，如图 11-2 所示。单击【添加】按钮，系统就为网站添加了一个新的母版页。

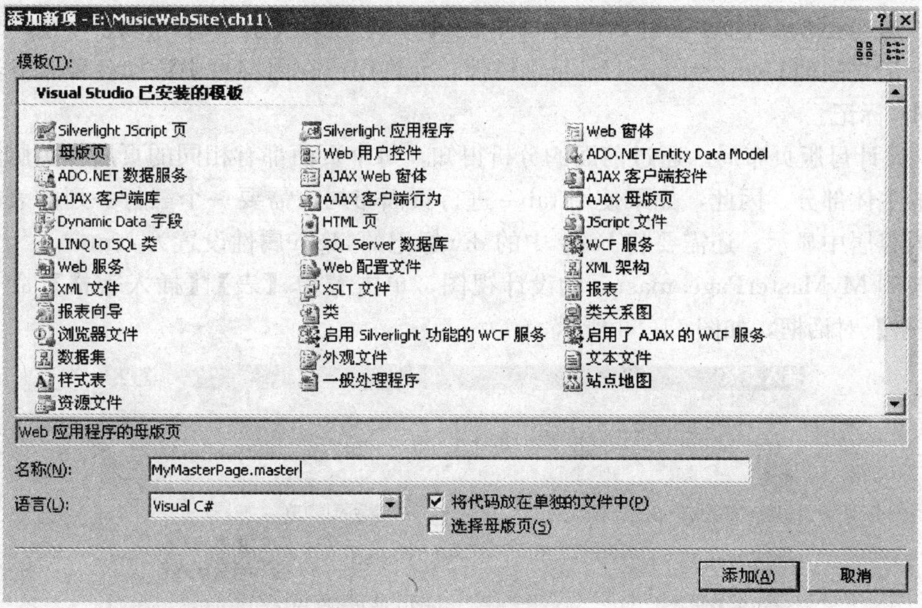

图 11-2　添加母版页

系统为母版页 MyMasterPage.master 自动生成如下代码：

```
<%@Master Language="C#" AutoEventWireup="true" CodeFile="MyMasterPage.master.cs"
Inherits="MyMasterPage"%>
<!DOCTYPE html PUBLIC"-//W3C//DTD XHTML 1.0 Transitional//EN"
"http://www.w3.org/TR/xhtml1/DTD/xhtml1-transitional.dtd">
<html xmlns="http://www.w3.org/1999/xhtml">
<head runat="server">
    <title></title>
    <asp:ContentPlaceHolder id="head" runat="server">
    </asp:ContentPlaceHolder>
</head>
<body>
```

```
        <form id="form1" runat="server">
        <div>
            <asp:ContentPlaceHolder id="ContentPlaceHolder1" runat="server">
            </asp:ContentPlaceHolder>
        </div>
        </form>
    </body>
    </html>
```

可以看出，母版页是 <%@Master %> 指令开头，并且默认在 HEAD 和 BODY 之中各插入了一个 ContentPlaceHolder 控件。名为 head 的 ContentPlaceHolder 控件允许用户在内容页添加自己头部内容，比如内容页单独的样式定义或 JavaScript 代码等。而放置于 BODY 标记之间的 ContentPlaceHolder1 控件，允许用户在内容页中添加各种服务器端控件或 HTML 标记。

(2) 设计母版页布局。通过前面的分析得知，每个页面都有相同的页眉和页脚，不同的是中间的主体部分。因此，如果使用 table 进行页面布局，需要一个三行一列的表格。为了使页面内容居中显示，还需要将 body 中的 div 标记的 algin 属性设置为 center。

切换到 MyMasterPage. master 的设计视图，单击菜单【表】|【插入表格】命令，打开【插入表格】对话框，如图 11 - 3 所示。

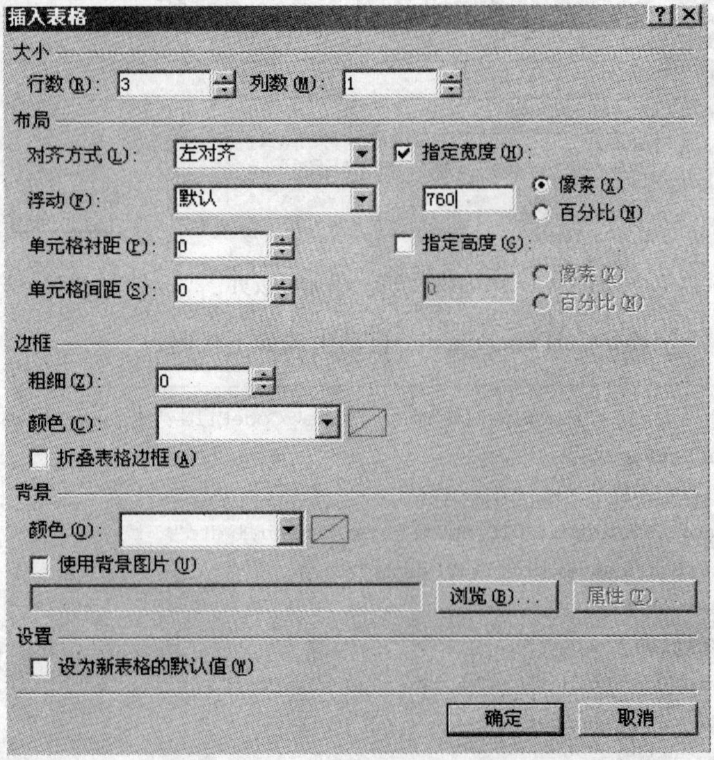

图 11 - 3　插入表格对话框

将行数设置为 3，列数设置为 1，选择指定宽度为 760 个像素，单元格衬距为 0，单元格间距为 0。

(3) 在解决方案资源管理器中，将 Header. ascx 用户控件拖放于上述表格的第一单元格中。将 Footer. ascx 用户控件拖放于上述表格的最后一个单元格中。

(4) 如果 table 不在 div 标记之间，将其复制到 <div> 和 </div> 之间。将中间单元格的 align 属性设置为 left，valign 属性设置为 top。并将 ContentPlaceHolder1 标记置于该单元格中。

(5) 在页面 Header 中添加 main. css 文件和 main. js 文件引用。母版页设计完成后页面视图效果如图 11-4 所示，页面程序清单如下。

图 11-4　母版页设计视图

```
<%@Master Language="C#" AutoEventWireup="true" CodeFile="MyMasterPage.master.cs"
Inherits="MyMasterPage"%>
<%@Register src="Header.ascx" tagname="Header" tagprefix="uc1"%>
<%@Register src="Footer.ascx" tagname="Footer" tagprefix="uc2"%>
<!DOCTYPE html PUBLIC"-//W3C//DTD XHTML 1.0 Transitional//EN"
"http://www.w3.org/TR/xhtml1/DTD/xhtml1-transitional.dtd">
<html xmlns="http://www.w3.org/1999/xhtml">
<head runat="server">
    <title></title>
    <link href="css/main.css" rel="stylesheet" type="text/css"/>
    <script language="javascript" type="text/javascript" src="Js/main.js"></script>
    <asp:ContentPlaceHolder id="head" runat="server">
    </asp:ContentPlaceHolder>
    <style type="text/css">
        .style1
        {
            width: 760px;
        }
    </style>
</head>
<body>
    <form id="form1" runat="server">
    <div align="center">
```

```
    <table align="left" cellpadding="0" cellspacing="0" class="style1">
        <tr>
            <td>
                <uc1:Header ID="Header1" runat="server"/>
            </td>
        </tr>
        <tr>
            <td align="left" valign="top">
                <asp:ContentPlaceHolder id="ContentPlaceHolder1" runat="server">
            </asp:ContentPlaceHolder>
            </td>
        </tr>
        <tr>
            <td>
                <uc2:Footer ID="Footer1" runat="server"/>
            </td>
        </tr>
    </table>
    </div>
    </form>
</body>
</html>
```

提示：

母版页的扩展名必须为 .master，一个网站可以有多个母版页。一个母版页中可以有多个 ContentPlaceHolder。

经过上述操作，就创建了本网站的一个母版页，它定义了公共的页眉和页脚部分，中间是一个内容页占位部分。

11.2.2 创建内容页

创建好母版页后，接下来的工作就是要创建继承该母版页的 ASP .NET 内容页。要指定 ASP .NET 网页继承母版页，只需要在添加 Web 窗体时选中【选择母版页】复选框即可。

【例 11 - 2】 仿照 Login. aspx 页面创建 Login2. aspx 页面，并且继承 MyMasterPage. master 母版页。

由校园音乐吧网站设计知道，Login. aspx 页面和其他页面一样具有一致的页面风格，在此，使用母版页来实现。

具体实现步骤如下。

(1) 打开校园音乐吧网站，单击菜单【网站】|【添加新项】，在弹出的对话框中，选择【Web 窗体】模板，将其命名为 Login2. aspx，并勾选【选择母版页】复选框。如图 11 - 5 所示。单击【添加】按钮，系统弹出【选择母版页】对话框，选中【MyMasterPage. master】母

版页，如图 11－6 所示。单击【确定】按钮完成页面添加。

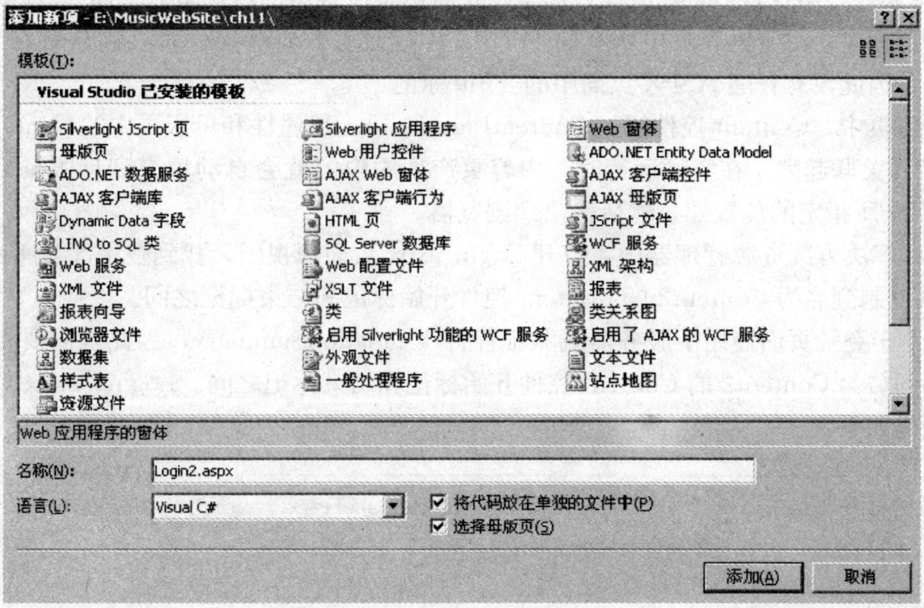

图 11－5　添加 Login. aspx 内容页

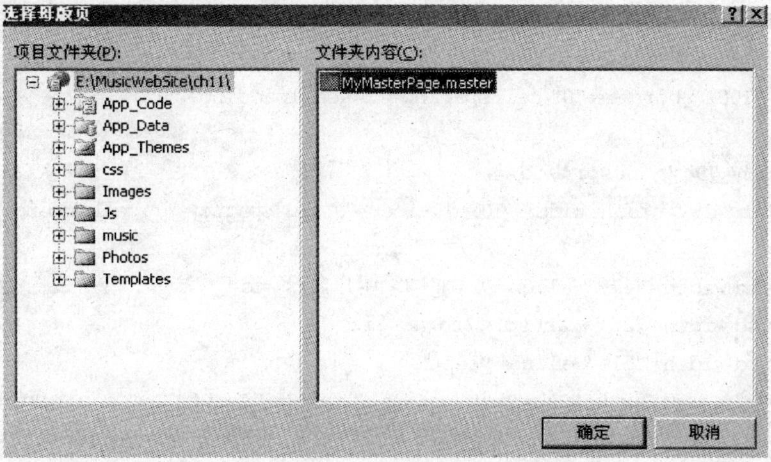

图 11－6　选择 MyMasterPage. master 母版页

添加完成后，系统自动为 Login. aspx 页面生成如下代码：

```
<%@Page Title="" Language="C#" MasterPageFile="~/MyMasterPage.master" AutoEventWireup="true"
CodeFile="Login2.aspx.cs" Inherits="Login2"%>
<asp:Content ID="Content1" ContentPlaceHolderID="head" Runat="Server">
</asp:Content>
<asp:Content ID="Content2" ContentPlaceHolderID="ContentPlaceHolder1" Runat="Server">

</asp:Content>
```

和普通的Web窗体页面相比较得知，在页面的@Page指令中，多了MasterPageFile属性和Title属性，MasterPageFile属性用于指定本网页所继承的母版页，Title属性则用来指定本网页的标题，由于内容页中所有的HTML标记或服务器端控件都必须放置在Content控件之中，因此没有普通ASPX页面中的Title标记。

在内容页中，Content控件通过ContentPlaceHolderID属性和母版页中的ContentPlaceHolder控件关联起来。在实际运行时，内容页产生的内容就会自动填充到母版页ContentPlaceHolder所指定的位置处，然后输出到浏览器。

(2) 在解决方案资源管理器中，打开Login.aspx页面源视图，找到登录部分所在的Table，将其复制到名为Content2的Content控件开始标记和结束标记之间。

(3) 由于登录页面使用了服务器端验证控件ValidationSummary，因此也需要将其相关代码复制到名为Content2的Content控件开始标记和结束标记之间。Login2.aspx页面完整的页面代码如下：

```
<%@ Page Title="" Language="C#" MasterPageFile="~/MyMasterPage.master" AutoEventWireup="true"
CodeFile="Login2.aspx.cs" Inherits="Login2"%>

<asp:Content ID="Content1" ContentPlaceHolderID="head" Runat="Server">
</asp:Content>
<asp:Content ID="Content2" ContentPlaceHolderID="ContentPlaceHolder1" Runat="Server">

<table width="100%" border="0" cellspacing="0" cellpadding="0">
      <tr>
      <td width="9%"> </td>
      <td width="41%"><table width="100%" border="0" cellspacing="0" cellpadding="2">
        <tr>
            <td width="47%" align="right">用户名:</td>
            <td width="2%">  </td>
            <td width="51%" align="left">
                <asp:TextBox ID="txtUserName" runat="server"></asp:TextBox>
                <asp:RequiredFieldValidator ID="RequiredFieldValidator1" runat
                                ="server"
                    ControlToValidate="txtUserName" Display="None" ErrorMessage="请输
                    入用户名"></asp:RequiredFieldValidator>
                </td>
         </tr>
         <tr>
            <td align="right">密码:</td>
            <td>  </td>
            <td align="left">
                 <asp:TextBox ID="txtUserPwd" runat="server"
TextMode="Password"></asp:TextBox>
```

```
                        <asp:RequiredFieldValidator ID="RequiredFieldValidator2" runat=
                        "server"
                            ControlToValidate="txtUserPwd" Display="None" ErrorMessage
                            ="请输入密码"></asp:RequiredFieldValidator>
                    </td>
                </tr>
                <tr>
                    <td colspan="3" align="center"> <label>
                         
                        <asp:Button ID="btnLogin" runat="server" Text="登录" OnClick="
                        btnLogin_Click"/>
                        <input type="submit" name="btnClear" value="清空"/></label></td>
                </tr>
            </table></td>
                <td width="38%" align="left" valign="top"><p>你是否还没有账号,单击这里进行
                <a href="reg.aspx">注册
</a>。</p>
                <p>如果你忘记了密码,单击这里<a href="getpassword.aspx"> 找回密码</a> 。
</p></td>
                <td width="12%"> </td>
        </tr>
    </table>

    <asp:ValidationSummary ID="ValidationSummary1" runat="server"
  ShowMessageBox="true" ShowSummary="false"/>
</asp:Content>
```

(4) 在 Login.aspx.cs 文件中复制登录按钮事件代码 btnLogin_Click 至 Login2.aspx.cs 中。

```
protected void btnLogin_Click(object sender,EventArgse)
{
    string userName=txtUserName.Text.Trim();
    string userPwd=txtUserPwd.Text.Trim();
    if(!string.IsNullOrEmpty(userName)&&!string.IsNullOrEmpty(userPwd))
    {
        Student s=new Student();
        s.StuNo=userName;
        s.StuPwd=userPwd;
        bool b=s.Login();
        if (b)
        {
            //使用 Session 保存用户
```

```
                s=s.GetModel(userName);
                Session["STUDENT_ME"]=s;
                if(s.Role)
                {
                    //管理员
                    Response.Redirect("adminSpace.aspx");
                }
                else
                {
                    //普通会员
                    Response.Redirect("mySpace.aspx");
                }
            }
            else
            {
                //Response.Write("<script language='javascript'>alert('登录失败,请重
                试!');</script> ");
            }

    }
}
```

(5) 保存并运行 Login2.aspx。可以看到和 Login.aspx 页面运行效果基本是一致的。主要区别在于 Login2.aspx 页面中缺少了导航栏。如果希望加入导航栏，首先需要先配置站点地图，在 Web.sitemap 中添加 Login2.aspx 导航节点，然后在当前页面中合适的位置放置 SiteMapPath 控件即可。也可以在母版页中使用导航控件，这样就不需要在每个内容页添加导航控件了。

在母版页中使用相对 URL 时要必须十分小心，因为根据所使用的 HTML 标记或者 ASP .NET 控件不同，相对 URL 的解析方式也不同。

如果在母版页中使用 ASP .NET 控件，相对 URL 就会解析为相对于母版页的 URL，即使内容页与母版页不在同一个文件夹下，URL 属性仍然会解析为相对于母版页的 URL 而不是相对于内容页的 URL。

如果在母版页中使用 HTML 标记，如 <IMG>、<A> 等，相对 URL 会解析为相对于内容页 URL。

11.3 主题与皮肤

ASP .NET 主题也可以让网站的页面风格一致。使用它可以同时控制 HTML 元素和 ASP .NET 控件在页面上的皮肤（也称为外观）。与母版页不同，主题是为了控制网页内容

的皮肤，而母版页可以在网站的多个页面间共享。

主题可以包括外观文件，还可以包括级联样式表文件和图形资源文件。

主题根据应用范围不同分为页面主题和全局主题。页面主题应用在单个 Web 应用程序中，全局主题是指应用在 Web 服务器上的所有应用程序中。

定义主题之后，使用@Page 指令的 Theme 或 StyleSheetTheme 属性将该主题放置在个别页上；或者通过设置应用程序配置文件（Web. config）中的 System. Web 节的 pages 元素，将其应用于应用程序中的所有页上。如果在 Machine. config 文件中定义了 pages 元素，主题将应用于服务器上所有 Web 应用程序中的所有页上。

主题也可以通过程序的方式动态应用在某个页面上。请参考本章项目任务一节。

11.3.1　创建与应用主题

【例 11-3】 为校园音乐吧网站创建“蓝色天空”、“绿色大地”和“粉色含蓄”三种主题，并应用于本网站所有页面。

用户注册时，可以根据自己的偏好，选择“蓝色天空”、“绿色大地”和“粉色含蓄”三个主题中的一种。但是，到目前为止，我们仅仅是将用户选择的主题保存到了数据库中（分别为 Blue、Green 和 Pink），还没有真正实现该功能。本例将创建此三种主题，并根据用户的选择，动态加载主题。

具体步骤如下。

(1) 打开校园音乐吧网站，首先检查网站中是否已经存在一个名为 App_Themes 的目录，如果不存在，按照如下操作添加此目录。右击网站，选择【添加 ASP .NET 文件夹】|【主题】，系统会自动添加该目录。如图 11-7 所示。

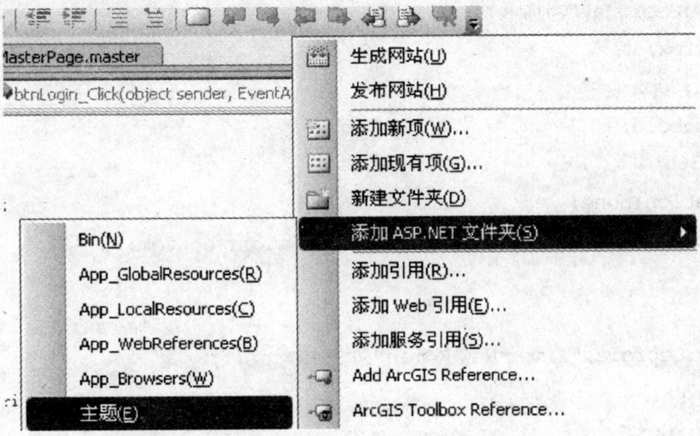

图 11-7　添加主题文件夹

(2) 选择 App _ Themes 文件夹，右击该文件夹，选择【添加 ASP .NET 文件夹】|【主题】，如图 11-8 所示，系统自动添加了【主题 1】文件夹，将其改名为 Blue，对应于蓝色天空主题。用同样的方式添加绿色大地主题（Green）和粉色含蓄主题（Pink）。添加完主题后的主题目录结构如图 11-9 所示。

图 11 - 8　添加主题

图 11 - 9　主题目录结构

(3) 为每个主题添加样式表和图片背景资源。由前面章节的页面设计得知，本网站的色调主要由页面背景图片 back.jpg，导航栏背景图片 bgTitle.jpg，网站 LOGO 图片 Logo.jpg，页眉图片 headerRight.jpg，以及 tip.jpg 和 search.jpg 图片决定。因此，只需要仿照 Imges 文件夹下的这几个图片重新设计为不同颜色风格，就可以改变网站的整体风格。

选择 Blue 主题文件夹，鼠标右击该文件夹，选择【新建文件夹】命令，并命名为 images。右击 images 文件夹，选择【添加现有项】，将本书光盘上【校园音乐吧网站风格图片】目录下 Blue 子目录下所有的图片添加到本目录下。

右击 Blue 主题文件夹，选择【添加新项】，在打开的对话框中选择【样式表】模板，并命名为 blue.css。并添加如下样式：

```
body{
    font-family: Arial,Helvetica,sans-serif;
    font-size:12px;
    line-height:24px;
    color:#333333;
    background-image:url(images/back.jpg);
    margin-top:0px;
}
.subtitle{
    font-family:Georgia,"Times New Roman",Times,serif;
    font-size:12px;
    line-height:20px;
    font-weight:bold;
    color:#003366;
    text-decoration:none;
    background:#FFFFE0 url(images/bgTitle.jpg) right bottom;
}
.nav {
    font-family:Georgia,"Times New Roman",Times,serif;
    font-size:12px;
    line-height:20px;
    font-weight:bold;
    color:#003366;
    text-decoration:none;
    background-color:#FFFFE0;
    background-image:url(images/bgTitle.jpg);
    background-position:right bottom;
```

```
}
tr{
    background-image:url(images/back.jpg);
}
#logo{
    background-image:url(images/logo.jpg);
    height:50px;
    width:120px;
}
#headerRight{
    background-image:url(images/headerRight.jpg);
    height:50px;
    width:640px;
}
#tip{
    background-image:url(images/tip.jpg);}
#serachTip{
    background-image:url(images/search.jpg);}
```

(4) 启用主题。通过将页面@Page 指令的 EnableTheming 属性设置为 false 就禁用了主题，设置为 true 则启用主题，此外还需要设置 Theme 属性为要启用的主题名称，如 Blue、Green 或者 Pink。如果页面很多，这样逐个页面设置主题非常烦琐，可以 Web.config 文件中注册主题，使网站所有的页面都使用该主题。在 <System.Web> 节中配置 <pages theme="Blue">，就可以启用蓝色天空主题了。

(5) 保存文件并运行网站，就可以看到首页效果了。启用主题时，要保证每个页面的 Header 标记具有 runat="server" 属性。

(6) 使用同样的方法创建绿色大地和粉色含蓄主题，并添加背景图片和 CSS 文件。运行并查看运行效果。

11.3.2 创建并应用皮肤

一个主题可以包含一个或多个皮肤文件。可以通过皮肤文件来修改所有具有皮肤效果的 ASP .NET 控件的属性。

在第 10 章，我们讲述了 GridView、ListView 等数据绑定控件，都没有为它们定义特别的 CSS 样式，因此显示效果不甚美观。下面通过添加一个 GridView.skin 皮肤来达到修饰 GridView 控件的目的。

【例 11-4】 分别为 Blue、Green 和 Pink 主题添加 GridView 控件皮肤，格式化 GridView 控件。分别定义隔行显示的颜色、控件背景颜色等。

操作步骤如下。

(1) 在［例 11-3］中，右击 Blue 主题，选择【添加新项】，在弹出的对话框中选择【外观文件】，并命名为GridView. skin，单击【添加】按钮，就添加了GridView. skin皮肤。

（2）为GridView控件添加皮肤，代码如下：

```
<asp:GridView runat="server"
 HeaderStyle-HorizontalAlign="Center"
 ShowFooter="false"
 cellspacing="1"
 BorderWidth="0"
 Width="100%"
 BackColor="#FFFFFF"
 GridLines="none"
 RowStyle-HorizontalAlign="Center"
 RowStyle-Height="20px">
    <AlternatingRowStyle ForeColor="blue"/>
 </asp:GridView>
```

在皮肤文件中定义控件的皮肤和在ASP .NET页面定义一个GridView控件属性类似。在皮肤文件中，控件不允许出现Id属性，并且必须包含runat="server"属性。其他就是对控件本身属性的定义。在上述代码中，定义了GridView控件，标题头部分文本居中显示，不显示页脚，宽度为100%，背景颜色为#FFFFFF，此外，还定义了隔行文本颜色为蓝色。以更多排行页面的GridView控件为例，未使用皮肤时效果如图11-10所示。应用皮肤后，效果如图11-11所示。

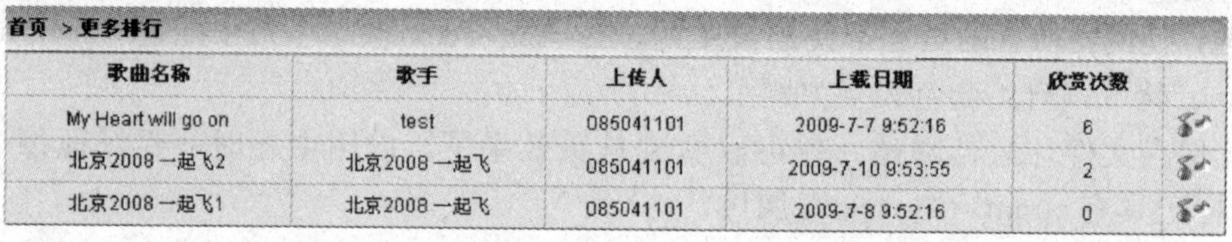

首页 >更多排行

歌曲名称	歌手	上传人	上载日期	欣赏次数	
My Heart will go on	test	085041101	2009-7-7 9:52:16	6	
北京2008一起飞2	北京2008一起飞	085041101	2009-7-10 9:53:55	2	
北京2008一起飞1	北京2008一起飞	085041101	2009-7-8 9:52:16	0	

图11-10　未使用皮肤时GridView控件显示效果

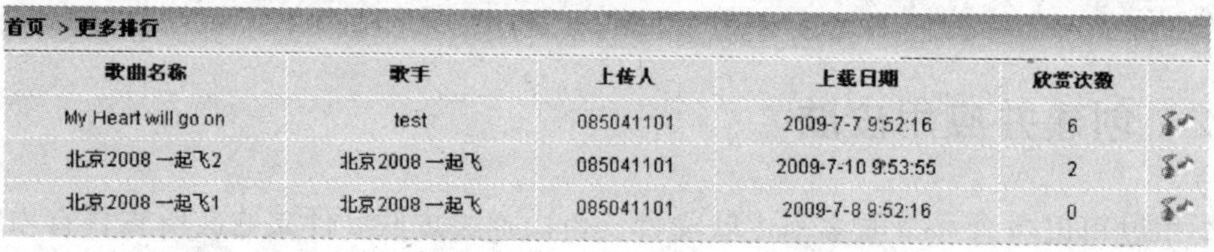

首页 >更多排行

歌曲名称	歌手	上传人	上载日期	欣赏次数	
My Heart will go on	test	085041101	2009-7-7 9:52:16	6	
北京2008一起飞2	北京2008一起飞	085041101	2009-7-10 9:53:55	2	
北京2008一起飞1	北京2008一起飞	085041101	2009-7-8 9:52:16	0	

图11-11　使用皮肤后GridView控件显示效果

皮肤文件的扩展名为.skin。皮肤分命名皮肤和默认皮肤，命名皮肤是指控件增加了SkinId属性的皮肤。如果没有SkinId属性则为默认皮肤。同一主题中不允许一个控件类型有重复的SkinId。

一个主题可以包括多个皮肤文件，一个皮肤文件可以包含一个或多个控件类型的一个或多个控件外观。可以为每个控件在单独的文件中定义外观，也可以在一个文件中定义所有主题的外观。

通过皮肤，只能修改控件的那些皮肤效果属性，不能修改其行为属性。

（3）重复步骤（1）～（2）为 Green 和 Pink 主题添加 GridView 控件皮肤。并将 Green 主题下的 GridView 控件的隔行文本颜色修改为 green，将 Pink 主题下的 GridView 控件的隔行文本颜色修改为 pink。

当页面应用主题时，主题中的控件属性会重写页面中已有的控件属性。可以通过指定主题的应用方式来指定主题设置相对于本地控件设置的优先级。如果设置了页的 Theme 属性，则主题和页中的控件设置将进行合并，以构成控件的最终设置。如果同时在控件和主题中定义了控件设置，则主题中的控件设置将重写控件上的任何页设置。即使页面上的控件已经具有各自的属性设置，此策略也可以使主题在不同的页面上产生一致的外观。

此外，也可以通过设置页面的 StyleSheetTheme 属性将主题作为样式表主题来应用。在这种情况下，本地页设置优先于主题中定义的设置（如果两个位置都定义了设置）。这是级联样式表使用的模型。如果您希望能够设置页面上的各个控件的属性，同时仍然对整体外观应用主题，则可以将主题作为样式表主题来应用。

项 目 任 务

项目任务——动态加载用户选择的主题

通过前面的学习，用户可以在某个页面或 Web 配置中设置主题，但是该设置对所有的用户都生效。每个用户在注册时，都根据自己的偏好选择了不同的主题皮肤，并保存在数据库中，系统是否可以根据用户的选择动态设置页面皮肤呢？答案是肯定的。

【实现方法】

每个页面都提供了 PreInit 事件，可以在该事件中将页面的主题修改为用户自己选择的主题。如果重载每个页面的 PreInit 事件，工作量很大。可以创建一个公共的页面父类，在此页面类中重载 PreInit 事件，然后其他页面只需要继承该页面就可以。

又由于用户登录成功后，Student 对象保存在 Session 中，只需要从 Session 对象获取 Student 对象的 StuTheme 属性就可以得到用户的主题皮肤。如果该对象为 null，则不做任何设置，使用默认主题。

【操作步骤】

（1）打开校园音乐吧网站，在解决方案资源管理器中，右击 App_Code 目录，选择【添加新项】，选择【类】模板，并改名为 MyPage.cs，单击【添加】。并修改 MyPage 类的父类为 System.Web.UI.Page，并重载 Page_PreInit 事件，MyPage.cs 完整代码如下：

```
using System;
using System.Collections.Generic;
using System.Linq;
using System.Web;
using System.Web.UI;
```

```
///<summary>
///MyPage 的摘要说明
///</summary>
public class MyPage:System.Web.UI.Page
{
        public MyPage()
        {
                //
                //TODO: 在此处添加构造函数逻辑
                //
        }
      protected void Page_PreInit(object sender,EventArgs e)
      {
            //动态加载主题
            Student stu=(Student)Session["STUDENT_ME"];
            if (stu!=null)
            {
                 string theme=stu.StuTheme;
                 this.Theme=theme;
            }
      }
}
```

上述代码，将当前页的主题设置为用户选择的主题。

(2) 修改所有页面的 cs 代码，使其继承 MyPage 类。例如 index.aspx.cs 文件中的 index 类以前继承于 System.Web.UI.Page 类：

```
public partial class index:System.Web.UI.Page
```

现修改为继承于 MyPage 类：

```
public partial class index:MyPage
```

(3) 仿照步骤 (2) 修改其他页面，使其继承 MyPage 类。

(4) 保存并运行网站，查看运行效果。

上机实战

上机实战——为普通会员后台管理相关页面创建母版页和内容页

【要点提示】

会员后台管理页面共有三个页面，每个页面左边是目录树，右边是具体内容。原有的方案是使用 iframe 标记完成。如果使用母版页技术，也可以不使用框架技术，直接将右边的具体内容组织为内容页。

母版页可以使用 table 布局方式，也可以使用 div 布局方式。如果使用 Table 布局方式，可以使用一个四行一列的布局。第一行单元格用来放置 Header 用户控件。第二行单元格用来放置导航栏 SiteMapPath 控件。第三行单元格中包含一个一行两列的 table，左边为目录树，右边为内容占位符。第四行单元格放置 Footer 用户控件。母版页设计效果如图 11 - 12 所示。

图 11 - 12　普通会员后台管理页面母版页设计

【参考代码】

StudentMasterPage. master 母版页页面代码如下：

```
<%@Master Language="C#" AutoEventWireup="true" CodeFile="StudentMasterPage.master.cs"
Inherits="StudentMasterPage"%>
<%@Register src="Header.ascx" tagname="Header" tagprefix="uc1"%>
<%@Register src="Footer.ascx" tagname="Footer" tagprefix="uc2"%>
<!DOCTYPE html PUBLIC"-//W3C//DTD XHTML 1.0 Transitional//EN"
"http://www.w3.org/TR/xhtml1/DTD/xhtml1-transitional.dtd">
<html xmlns="http://www.w3.org/1999/xhtml">
<head runat="server">
    <title></title>
    <link href="css/main.css" rel="stylesheet" type="text/css"/>
<script language="javascript" type="text/javascript" src="Js/main.js"></script>
    <asp:ContentPlaceHolder id="head" runat="server">
    </asp:ContentPlaceHolder>
    <style type="text/css">
        .style1
        {
            width: 760px;
        }
        .style2
        {
            width:100%;
        }
```

```
    .style3
    {
        width: 99px; text-align:left;
    }
    </style>
</head>
<body>
    <form id="form1" runat="server">
    <div>
        <table cellpadding="0" cellspacing="0" class="style1">
        <tr>
            <td>
                <uc1:Header ID="Header1" runat="server"/>
            </td>
        </tr>
        <tr>
            <td>
                <asp:SiteMapPath ID="SiteMapPath1" runat="server">
                </asp:SiteMapPath>
            </td>
        </tr>
        <tr>
            <td>
                <table cellpadding="0" cellspacing="1" class="style2">
                    <tr>
                        <td class="style3">
                            <table width="100%" border="0" cellspacing="0" cell-
                            padding="0">
                              <tr>
                                <td><a href="modifyInfo.aspx" target="mainCon-
                                tent">修改信息</a></td>
                            </tr>
                            <tr>
                                <td><a href="myMusic.aspx" target="mainContent">我
                                的音乐</a></td>
                            </tr>
                            <tr>
                            <td><a href="uploadMusic.aspx" target="mainContent">上
                            载音乐</a></td>
                            </tr>
                        </table>
                        </td>
```

```
                    <td>
                        <asp:ContentPlaceHolder id="ContentPlaceHolder1" runat=
"server">
                        </asp:ContentPlaceHolder>
                        </td>
                    </tr>
                </table>
            </td>
        </tr>
        <tr>
            <td>
                <uc2:Footer ID="Footer1" runat="server"/>
            </td>
        </tr>
    </table>
    </div>
    </form>
</body>
</html>
```

习　题

1. 为系统管理员后台管理相关页面，创建母版页和内容页。
2. 为页面的 TextBox 控件创建皮肤文件，要求将文本框显示为下划线样式。

第 12 章

Ajax 技术

本章要点

- ◆ Ajax 概念
- ◆ ScriptManager、ScriptManagerProxy、UpdatePanel 控件用法
- ◆ UpdateProgress 控件用法
- ◆ Timer 控件用法

12.1　Ajax 概述

经过前面章节的学习，我们基本掌握了创建一个 Web 站点所需的基本知识。在实际使用过程中发现，在我们制作的很多页面中，当单击某个按钮或下拉列表框时，我们仅仅希望更新页面的一小部分，但现在会向服务器提交整个页面，不仅加重了服务器的负担，而且增加了客户的等待时间。在很多网站，现在都使用了一种称为局部更新的技术，来改善用户体验。如图 12－1 所示，在百度网站首页中，当输入 ajax 几个字符时，系统会列出 ajax 相关的搜索关键词供用户选择，大大方便了用户。这是 Ajax（Asynchronous JavaScript and XML，即异步 JavaScript 和 XML）技术的一种典型应用。

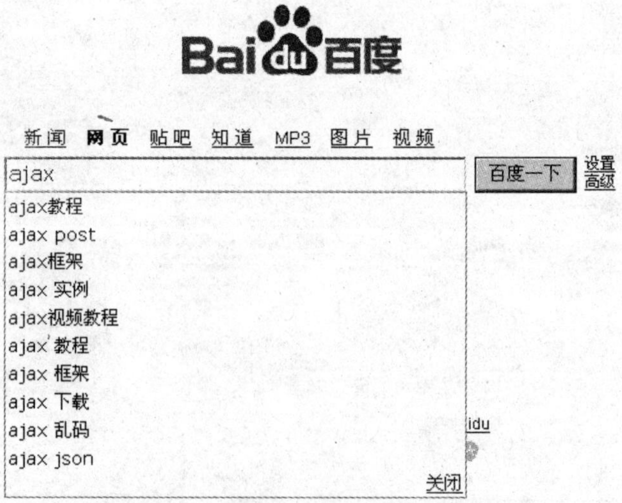

图 12－1　百度首页中的自动完成功能

Ajax 是目前最热门的 Web 开发技术之一，但是 Ajax 本身并不是一项新技术。Ajax 是由 JavaScript、XML、XSLT、CSS、DOM 和 XMLHttpRequest 等多种技术组成的。Microsoft 顺应市场发展的潮流，在 Visual Studio 2008 中集成了 ASP .NET Ajax 技术。

Ajax 技术具有如下几点优势。

1. 构建于现有标准技术之上

XMLHttpRequest 对象最早是作为 IE 内嵌的 ActiveX 组件提供的，然后各种其他的主流浏览器（例如 Firefox、Safari 等）也随之使用。目前 W3C 正在对 XMLHttpRequest 的规范进行标准化（http://www. w3. org/ TR/XMLHttp Request/）。Ajax 用到的其他技术，包括 JavaScript、XML、CSS 和 DOM 等，均早已成为标准并被所有的主流浏览器所实现。这样，典型的 Ajax 应用程序无须客户端进行任何形式的安装部署，即可兼容地运行于每一个主流浏览器之上，因而其优势是 Flash、Java Applet 和 ActiveX 等需要下载、安装插件的技术所无法比拟的。

2. 可与服务器进行友好交互

通常情况下，用户的一次操作往往仅需要对现有页面的一小部分进行更改，而现在的情况是每一次的服务器端请求，都将重写整个页面。Ajax 应用程序则是借助 XMLHttpRequest 对象的帮助，只从服务器端取得必要的部分数据，而不是新页面的所有内容，避免了在网络中传输不变内容所造成的浪费，也就自然减少了用户等待的时间。

浏览器得到数据之后，使用 JavaScript 为该数据内容添加必要的布局和格式化信息，并添加到页面上。这个添加过程只需要修改页面的一小部分，也解决了整页重绘带来的页面闪烁问题。同时，在 Ajax 应用程序等待服务器端返回数据时，开发者可以随心所欲地提供各式各样的提示信息，例如显示“正在加载中……”文字，或是一些生动的 GIF 图片等，让用户不再总是面对单调的浏览器进度条。若在服务器的通信中出现了某些异常，客户端 JavaScript 同样能够捕获这个异常，并可以选用多种多样的方法来告知用户。

3. 增强的用户体验

Ajax 应用程序通常很重视用户体验，它们一般都会关注目前用户的操作，并及时地给出下一步的提示。即使是一个很小的动作，客户端都可以将其回送至服务器，然后服务器即可充分利用它掌握的大量信息以及强大的计算能力迅速给出用户最恰当的提示。例如，在校园歌吧网站中学生详情由系别、专业和班级组成。在 Web 页面上通常使用下拉列表让用户选择。当用户选择了系别后，Ajax 应用程序就可以通过 XMLHttpRequest 对象取得该系别所有专业的列表，并填充到专业列表中供用户作出下一步选择。当用户选择了专业后，Ajax 应用程序就可以获取该专业下所有的班级，并填充到班级列表框中。

4. 能够建立更加强大的用户界面

Ajax 将许多不同的技术结合在了一起，而它们之间的协调者就是运行于浏览器中的 JavaScript。通过充分挖掘 JavaScript 的潜力，能够把许多原本只有桌面应用程序才能够实现的丰富功能搬到 Web 页面中。例如鼠标拖动、右键菜单、自动完成、拼写检查、键盘快捷键等。

ASP .NET 中的 Ajax 功能结构由两部分组成：客户端脚本库和服务器组件，如图 12 - 2 所示。这两个组成部分集成在一起以提供可靠的开发框架。客户端脚本库（Microsoft Ajax

Library）包含对创建客户端组件、浏览器兼容性以及网络和核心服务的支持。服务器组件（Ajax Features for ASP .NET），包括脚本支持、Web 服务、应用程序服务和服务器控件。

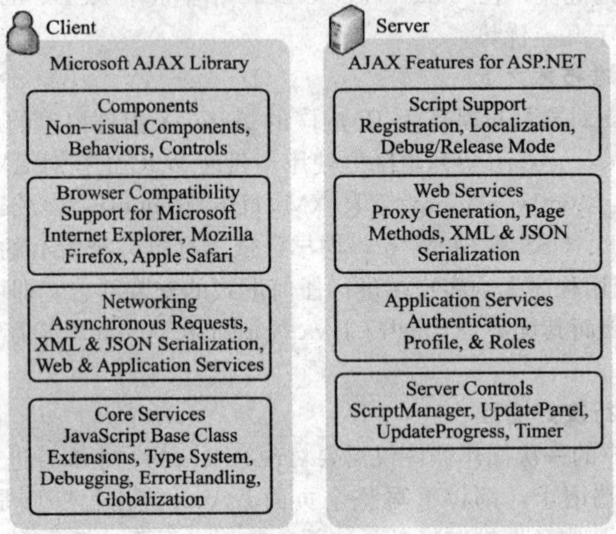

图 12 - 2　ASP .NET Ajax 功能结构

ASP .NET 提供了 ScriptManager、Timer、UpdatePanel 和 UpdateProgress 等几个服务器端 Ajax 控件，本章主要讲述如何使用这几个 ASP .NET Ajax 服务器端控件为现有的页面添加 Ajax 功能。

12.2　ScriptManager 和 ScriptManagerProxy

ScriptManager 控件用来处理页面上的所有组件以及页面局部更新，生成相关的客户端代理脚本以便能够在 JavaScript 中访问 Web Service，所有需要支持 ASP .NET Ajax 的 ASP .NET 页面上有且只能有一个 ScriptManager 控件。在 ScriptManager 控件中我们可以指定需要的脚本库，或者指定通过 JavaScript 来调用的 Web Service，还可以指定页面错误处理等。

ScriptManager 属性和方法如表 12 - 1 所示。

表 12 - 1　ScriptManager 属性和方法

属性/方法	描　述
AllowCustomError	和 Web. config 中的自定义错误配置区 <customErrors> 相联系，是否使用它，默认值为 true
AsyncPostBackErrorMessage	异步回传发生错误时的自定义提示错误信息
AsyncPostBackTimeout	异步回传时超时限制，默认值为 90，单位为秒
EnablePartialRendering	是否支持页面的局部更新，默认值为 true，一般不需要修改

续表

属性/方法	描　述
ScriptMode	指定 ScriptManager 发送到客户端的脚本的模式，有四种模式：Auto，Inherit，Debug，Release，默认值为 Auto
ScriptPath	设置所有的脚本块的根目录，作为全局属性，包括自定义的脚本块或者引用第三方的脚本块。如果在 Scripts 中的 <asp：ScriptReference/> 标签中设置了 Path 属性，它将覆盖该属性
OnAsyncPostBackError	异步回传发生异常时的服务端处理函数，在这里可以捕获异常信息并作相应的处理
OnResolveScriptReference	指定 ResolveScriptReference 事件的服务器端处理函数，在该函数中可以修改某一条脚本的相关信息如路径、版本等
EnableScriptGlobalization	在浏览器中显示特定区域性的日期和时间

由于在一个 ASP .NET 页面上只能有一个 ScriptManager 控件，所以在有母版页的情况下，如果需要在母版页和内容页中引入不同的脚本时，就需要引入 ScriptManagerProxy 组件。ScriptManagerProxy 组件通常用于在内容页或用户控件中引用脚本和服务。

12.3　UpdatePanel

使用 ASP .NET UpdatePanel 控件可生成功能丰富的、以客户端为中心的 Web 应用程序。通过使用 UpdatePanel 控件，可以刷新页的选定部分，而不是使用回发（回传）刷新整个页面，这称为局部更新（也称为部分页更新）。包含一个 ScriptManager 控件和一个或多个 UpdatePanel 控件的 ASP .NET 网页可自动参与部分页更新，而不需要自定义客户端脚本。

UpdatePanel 控件是一个服务器控件，可用于开发具有复杂客户端行为的网页，使网页与最终用户之间具有更强的交互性。若要编写用于在服务器和客户端之间进行协调的代码以更新网页的指定部分，通常需要深入了解 ECMAScript（JavaScript）。不过，通过使用 UpdatePanel 控件，可以使网页参与到部分页更新中，而无须编写任何客户端脚本。如果需要，可以添加自定义客户端脚本以增强客户端用户体验。当使用 UpdatePanel 控件时，页的行为是独立于浏览器的，并且可以减少在客户端和服务器之间传输的数据量。

当启用部分页更新时，控件可以通过异步方式和服务器进行交互。异步回发的行为与常规回发类似，生成的服务器页执行完整的页和控件生命周期。不过，通过使用异步回发，可将页更新限制为包含在 UpdatePanel 控件中并标记为要更新的页区域。服务器仅将受影响的元素的 HTML 标记发送到浏览器。

要启用 UpdatePanel 部分页更新功能，必须在网页中放置一个 ScriptManager 控件，并且保证 ScriptManager 控件的 EnablePartialRendering 属性值为 true（默认值为 true）。一个页面可以包含多个 UpdatePanel 控件。当首次呈现包含一个或多个 UpdatePanel 控件的页时，将呈现 UpdatePanel 控件的所有内容并将这些内容发送到浏览器。在后续异步回发中，可能会更新各个 UpdatePanel 控件的内容。更新将与 UpdatePanel 设置、导致回发的元素及特定于每个 UpdatePanel 的代码有关。

【例 12-1】 为班级管理页面（adminClassess. aspx）中的“添加新班级”部分添加部分页更新功能，当选择不同的系别时，使页面的更新局限于它们所在的 Table 中，而不影响下面的班级列表或其他页面部分。

可以通过在 adminClassess. aspx 页面中引入 ScriptManager 控件，启用该页面的部分页更新功能，同时，将“添加新班级”按钮、系别下拉列表框和专业下拉列表框，以及班级名称文本框放置在一个 UpdatePanel 中。这样，系别下拉列表框 SelectedIndexChanged 事件的更新将会仅局限于该 UpdatePanel 中，不影响页面上其他部分。

具体操作步骤如下。

(1) 打开校园音乐吧网站，切换到 adminClassess. aspx 页面的源视图 源，在【工具箱】的“AJAX Extensions”选项卡中拖放一个 ScriptManager 控件到该页面 <form> 标记的后面。AJAX 工具箱如图 12-3 所示。

图 12-3　AJAX组件

相关代码如下。

```
<body>
    <form id="form1"runat="server">
        <asp:ScriptManager ID="ScriptManager1" runat="server">
        </asp:ScriptManager>
        ……下述代码省略
```

(2) 找到“系别名称”所在的 Table，在【工具箱】的“AJAX Extensions”选项卡中拖放一个 UpdatePanel 控件到该 table 标记之前，并在标记中添加 ContentTemplate 模板。将整个 <table> 标记的内容放置在 <ContentTemplate> 和 </ContentTemplate> 标记之间。

完成操作后的相关代码如下。

```
<asp:UpdatePanel ID="UpdatePanel1" runat="server">
    <ContentTemplate>
        <table width="100%" border="0" cellspacing="0" cellpadding="0">
        <tr>
          <td width="11%" align="right"> </td>
          <td width="27%" align="right">系别名称:</td>
          <td width="62%">
             <asp:DropDownList ID="ddlDepartment" runat="server" AutoPostBack
            ="true"
                onselectedindexchanged="ddlDepartment_SelectedIndexChanged">
            </asp:DropDownList></td>
            </tr>
            <tr>
            <td width="11%" align="right"> </td>
```

```
            <td width="27%" align="right">专业名称:</td>
            <td width="62%">
                <asp:DropDownList ID="ddlMajor" runat="server">
                </asp:DropDownList></td>
            </tr>
            <tr>
          <td width="11%" align="right"> </td>
          <td width="27%" align="right">班级名称:</td>
          <td width="62%">
                <asp:TextBox ID="txtClass" runat="server"></asp:TextBox>
               <asp:RequiredFieldValidator ID="RequiredFieldValidator1" runat="server"
               ControlToValidate="txtClass"
                   ErrorMessage="*"></asp:RequiredFieldValidator></td>
           </tr>
           <tr>
          <td width="11%" align="right"> </td>
          <td width="27%" align="right"> </td>
          <td width="62%">
               <asp:Button ID="btnAdd" runat="server" Text="添加新班级"/></td>
          </tr>
      </table>
    </ContentTemplate>
</asp:UpdatePanel>
```

(3) 保存并运行该页面。从系别下拉列表框中选择不同的系别，测试是否会影响整个页面的刷新。

在实现使用中，必须将 ScriptManager 控件放置在 UpdatePanel 控件之前。因此，最好将 ScriptManager 控件放置在 form 标记之后，其他服务器端控件标记之前。

UpdatePanel 控件除了需要定义 ContentTemplate 模板外，还可以定义触发器模板(Triggers)。默认情况下，UpdatePanel 控件内的任何回发控件都将导致异步回发并刷新 UpdatePanel 内容，但是可以配置页面上的其他控件来刷新 UpdatePanel 控件，通过为 UpdatePanel 控件定义触发器来做到这一点。触发器是一类绑定，用于指定 UpdatePanel 更新的回发控件和事件。当引发触发器控件的指定事件时，将刷新 UpdatePanel 内容。

触发器分同步触发器和异步触发器，如果是同步触发器，就和服务器控件原有的效果一样，整个页面都将更新，如果是异步触发器，则仅更新该 UpdatePanel 内的内容。

上述例子效果和下面增加了触发器后的代码的功能效果是一样的。

```
<asp:UpdatePanel ID="UpdatePanel1" runat="server" UpdateMode="Conditional">
    <ContentTemplate>
          <table width="100%" border="0" cellspacing="0" cellpadding="0">
          <tr>
```

```
            <td width="11%" align="right"> </td>
            <td width="27%" align="right">系别名称:</td>
            <td width="62%">
             <asp:DropDownList ID="ddlDepartment" runat="server" AutoPostBack="true"
                onselectedindexchanged="ddlDepartment_SelectedIndexChanged">
            </asp:DropDownList></td>
            </tr>
        <tr>
        <td width="11%" align="right"> </td>
        <td width="27%" align="right">专业名称:</td>
        <td width="62%">
            <asp:DropDownList ID="ddlMajor" runat="server">
            </asp:DropDownList></td>
        </tr>
        <tr>
        <td width="11%" align="right"> </td>
        <td width="27%" align="right">班级名称:</td>
        <td width="62%">
             <asp:TextBox ID="txtClass" runat="server"></asp:TextBox>
            <asp:RequiredFieldValidator ID="RequiredFieldValidator1" runat="server"
ControlToValidate="txtClass"
                ErrorMessage="*"></asp:RequiredFieldValidator></td>
        </tr>
        <tr>
        <td width="11%" align="right"> </td>
        <td width="27%" align="right"> </td>
        <td width="62%">
             <asp:Button ID="btnAdd" runat="server" Text="添加新班级"/></td>
        </tr>
    </table>
</ContentTemplate>
        <Triggers>
            <asp:AsyncPostBackTrigger ControlID="ddlDepartment" EventName="Selecte-
dIndexChanged"/>
        </Triggers>
</asp:UpdatePanel>
```

上述代码指定了一个异步触发器，当 ddlDepartment 控件的 SelectedIndexChanged 事件发生时，将会异步更新该 UpdatePanel 中的内容。

上述代码还用到了 UpdatePanel 的 UpdateMode 属性。该属性决定了在部分页呈现过程中何时刷新 UpdatePanel 面板的内容。

如果 UpdateMode 属性设置为 Always，则 UpdatePanel 控件的内容在每次从页上的任意位置执行回发时都会更新。这包括来自其他 UpdatePanel 控件内部的控件的异步回发，也包括来自 UpdatePanel 控件外部的控件的回发。

如果 UpdateMode 属性设置为 Conditional，则 UpdatePanel 控件的内容在出现以下情况下之一时更新。

- 当回发由 UpdatePanel 控件的触发器引起时。
- 当显式调用 UpdatePanel 控件的 Update 方法时。
- 当 UpdatePanel 控件嵌套在另一个 UpdatePanel 控件内，并更新父面板时。
- 当 UpdatePanel 控件的 ChildrenAsTriggers 属性设置为 true 并且 UpdatePanel 控件的子控件导致回发时。嵌套的 UpdatePanel 控件的子控件不会导致更新外部 UpdatePanel 控件，除非将它们显式定义为父面板的触发器。
- 如果 ChildrenAsTriggers 属性设置为 false 且 UpdateMode 属性设置为 Always，则将引发异常。此 ChildrenAsTriggers 属性仅在 UpdateMode 属性设置为 Conditional 时使用。

12.4 UpdateProgress

UpdateProgress 控件的主要作用是用来跟踪异步更新的进度，可以生成提示信息。如果页包含 UpdatePanel 控件，则也可以包含 UpdateProgress 控件，以便通知用户部分页更新的状态。可以使用一个 UpdateProgress 控件来表示部分页更新的进度，或者，可以为每个 UpdatePanel 控件包含一个 UpdateProgress 控件。

【例 12-2】 为后台管理音乐页面（adminAllMusic.aspx）的搜索功能添加进度提示功能。

当网站的音乐非常多时，搜索将耗费较长的时间，在页面显示最后的搜索结果之前，有必要提示用户当前系统正在搜索中，而不会被认为该网页已经处于死机状态。可以将搜索按钮所在的 table 及搜索结果显示所在的 table 放置在一个名为 UpdatePanel1 的面板中，然后为该网页添加一个 UpdateProgress 控件，将其关联到 UpdatePanel1 控件，用于显示 UpdatePanel1 面板的更新状态。

具体操作步骤如下。

(1) 打开校园音乐吧网站，切换到 adminAllMusic.aspx 页面的源视图 源，在【工具箱】的“Ajax Extensions”选项卡中双击 ScriptManager 控件，将其添加到该页面中。

(2) 在【工具箱】的“Ajax Extensions”选项卡中双击 UpdatePanel 控件，将其添加到该页面中。

(3) 在【工具箱】的“Ajax Extensions”选项卡中双击 UpdateProgress 控件，将其添加到该页面中。

(4) 为 UpdatePanel1 控件添加 ContentTemplate 模板，并且将搜索按钮所在的 table 及 GridView1 控件所在的 table 包含在 UpdatePanel1 控件的 ContentTemplate 模板中。

(5) 为 UpdateProgress 控件添加 AssociatedUpdatePanelID 属性，关联到 UpdatePanel1 控件，并在 ProgressTemplate 模板添加 <b> Searching.... </b> 提示信息标记。

修改后完整的 adminAllMusic. aspx 页面相关代码如下。

```
<asp:ScriptManager ID="ScriptManager1" runat="server">
</asp:ScriptManager>
<asp:UpdatePanel ID="UpdatePanel1" runat="server">
<ContentTemplate>
<table width="100%" border="0" cellpadding="0" cellspacing="0">
  <tr>
    <td class="style1"> </td>
    <td width="80%"><table border="0" cellspacing="2" cellpadding="0"
           style="width: 103%">
     <tr>
       <td width="12%">搜索:</td>
       <td width="24%">
           <asp:TextBox ID="txtKeyWords" runat="server"></asp:TextBox>
           </td>
       <td width="48%">
           <asp:RadioButtonList ID="rblType" runat="server" RepeatDirection="Hori-
           zontal">
               <asp:ListItem Value="1" Selected="true"> 歌名</asp:ListItem>
               <asp:ListItem Value="2">歌手</asp:ListItem>
               <asp:ListItem Value="3">歌词</asp:ListItem>
           </asp:RadioButtonList>
       </td>
       <td width="11%">
        <asp:Button ID="btnSearch" runat="server" onclick="btnSearch_Click"
            Text="搜索"/>
       </td>
       <td width="5%"> </td>
    </tr>
   </table></td>
   <td width="10%"> </td>
  </tr>
</table>
<table width="100%" border="0" cellspacing="0" cellpadding="0">
  <tr>
    <td>
       <asp:GridView ID="GridView1" runat="server" AutoGenerateColumns="false"
           Width="100%" AllowPaging="true" DataKeyNames="musicId"
           onrowcancelingedit="GridView1_RowCancelingEdit"
           onrowdeleting="GridView1_RowDeleting" onrowediting="GridView1_RowEditing"
           onrowupdating="GridView1_RowUpdating">
```

```
        <Columns>
                <asp:BoundField DataField="MusicName" HeaderText="歌曲名称"/>
                <asp:BoundField DataField="Singer" HeaderText="歌手名"/>
                <asp:BoundField DataField="addDate" HeaderText="上载日期" ReadOnly=
                        "true"/>
                <asp:BoundField DataField="clicks" HeaderText="欣赏人数" ReadOnly=
                        "true"/>
                <asp:CommandField HeaderText="删除" ShowDeleteButton="true"/>
                <asp:CommandField HeaderText="编辑" ShowEditButton="true"/>
        </Columns>
        </asp:GridView>
    </td>
</tr>
</table>
</ContentTemplate>
 </asp:UpdatePanel>
<asp:UpdateProgress ID="UpdateProgress1" runat="server" AssociatedUpdatePanelID=
  "UpdatePanel1">
 <ProgressTemplate>
        <b> Searching...</b>
 </ProgressTemplate>
</asp:UpdateProgress>
```

由此可见，UpdateProgress 控件通过 AssociatedUpdatePanelID 属性和某个 UpdatePanel 控件相关联，当该 UpdatePanel 没有更新完成时，会显示 UpdateProgress 控件 ProgressTemplate 模板中的内容。

(6) 保存并运行该页面。当搜索还没有完成时，会显现“Searching...”效果如图 12-4 所示。

图 12-4　UpdateProgress 控件运行效果

12.5　Timer

Timer，顾名思义是计数器。用来在定义的时间间隔执行回发。如果将 Timer 控件用于 UpdatePanel 控件中，则可以按定义的时间间隔启用部分页更新。也可以使用 Timer 控件来发送整个页面。

Timer 控件是一个服务器控件，它会将一个 JavaScript 组件嵌入到网页中。当经过 Interval 属性中定义的时间间隔时，该 JavaScript 组件将从浏览器启动回发。

使用 Timer 控件时，必须在网页中包括 ScriptManager 类的实例。

若回发是由 Timer 控件启动的，则 Timer 控件将在服务器端引发 Tick 事件。当页发送到服务器时，可以创建 Tick 事件的事件处理程序来执行一些操作。

Interval 属性用来指定回发发生的频率，而设置 Enabled 属性可打开或关闭 Timer。Interval 属性是以毫秒为单位定义的，其默认值为 60000 毫秒（即一分钟）。

如果将 Timer 控件的 Interval 属性设置为一个较小值会产生发送到 Web 服务器的大量通信。使用 Timer 控件可以仅按所需的频率刷新内容。

当 Timer 控件包含在 UpdatePanel 控件内部时，Timer 控件将自动用作 UpdatePanel 控件的触发器。可以通过将 UpdatePanel 控件的 ChildrenAsTriggers 属性设置为 false 来重写此行为。

当 Timer 控件在 UpdatePanel 控件外部时，必须将 Timer 控件显式地定义为要更新的 UpdatePanel 控件的触发器。

一个页面可以放置多个 Timer 控件，并且可以设置不同的回发频率。

Timer 控件的用法参考本章项目任务一节。

项 目 任 务

项目任务——为网站首页增加一定时器，定时更新网站计数器信息

在校园音乐吧首页的页脚部分显示了网站在线人数和首页访问次数。每当有新用户访问网站首页时，系统会累加网站在线人数和首页访问次数计数器。由于现在首页仅仅是在第一次加载时显示当前的计数信息，在经过一段时间后，该计数信息已经改变，但是页面上没有更新。只有用户手动刷新该页面，计数信息才会更新。请为该网页添加一个定时更新计数器信息的功能。

【实现方法】

可以使用 Ajax 计数器，在首页中增加一个定时器 Timer 组件，每隔 1 分钟就刷新一次计数器信息，并更新首页上的相应计数信息。

【操作步骤】

(1) 打开校园音乐吧网站，切换到 index. aspx 页面源视图，并定位到计数器显示 lblCount 控件处。

(2) 在工具箱的“AJAX Extensions”选项卡中，双击 ScriptManager 控件以将其添加到页面中。

(3) 在工具箱的“AJAX Extensions”选项卡中，双击 UpdatePanel 控件以将其添加到

页面中。

(4) 在工具箱的“AJAX Extensions”选项卡中，双击 Timer 控件以将其添加到页面中。

(5) 为 UpdatePanel 控件添加 ContentTemplate 模板。

(6) 设置 Timer1 控件的 Interval 属性为“60000”，并定义事件 ontick 的处理方法为“Timer1 _ Tick”。

(7) 将 Timer1 控件和 lblCount 控件一起放置在 UpdatePanel1 控件的 ContentTemplate 模板中。页面代码如下：

```
        <asp:ScriptManager ID="ScriptManager1" runat="server">
         </asp:ScriptManager>
         <asp:UpdatePanel ID="UpdatePanel1" runat="server">
             <ContentTemplate>
                 <asp:Timer ID="Timer1" runat="server" Interval="60000" ontick=
"Timer1_Tick">
                 </asp:Timer>
                <asp:Label ID="lblCount" runat="server" Text=""></asp:Label>
            </ContentTemplate>
          </asp:UpdatePanel>
```

(8) 修改计数器显示后置代码。由于在前一个版本中，仅仅在 Page _ Load 事件中显示计数器信息。现在需要在定时器的 Tick 事件中显示计数器信息，因此，有必要将原有 Page _ Load 事件中的相关代码抽象为一个 ShowCounter 方法，分别在 Page _ Load 事件和 Tickets 事件中调用。修改后的 index. aspx 页面部分代码如下：

```
    ///<summary>
    ///将显示计数器信息封装为一个单独的方法
    ///</summary>
    private void ShowCounter()
    {
        if(Application["COUNTER"]==null)
        {
            Application.Lock();
            Application["COUNTER"]=1;
            Application.UnLock();
        }
        else
        {
            Application.Lock();
            int count=Convert.ToInt32(Application["COUNTER"].ToString());
            count++;
           Application["COUNTER"]=count;
```

```
            Application.UnLock();
        }
        lblCount.Text="你是第"+Application["COUNTER"].ToString()+"位访客|当前在线人
        数为"+Application["ONLINE_STUDENT"]+"人";
    }
    protected void Timer1_Tick(object sender,EventArgs e)
    {
        ShowCounter();
    }
    protected void Page_Load(object sender,EventArgs e)
    {
        if(!IsPostBack)
        {
            ShowCounter(); //调用显示计数器信息方法
            LoadHotMusic();
            LoadNewMusic();
            LoadNewUsers();
        }

    }
```

(9) 保存并在多个浏览器中访问该页面。1 分钟后，观察首页页脚部分计数器的变化。

上 机 实 战

上机实战——为管理会员页面搜索功能添加进度提示功能

在 adminUsers.aspx 页面，当用户单击搜索按钮时，首先显示“正在搜索中...”文字提示，系统处理完毕后显示完整的搜索结果。

【要点提示】

可以仿照［例 12 - 2］，在页面中添加 UpdatePanel 控件和 UpdateProgress 控件，设置 UpdateProgress 控件的 ProgressTemplate 为“正在搜索中...”，然后将其与 UpdatePanel 控件关联起来。

【参考代码】

```
<asp:ScriptManager ID="ScriptManager1" runat="server">
</asp:ScriptManager>
```

```
<asp:UpdatePanel ID="UpdatePanel1" runat="server" UpdateMode="Conditional">
<ContentTemplate>
<table width="100%" border="0" cellpadding="0" cellspacing="0">
  <tr>
     <td width="8%"> </td>
     <td width="78%"><table width="100%" border="0" cellspacing="2" cellpadding="0">
        <tr>
           <td width="12%">搜索:</td>
           <td width="24%">
              <asp:TextBox ID="txtUser" runat="server"></asp:TextBox>
           </td>
           <td width="48%">
              <asp:RadioButtonList ID="rblType" runat="server" RepeatDirection=
             "Horizontal">
                    <asp:ListItem Selected="true">学号</asp:ListItem>
                    <asp:ListItem>名称</asp:ListItem>
              </asp:RadioButtonList></td>
           <td width="11%">
              <asp:Button ID="btnSearch" runat="server" Text="搜索" onclick="btnSearch_
              Click"/>
           </td>
           <td width="5%"> </td>
        </tr>
     </table></td>
     <td width="14%"> </td>
  </tr>
</table>
<asp: UpdateProgress ID="UpdateProgress1" runat="server" AssociatedUpdatePanelID=
 "UpdatePanel1">
<ProgressTemplate>
                 正在搜索中...
</ProgressTemplate>
</asp:UpdateProgress>
<table width="100%" border="0" cellspacing="0" cellpadding="2">
      <tr>
         <td width="4%"> </td>
         <td width="69%" valign="top">
         <asp:GridView ID="gvStudent" runat="server" AutoGenerateColumns="false"
                 DataKeyNames="stuNo"
                onselectedindexchanged="gvStudent_SelectedIndexChanged" AllowPag-
                ing="true"
                 onpageindexchanging="gvStudent_PageIndexChanging" PageSize="10"
```

```
            onrowcancelingedit="gvStudent_RowCancelingEdit"
             onrowdeleting="gvStudent_RowDeleting" onrowediting="gvStudent_
             RowEditing"
            onrowupdating="gvStudent_RowUpdating">
        <PagerSettings FirstPageText="第一页" LastPageText="最后一页"
            Mode="NextPreviousFirstLast"/>
        <Columns>
            <asp:HyperLinkField DataNavigateUrlFields="stuno"
                DataNavigateUrlFormatString="showUserDetailInfo.aspx? sn={0}"
                DataTextField="stuno" HeaderText="学号" Target="_self"/>
            <asp:BoundField DataField="stuName" HeaderText="姓名"/>
            <asp:CheckBoxField DataField="stuSex" HeaderText="性别"/>
             <asp:BoundField DataField="classcode" HeaderText="班级" ReadOnly=
            "true"/>
            <asp:BoundField DataField="stuBirthday"
                HeaderText="出生日期" DataFormatString="{0:yyyy-MM-dd}"/>
             <asp:CommandField HeaderText="显示学生详情" ShowSelectButton=
            "true" SelectText="学生详情"/>
            <asp:CommandField HeaderText="编辑" ShowEditButton="true"/>
            <asp:CommandField HeaderText="删除" ShowDeleteButton="true"/>
         </Columns>
    </asp:GridView>
    <asp:HiddenField ID="HiddenField1" runat="server"/>

    </td>
    <td width="27%">
    <asp:DetailsView ID="dvUser" runat="server" Height="50px" Width="100%"
        AutoGenerateRows="false">
        <Fields>
            <asp:HyperLinkField DataNavigateUrlFields="stuNo"
                DataNavigateUrlFormatString="showUserDetailInfo.aspx?sn={0}"
                DataTextField="stuNo"
                HeaderText="学号" Target="_self"/>
            <asp:BoundField DataField="StuName" HeaderText="姓名"/>
            <asp:BoundField DataField="Classcode" HeaderText="班级"/>
            <asp:TemplateField HeaderText="性别">
                <ItemTemplate>
                    <asp:Label ID="Label1" runat="server" Text='<%# Format-
Sex(Eval("Stusex"))%>'></asp:Label>
                </ItemTemplate>
            </asp:TemplateField>
            <asp:BoundField DataField="StuBirthday" DataFormatString="{0:yyyy-
```

```
MM-dd}"
                      HeaderText="出生日期"/>
                  <asp:BoundField DataField="StuAddress" HeaderText="通信地址"/>
                  <asp:BoundField DataField="StuPost" HeaderText="邮编"/>
                  <asp:BoundField DataField="StuE-mail" HeaderText="E-mail"/>
                  <asp:BoundField DataField="StuTel" HeaderText="电话"/>
                  <asp:BoundField DataField="StuMobile" HeaderText="手机"/>
                  <asp:BoundField DataField="StuHobbies" HeaderText="兴趣爱好"/>
                  <asp:BoundField DataField="StuExpenseArea" HeaderText="主要消费领
                  域"/>
                  <asp:BoundField DataField="StuTheme" HeaderText="主题皮肤"/>
                  <asp:BoundField DataField="RegDate" DataFormatString="{0:yyyy-MM-
                  dd}"
                      HeaderText="注册日期"/>
                  <asp:ImageField DataImageUrlField="StuPhotoUrl" HeaderText="照片">
                  </asp:ImageField>
              </Fields>
          </asp:DetailsView>
          <asp:Label ID="lblDetail" runat="server"></asp:Label>
          </td>
        </tr>
      </table>
</ContentTemplate>
<Triggers>
    <asp:AsyncPostBackTrigger ControlID="btnSearch"/>
</Triggers>
</asp:UpdatePanel>
```

习题

1. 完成统计分析页面（adminStatistics. aspx）中网站注册用户数、上载音乐总数和网站访问人数信息的显示，并且要求每 30 秒更新一次数据。

2. 在专业管理页面（adminMajor. aspx）中，当单击“选择院系”下拉列表框时，将回发整个页面到服务器，使用 Ajax 技术实现局部页更新功能。当选择不同的院系时，仅更新下面 ListView 控件部分。

第 13 章 应用程序配置

本章要点

- 应用程序配置的概念
- Web.config 配置文件的作用和文件结构
- Web.config 文件中自定义应用程序配置节的使用方法
- Web.config 文件中数据库连接串配置节的使用方法

13.1 概　　述

ASP .NET Framework 为开发和管理人员提供了灵活控制应用程序运行方式的手段。如管理员能够控制应用程序可以访问哪些受保护的资源，使用哪些版本的程序集等。开发人员可以将这些设置放置在配置文件 Web.config 中，从而不必在每次设置更改时重新编译应用程序。

使用 ASP .NET 配置系统的功能，可以配置整个服务器上的所有 ASP .NET 应用程序、单个 ASP .NET 应用程序或应用程序子目录。在配置系统中可以配置各种功能，如身份验证模式、页缓存、编译器选项、自定义错误、调试和跟踪选项等。

ASP .NET 配置数据存储在名为 Web.config 的 XML 文本文件中，Web.config 文件可以出现在 ASP .NET 应用程序的根目录或其下层多个目录中。

每个 Web.config 文件都将配置应用于它所在的目录及它下面的所有子目录。可以选择用子目录中的设置重写或修改父目录中指定的设置。也可以通过在 location 元素中指定一个路径，将 Web.config 文件中的配置设置应用于个别文件或子目录。

ASP .NET 配置是分层次的。其层次结构的根目录为%systemroot%\Microsoft .NET\Framework\version>\CONFIG\machine.config 文件，包括应用于所有运行于特定版本的.NET Framework 的 ASP .NET 应用程序的设置。由于每个 ASP .NET 应用程序都从根 machine.config 文件继承了默认配置设置，因此只需为重写默认配置的设置创建 Web.config 文件。

运行时，ASP .NET 使用 Web.config 文件按层次结构为传入的每个 URL 请求计算唯一的配置设置集合。这些设置只计算一次，随后被缓存在服务器上。ASP .NET 检测对配置文件进行的任何更改，然后自动将这些更改应用于受影响的应用程序，而且大多数情况下会重新启动应用程序。只要更改层次结构中的配置文件，就会自动计算并再次缓存分层配置设置。除非

processModel 节已更改，否则 IIS Web 服务器不必重新启动，所做的更改会立即生效。

13.2 Web.config 文件结构

Web.config 文件是一个 XML 文件，它用来存储 ASP .NET Web 应用程序的配置信息，它可以出现在应用程序的每一个目录中。当开发人员通过 ASP .NET 开发工具创建一个新的 Web 应用程序时，默认情况下会在根目录中自动创建一个名为 Web.config 的配置文件，并且包含了默认设置，它继承了 machine.config 文件中的所有配置信息，同时所有的子目录都继承了它的配置设置。如果需要修改子目录配置设置，则可以在子目录下新建一个名 Web.config 的配置文件并进行配置。

为一个网站或目录添加 Web.config 文件的过程如下。

右击网站名称或某个要添加配置文件的目录，选择【添加新项】，然后在弹出的【添加新项】对话框中，选择【Web 配置文件】模板，然后单击【添加】按钮，就将 Web.config 文件添加到网站相应的目录下了。如图 13-1 所示。

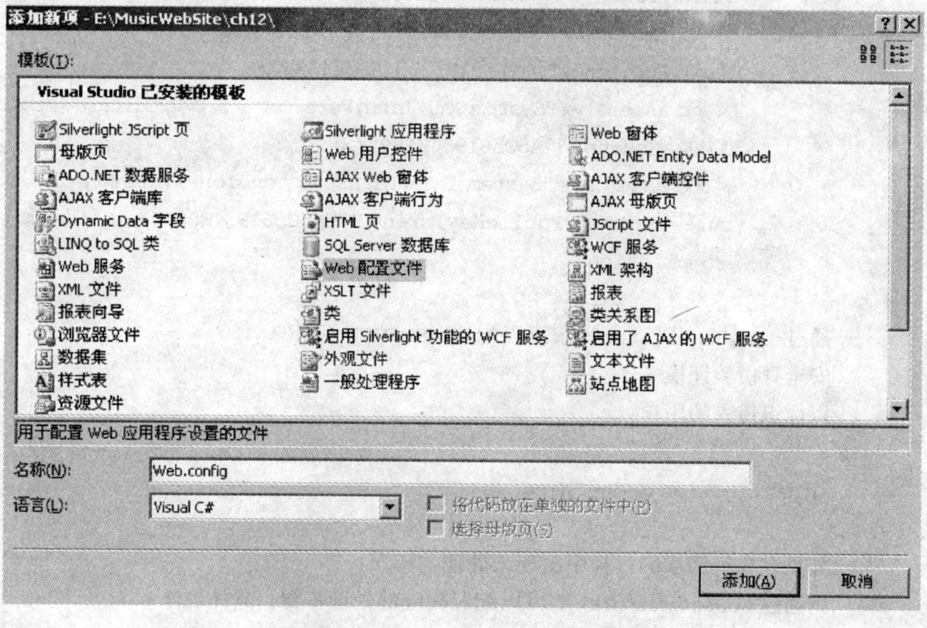

图 13-1 添加“Web 配置文件”

在 Web.config 配置文件中所有的配置信息都位于 <configuration> 和 </configuration> 根标记之间，包括配置段处理程序声明区和配置段设置区两大部分。

配置段处理程序声明区包含在 <configSections> 和 </configSections> 标记之间。每个配置段用 <section> 标记声明且必须指定配置段的名字及用于处理该段配置数据的 .NET 类名。这可以分别用 <section> 标记的 name 和 type 属性来指明。此外，声明配置段时，还可以将若干个 <section> 声明放置 <sectionGroup> 和 </sectionGroup> 标记间，构成一个配置段声明组。

配置段设置区在配置段处理程序声明区的后面，它包含了实际的配置设置。除了 configSections、appSettings、connectionStrings、location 等配置节外，系统大部分的网站参数设置都放置在 system. web 配置节内。

在本网站中，打开 Web. Config 文件，可以看到 <System. Web> 和 </System. Web> 配置节中主要包括了如下配置。

```
<system.web>
        <!--
            设置 compilation debug="true"将调试符号插入
            已编译的页面中。但由于这会
            影响性能,因此只在开发过程中将此值
            设置为 true。
        -->
        <compilation debug="true">
            <assemblies>
                <add assembly="System.Core,Version=3.5.0.0,Culture=neutral,PublicKeyToken=B77A5C561934E089"/>
                <add assembly="System.Web.Extensions,Version=3.5.0.0,Culture=neutral,PublicKeyToken=31BF3856AD364E35"/>
                <add assembly="System.Xml.Linq,Version=3.5.0.0,Culture=neutral,PublicKeyToken=B77A5C561934E089"/>
                <add assembly="System.Data.DataSetExtensions,Version=3.5.0.0,Culture=neutral,PublicKeyToken=B77A5C561934E089"/></assemblies></compilation>
        <!--
            通过<authentication>节可以配置 ASP.NET 使用的
            安全身份验证模式,
            以标识传入的用户。
        -->
        <authentication mode="Windows"/>
        <!--
            如果在执行请求的过程中出现未处理的错误,
            则通过<customErrors>节可以配置相应的处理步骤。具体说来,
            开发人员通过该节可以配置
            要显示的 html 错误页
            以代替错误堆栈跟踪。

        <customErrors mode="RemoteOnly" defaultRedirect="GenericErrorPage.htm">
            <error statusCode="403" redirect="NoAccess.htm"/>
            <error statusCode="404" redirect="FileNotFound.htm"/>
        </customErrors>
```

```
        -->
    <!--
        <customErrors mode="RemoteOnly" defaultRedirect="GenericErrorPage.htm">
            <error statusCode="403" redirect="NoAccess.htm"/>
            <error statusCode="404" redirect="FileNotFound.htm"/>
        </customErrors>
        -->
        <pages theme="green">
            <controls>
                <add tagPrefix="asp" namespace="System.Web.UI" assembly="System.
Web.Extensions,Version=3.5.0.0,Culture=neutral,PublicKeyToken=31BF3856AD364E35"/>
                <add tagPrefix="asp" namespace="System.Web.UI.WebControls"assembly=
"System.Web.Extensions,Version=3.5.0.0,Culture=neutral,
PublicKeyToken=31BF3856AD364E35"/></controls>
        </pages>
        <httpHandlers>
            <remove verb="*" path="*.asmx"/>
            <add verb="*" path="*.asmx" validate="false"
type="System.Web.Script.Services.ScriptHandlerFactory,System.Web.Extensions,Version=
3.5.0.0,Culture=neutral,PublicKeyToken=31BF3856AD364E35"/>
            <add verb="*" path="*_AppService.axd" validate="false"
type="System.Web.Script.Services.ScriptHandlerFactory,System.Web.Extensions,Version=
3.5.0.0,Culture=neutral,PublicKeyToken=31BF3856AD364E35"/>
            <add verb="GET,HEAD" path="ScriptResource.axd" validate="false"
type =" System.Web.Handlers.ScriptResourceHandler, System.Web.Extensions, Version =
3.5.0.0,Culture=neutral,PublicKeyToken=31BF3856AD364E35"/></httpHandlers>
    <httpModules>
            <add name="ScriptModule" type="System.Web.Handlers.ScriptModule,
System.Web.Extensions,Version=3.5.0.0,Culture=neutral,PublicKeyToken=31BF3856AD364E35"/>
    </httpModules>
</system.web>
```

<compilation> 配置节。该元素的作用是配置 ASP .NET 的编译设置。defaultLanguage 属性用于指明语言类型。debug 属性为 true 时，系统会将调试符号插入已编译的页面中，但是这样会影响系统运行的性能，因此只在开发阶段才将此属性设置为 true，在实际运行时，建议将此属性设置为 false。此外，该配置节还包括了 assemblies 子元素，用于引入编译时使用的程序集。

<customErrors> 配置节。该元素用于定义 ASP .NET 应用程序相关的自定义错误信息。其有一个必选的 mode 属性、一个可选的 defaultRedirect 属性和一个 <error> 子标记。mode 属性用于指定是启用还是禁用自定义错误，还是仅向远程客户端显示自定义错误。defaultRedirect 属性指定如果发生了错误将浏览器重定向到默认的 URL，如果未指定，将显

示一般性错误信息。

<authentication> 配置节。该元素的作用是配置 ASP .NET 的验证设置。其 mode 属性定义了验证模式。mode 属性值可以为 Windows、Forms、Passport 和 None 四种之一。

<page> 配置节。用于全局定义页特定配置设置，如配置文件范围内的页和控件的 ASP .NET 指令、页面主题等。

除此之外，<System. Web> 节还包括非常多的配置内容，请参考微软的帮助文件。

13. 3　存储和访问数据库连接串

在配置段设置区除了 <System. Web> 节外，还包括了 <connectionStrings> 配置节，该节主要用于存储 ASP .NET 应用程序中使用的数据库连接信息。使用 Web. config 文件保存数据库连接串的最大好处是无须改变和编译源代码的情况下，更改数据库相关设置，大大提高了 Web 数据库应用程序的可移植性和可维护性。

在第 10 章时，我们使用 SqlDataSource 控件的向导曾经将数据库连接串保存在 Web. config 中，它将会自动检查配置文件中是否存在 <connectionStrings> 配置节，如果没有会自动添加。在该配置节中，可以包括多个数据库连接串，每个数据库连接串都是一个 <add> 标记，并且用 name 属性指明该连接串的名称，connectionString 属性指明具体的数据库连接信息，包括数据库服务器名称、数据库名、用户名和密码等。

下面的代码是本网站 Web. Config 文件中数据库连接串的相关配置信息。

```
<connectionStrings>
  <add name="ConnectionString" connectionString="Data
Source=.\SQLEXPRESS;AttachDbFilename=|DataDirectory|\MusicBar.mdf;Integrated Security
=true;User Instance=true" providerName="System.Data.SqlClient"/>
</connectionStrings>
```

上述代码配置了一个名为 ConnectionString 的数据库连接串，该连接串用于连接本地计算机上的 SQLEXPRESS 实例，数据库为当前 Web 网站数据库目录（App _ Data）下的 MusicBar. mdf 文件，使用 System. Data. SqlClient 程序集，采用集成认证方式连接到该数据库。

关于数据库连接串的写法非常多，如果连接 SQL Server 2000 或 2005 版本，也可以使用如下形式。

```
Server=localhost;DataBase=MusicBar;UID=sa;PWD=sa
```

UID 表示登录 SQL Server 的内置用户名，PWD 表示登录密码。

ASP .NET 提供了 ConfigurationManager 类用于在程序中直接访问 <connectionStrings> 配置节中的数据库连接串，该类位于 System. Configuration 命名空间中。

由前面章节知识知道，所有的后台数据库访问代码都是通过 SqlDbHelper 类的方法进行数据库操作的，其数据库连接串保存在一个名为 CONNECTION _ STRING 的静态属性中。如果在网站运行过程中，需要修改数据库配置信息，就需要重新修改 CONNECTION _ STRING 属性值，然后重新编译代码，这样非常不方便，因此可以考虑将 CONNECTION _ STRING 的值放置在 Web. config 配置文件的 connectionStrings 配置节中，这样就和第 10 章中数据源控件使用的数据库连接串一致了。当需要更改数据库配置时，只需要更改 Web. config 文件就可以，并且不需重新编译源程序。

具体修改方法如下。

打开校园音乐吧网站 App _ Code 目录下的 SqlDbHelper. cs 文件，找到下面一句话并将其注释。

```
    private static string CONNECTION_STRING=
    @"Data Source=. \SQLEXPRESS;AttachDbFilename=|DataDirectory|MusicBar.mdf;Inte-
grated Security=true;Connect Timeout=30;User Instance=true";
```

在上述代码下面添加如下代码：

```
    private static string CONNECTION_STRING=
    System.Configuration.ConfigurationManager.ConnectionStrings["ConnectionString"].ToS-
tring();
```

ConfigurationManager 类的 ConnectionStrings 属性中包括了 Web. config 配置文件中 <connectionStrings> 配置节的所有数据库连接串配置，可以通过下标或数据库连接串名称取值。

ASP .NET 还为页面数据绑定的方式获取数据库连接串的方法。比如在第 10 章中 SqlDataSource 控件的 ConnectionString 属性值为 <% $ ConnectionStrings：ConnectionString %>。其中 <% $ ConnectionStrings：ConnectionString %> 就是用来获取 Web. Config 配置文件中 <connectionStrings> 配置节中名为 ConnectionString 的数据库连接串。

13. 4　存储和访问自定义数据

在配置段设置区除了 <System. Web> 节外还包括 <appSettings> 配置节。该节主要用于存储用户自定义数据。它的语法和 <connectionSettings> 节类似。可以包括多个用户自定义数据，每个数据为一个 <add> 标记，用 key 属性标识自定义数据的名称，用 value 属性标识自定义数据的具体值。例如，在 <appSettings> 节中增加一个名为 smtpServer 的自定义数据，值为 smtp. 163. com。它的配置语法如下。

```
<appSettings>
    <add key="smtpServer" value="smtp.163.com"/>
</appSettings>
```

ASP .NET 中的 ConfigurationManager 类的 AppSettings 属性包括了 Web. config 配置文件中 <appSettings> 配置节中所有的用户自定义数据。在程序中访问 stmpServer 用户自定义数据的代码如下。

```
System.Configuration.ConfigurationManager.AppSettings["smtpServer"];
```

项 目 任 务

项目任务——将密码发送到注册邮箱中帮助用户找回密码

校园音乐吧网站和其他 Web 网站类似，提供了找回密码的功能（getpassword. aspx）。当用户忘记密码后，可以通过输入注册时填写的用户名（学号）和邮箱，系统会自动将密码发送到该邮箱中。

【实现方法】

.NET 框架类库提供了 MailMessage 类和 SmtpClient 类用来实现发送邮件。和 Outlook Express、FoxMail 等邮件客户端软件一样，要实现发送邮件功能需要正确配置 SMTP 服务器，包括服务器地址，认证的用户名和密码。管理员有可能需要动态修改 SMTP 服务器相关信息，因此可以将其存放在 Web. Config 配置文件中 AppSettings 节，然后通过程序动态获取其值，发送邮件。

【操作步骤】

（1）打开校园音乐吧网站，在解决方案资源管理器中，双击 Web. Config 配置文件，找到 appSettings 配置节，并添加入以下自定义配置。

```
<appSettings>
    <add key="smtpServer" value="smtp.163.com"/>
    <add key="loginUser" value="william"/>
    <add key="loginPwd" value="william"/>
    <add key="from" value="william@163.com"/>
</appSettings>
```

（2）打开 getpassword. aspx 页面，切换到设计视图并双击“发送密码”按钮，切换到后置代码文件 getpassword. aspx. cs 文件中，引入如下两个命名空间。

```
using System.Net;
using System.Net.Mail;
```

（3）修改 btnSendPwd _ Click 事件处理代码为如下内容。

```
protected void btnSendPwd_Click(object sender,EventArgs e)
{
    string stuNo=txtUserName.Text;
    string email=txtE-mail.Text;
    Student stu=new Student();
    stu=stu.GetModel(stuNo);
    //如果此用户存在并且输入的 EMAIL 信息和数据库中的一致，则发生密码
    if(stu!=null && stu.StuE-mail.ToLower().Equals(email.ToLower()))
    {
        SmtpClient client=new SmtpClient();
        //smtp 服务器
        client.Host=System.Configuration.ConfigurationManager.AppSettings
        ["smtpServer"];
        //SMTP 服务器登录账号和密码。因此要在 web.config 文件中配置正确。
        string loginUser=System.Configuration.ConfigurationManager.AppSettings["loginUs-
        er"];
        string loginPwd=System.Configuration.ConfigurationManager.AppSettings["loginPwd"];
        client.Credentials=new NetworkCredential(loginUser,loginPwd);
        string from=System.Configuration.ConfigurationManager.AppSettings
        ["from"];//发件人
        string to=email; //收件人
        MailMessage message=new MailMessage(from,to);
        //邮件标题
        message.Subject="你在校园音乐吧注册的密码";
        //邮件正文，包含了密码
        message.Body="你的密码是："+stu.StuPwd+ "。\r\n 不要再忘记了！";
        try
        {
            //尝试发送该邮件
            client.Send(message);
        }
        catch(Exception ex)
        {
            ScriptManager.RegisterStartupScript(this,GetType(),"msg","alert('发送失
            败\r\n');",true);
        }
        ScriptManager.RegisterStartupScript(this,GetType(),"msg","alert('发送成功！');",
        true);
    }
    else
    {
```

```
        ScriptManager.RegisterStartupScript(this,GetType(),"msg","alert('你输入的账号
        不正确或 email 不存在');",true);
    }
}
```

上机实战

上机实战——修改 Web.config 文件，配置 Web 站点主题

在 Web.config 文件中可以对 ASP .NET 站点进行多方面内容的配置，请将该站点的默认主题配置为粉色含蓄（Pink），并进行测试。当页面有错误发生时，在本地计算机上显示错误详细信息，而在客户的计算机上显示友好提示信息。

【要点提示】

可以通过配置 <System.Web> 节中的 <page> 配置的 theme 属性设置页面缺省主题。可以定义< customErrors> 配置的 mode 属性为 RemoteOnly，在本地计算机上显示错误详细信息，而在客户的计算机上显示友好信息。创建一个 showError.aspx 错误显示页面，当有错误发生时，默认转向该页面。

【参考代码】

因为 Visual Studio 2008 自带的 Web 服务器仅供本机调试和测试用，不允许远程计算机访问。要进行测试，必须将该网站部署在 IIS Web 服务器上才可以使用其他计算机远程访问该站点。请参考本书第 14 章相关知识。

Web.Config 文件中相关配置设置如下：

```
    <customErrors mode="RemoteOnly" defaultRedirect="showerror.aspx">
    </customErrors>
    <pages theme="pink">
            <controls>
                <add tagPrefix="asp" namespace="System.Web.UI" assembly="System.
Web.Extensions,Version=3.5.0.0,Culture=neutral,PublicKeyToken=31BF3856AD364E35"/>
                <add tagPrefix="asp" namespace="System.Web.UI.WebControls"
assembly=
"System.Web.Extensions,Version=3.5.0.0,Culture=neutral,PublicKeyToken=31BF3856AD364E35"/>
      </controls>
    </pages>
```

ShowError.aspx 页面代码如下：

```
<%@ Page Language="C#" AutoEventWireup="true" CodeFile="showError.aspx.cs" Inherits=
"showError"%>
<%@Register src="Header.ascx" tagname="Header" tagprefix="uc1"%>
<%@Register src="Footer.ascx" tagname="Footer" tagprefix="uc2"%>
<!DOCTYPE html PUBLIC"-//W3C//DTD XHTML 1.0 Transitional//EN"
"http://www.w3.org/TR/xhtml1/DTD/xhtml1-transitional.dtd">
<html xmlns="http://www.w3.org/1999/xhtml">
<!-- InstanceBegin template="/Templates/T.dwt"codeOutsideHTMLIsLocked="false"-->
<head id="Head1" runat="server">
<meta http-equiv="Content-Type" content="text/html; charset=gb2312"/>
<!-- InstanceBeginEditable name="doctitle"-->
<title>显示友好错误信息</title>
<!-- InstanceEndEditable -->
<!-- InstanceBeginEditable name="head"-->
<!-- InstanceEndEditable -->
<link href="css/main.css" rel="stylesheet" type="text/css"/>
<script language="javascript" type="text/javascript" src="Js/main.js"></script>
</head>
<body>
    <form id="mainForm" runat="server">
<div align="center">
    <uc1:Header ID="Header1" runat="server"/>
<table width="760" border="0" cellpadding="0" cellspacing="0">
  <tr>
    <td valign="top"><!--InstanceBeginEditable name="Body"-->
       <table width="100%" border="0" cellspacing="0" cellpadding="0">
          <tr>
               <td height="28" align="left" valign="middle" class="nav">
          <asp:SiteMapPath ID="SiteMapPath1" runat="server">
          </asp:SiteMapPath>
                 </td>
          </tr>
          <tr>
               <td background="Images/spliter4.gif"></td>
          </tr>
            <tr>
              <td><table width="100%" border="0" cellspacing="0" cellpadding="0">
                 <tr>
                      <td width="9%"> </td>
                      <td style="width: 50%">
                         <p style="color:Red; font-weight:bold"> 出现了未知错误，请联系管理
                         员。</p>
```

```
                </td>
                    <td width="38% "align="left" valign="top">
                      </td>
                    <td width="12% ">  </td>
                </tr>
            </table></td>
          </tr>
      </table>
      <!-- InstanceEndEditable --></td>
  </tr>
</table>
<uc2:Footer ID="Footer1" runat="server"/>
</div>
    </form>
</body>
<!-- InstanceEnd --></html>
```

习　　题

1. 有些smtp服务器为了避免遭受攻击，通常将端口号由默认的25修改为其他端口号，请在Web配置文件中增加一个名为smtpPort的自定义配置，其值就是smtp服务器的端口号，如4455。修改getpassword.aspx页面找回密码功能，添加端口设置功能。

2. 使用SmtpClient的Send方法发送邮件是一种非常耗时的操作，因此最好使用Ajax技术，在发送邮件时提示用户“正在发送中...”，发送完成后，显示“发送成功或失败”的消息。

第 14 章

软件测试与部署

本章要点

- 软件测试的概念和分类
- 单元测试技术
- 软件安装与部署相关知识和概念
- Web 网站的部署方法

14.1 概　　述

软件开发不仅仅是编码，还需要经过严格的软件测试，最后往往以软件安装包的形式分发到用户手中。

软件产品与其他产品不同，其最大的成本就是检测软件错误、修改软件错误的成本，以及为了发现这些错误所进行的测试程序和运行测试程序的成本。据有关统计，软件测试作为软件质量保证的一个重要组成部分，在整个软件开发中占据了一半或一半以上的工作量。

前面的章节重点讲述了软件需求、设计和实现技术。一般情况下，软件实现（编码）阶段所用时间约占软件开发总时间的 1/3 或更少的时间。

软件测试的目标就是要发现软件中存在的错误，从而改正错误、提高软件的可靠性和准确性。

软件测试技术大体上可以分为白盒测试和黑盒测试两大类。

软件产品在交付使用之前一般要经过单元测试、集成测试、确认测试和系统测试 4 个阶段，其中，单元测试和程序人员的联系最紧密，只有单元测试通过后的程序或模块才允许集成到系统中。

软件开发完成后，通常需要为用户提供一个软件安装包，用户通过运行该安装包，将程序安装到某台专用服务器或个人计算机上。该过程就称为软件部署。安装包中往往仅包括软件运行所必需的文件，如可执行程序、动态库、图片资源等，一般情况下不包括程序源代码。

ASP .NET Web 网站不同于传统的桌面应用程序安装，它对系统运行环境有较高地要求，必须首先在目标服务器上安装 IIS Web 服务器、.NET Framework 等软件，有时还需要安装数据库系统软件等。

14.2 软件测试

14.2.1 黑盒测试和白盒测试

黑盒测试，又称功能测试。它不考虑程序内部结构和处理过程。把被测试程序看成是一个黑盒子，只在软件接口处进行测试，依据需求规格说明书，检查程序是否满足功能要求，并且每个功能是否都能正常使用。

通过黑盒测试通常可以发现以下错误：

- 是否遗漏了某个功能；
- 某个功能运行不正确；
- 与约定的接口不一致；
- 界面文字描述错误。

白盒测试也称为结构测试或逻辑驱动测试。与黑盒测试不同，测试人员将程序视为一个透明的白盒子，需了解程序的内部结构和处理过程，以检查处理过程的细节为基础，要求对程序的结构特性做到一定程度的覆盖，对程序中的所有逻辑路径进行测试，并检查内部控制结构是否有错误，确定实际的运行状态与预期的状态是否一致。

黑盒测试和白盒测试往往都不可能做到完全的测试，即使做到了，也不一定说明程序100%正确，也有可能存在错误。测试的目的就是尽可能地找出程序中存在的错误并修改。

白盒测试以程序逻辑结构为基础。逻辑覆盖是一组覆盖方法的总称，根据测试用例覆盖的测试路径不同分为：语句覆盖、判断覆盖、条件覆盖、判断-条件覆盖、条件组合覆盖及路径覆盖。

语句覆盖的思想是设计足够多的测试用例，使程序的每条可执行语句至少执行一次。

判断覆盖的思想是设计足够多的测试用例，不仅使每条语句至少执行一次，而且每个判断表达式至少获得一次“真”值和“假”值，从而使程序的每个分支至少通过一次，因此，判断覆盖也称分支覆盖。

条件覆盖的思想是设计足够多的测试用例，不仅每条语句至少执行一次，而且使得判断表达式中的每个条件都能获得各种可能的结果。

由于判断覆盖不能完全包含条件覆盖，条件覆盖也不能完全包含判断覆盖，因此，设计足够多的测试用例，使得判断表达式中的每个条件的所有可能取值至少出现一次，并使每个判断表达式所有可能的结果也至少出现一次，称为判断-条件覆盖。

条件组合覆盖的基本思想是设计足够多的测试用例，使得每个判断表达式中的条件的各种可能组合都至少出现一次。

路径覆盖的含义是设计所有的测试用例，来覆盖程序中所有可能的执行路径。

上面讨论的逻辑覆盖技术都是针对程序内部有判断存在的测试用例设计技术。在实际测试过程中，通常还要针对循环语句设计测试用例。

用黑盒测试技术设计测试用例一般有等价类划分、边界值分析、错误推测和因果图 4 种方法。有关黑盒测试技术请参考软件工程相关书籍。

14.2.2 软件测试过程

软件产品在交付使用之前要经过单元测试、集成测试、确认测试和系统测试 4 个阶段的测试。

单元测试是对软件基本组成单元进行的测试。测试对象是软件设计的最小单元——模块。一个最新的单元应该是具有明确的功能定义、性能定义和接口定义，而且可以清晰地与其他单元区分开来。单元测试就是检查每个模块是否正确地实现了规定的功能。单元测试所发现的往往是编码和详细设计中的错误。

软件工程都重点强调测试的重要性，近年来，测试驱动开发（Test Driven Development，TDD）的思想渐渐被接受。TDD 产生于敏捷开发运动，特别是极限编程（eXtreme Programming，XP)，而且 TDD 正是 XP 的一个核心原则。推崇 TDD 的人认为，不应该完成开发之后再写测试，这通常只是“马后炮”，而应当在写代码之前先写测试。测试本质上相当于设计文档，而不是花大量时间去做图形建模。

单元测试往往可以借助现成的测试框架，如 NUnit 和 Visual Studio .NET 都提供了单元测试框架，请参考本章项目任务一节。

集成测试是将分别通过测试的单元按设计要求组合起来再进行的测试，以检查这些单元之间的接口是否存在问题。同时，检查与设计相关的软件体系结构的有关问题，在这个测试阶段发现的往往是软件设计中的错误，也可能是发现需求中的错误。

确认测试是检查所开发的软件是否满足需求规格说明书中所确定的功能和性能需求。在这个阶段发现的是需求分析阶段的错误，如对用户需求的误解，有冲突的用户需求等。

系统测试集中检验系统所有元素（包括软件、硬件和信息等）之间协作是否合适，整个系统的性能和功能是否满足需求。

对于 Web 项目，通常情况下，还包括负载测试。

在 Visual Studio Team System 2008 版本中集成了负载测试、Web 测试、单元测试等，用户可以根据向导创建相应的测试。

14.3 Web 项目部署

部署是分发要安装到其他计算机上的应用程序或组件的过程。在 Visual Studio 2008 中，可以使用 ClickOnce 部署或 Windows Installer 部署技术部署应用程序或组件。对于 Web 网站或项目还可以使用 Visual Studio 2008 提供的网站复制和发布网站向导进行部署。

在 Visual Studio 2008 新建项目模板中提供了几种不同类型的安装项目，如图 14－1 所示。

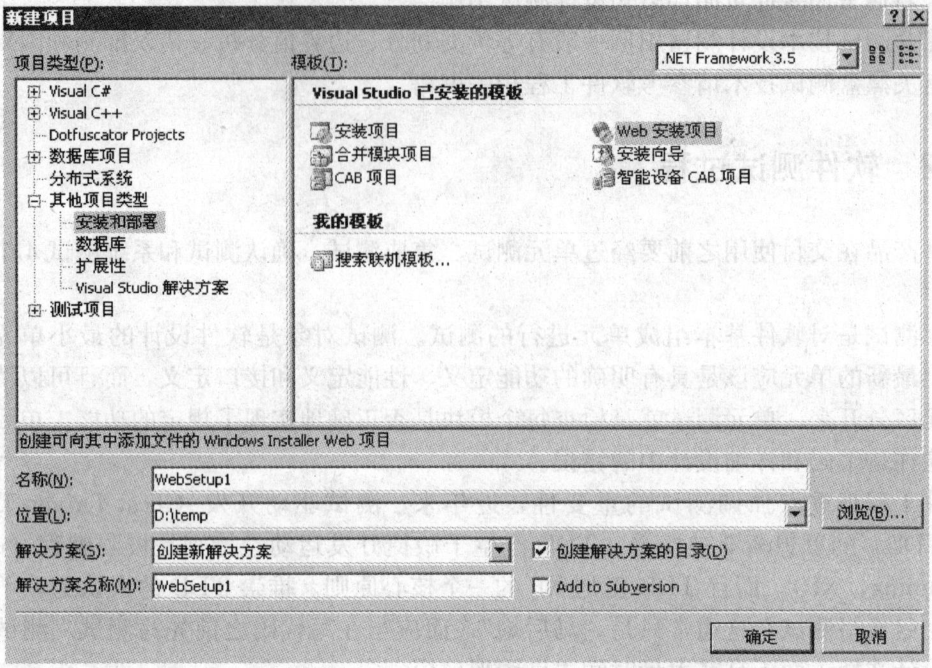

图 14-1　Visual Studio 2008 安装项目模板

安装项目模板和 Web 安装项目模板用于创建可以单击安装的普通安装包（通常为 setup. exe)，安装项目模板通常用来打包桌面应用程序或控制台应用程序，而 Web 安装项目模板则用来打包 Web 项目；CAB 项目模板用于对可以从 Internet 下载的 ActiveX 控件进行打包；合并模块是一套组件，它们与 Windows 安装程序合并在一起使用。

下面重点介绍 Web 项目的安装与部署。

首先，我们需要知道目标 Web 服务器需要提供的软件环境。

在前面的学习过程中，我们一直使用 Visual Studio 2008 内置的 Web 服务器进行调试和测试。但是，该 Web 服务器功能非常有限，不能作为一个网站的 Web 服务器，而且它仅仅允许本地浏览器访问，不允许从其他计算机的浏览器访问该 Web 站点。

具体来讲主要有以下几个方面的软件环境需求。

- Web 服务器最好安装专业的服务器操作系统，比如 Windows 2003 企业版或服务器版等。如果仅仅测试，可以运行在 Windows XP 专业版操作系统下。
- Web 服务器端软件也是必需的。Microsoft 公司提供了免费的 Web 服务器组件 IIS。通常在 Windows XP 操作系统下运行的为 5.1 版本，在 Windows 2003 Server 版本上可运行更高的版本。如果服务器没有安装 IIS 组件，可以在系统控制面板中，通过添加/删除程序中的添加/删除 Windows 组件来添加 IIS 组件。
- .NET Framework 3.5。由于校园音乐吧网站是基于 .NET Framework 3.5 版本开发的，因此在目标服务器上必须已安装了该版本。可以在微软官方网站下载。
- SQL Server 数据库管理系统。本网站在开发中使用了免费的 SQL Server Express 2005，该版本仅能使用 1G 的内存和 1 个 CPU 硬件，在现有的多核服务器环境下，难于发挥硬件的作用。因此，该版本不适合作为正式的网站数据库管理系统，仅仅适合于测试和开发。应该根据实际需求安装 SQL Server 2005 标准版、工作组版或企业版。通过附加数据库的方式，可以将本网站的数据库无缝地移植到 SQL Server 2005 数据库中。

其次，需要了解 Web 网站项目在部署时，需要打包哪些必需的文件。总的来讲，一个 Web 网站主要包括以下几大类资源：

- 页面文件（*.aspx）
- 图片文件（*.img，*.jpg 等）
- JS 代码和 CSS 样式文件
- 主题和皮肤文件
- 网站编译后库文件和第三方库文件（*.dll 等）
- 其他辅助文件，如本网站测试时用到的音乐文件等

通常情况下，网站部署时不包括源程序文件（*.cs）。如果用户希望手动安装数据库，数据库文件也可以不包括在安装包内。有时候还可以把一些系统必备的软件打包在安装包内。

在 Visual Studio 2008 中，可以将网站发布在一个本地目录下，然后将该目录下所有的文件复制到目标服务器上完成部署。具体操作步骤如下：

在解决方案资源管理器中，选择校园音乐吧网站，然后单击菜单【生成】|【发布网站】，弹出【发布网站】对话框，如图 14-2 所示。单击目标位置后面的按钮 ...，选择保存目录，不能为本网站下的子目录。然后单击【确定】按钮，就会在选定的目录下生成网站所必需的文件，如图 14-3 所示。此目录已经不包含源程序，可以直接将此目录下的文件部署到 Web 服务器上，也可以配置 IIS Web 服务器直接指向该目录。

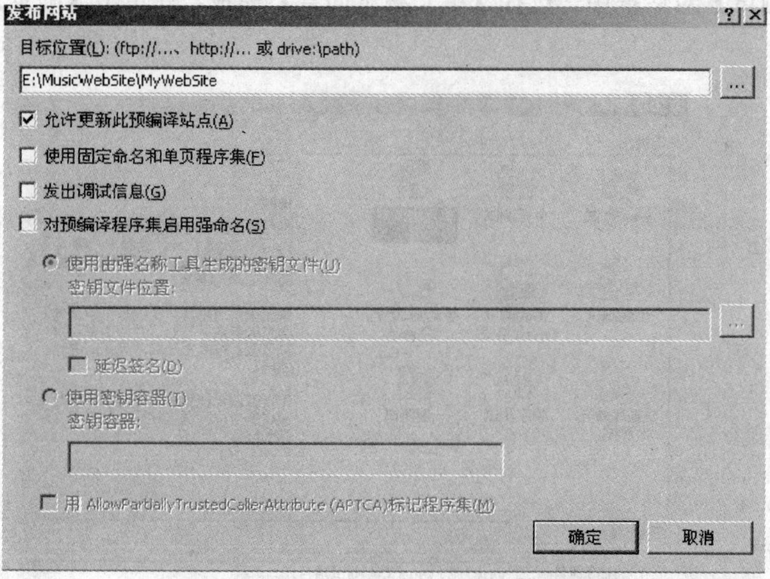

图 14-2　Visual Studio 2008 发布网站

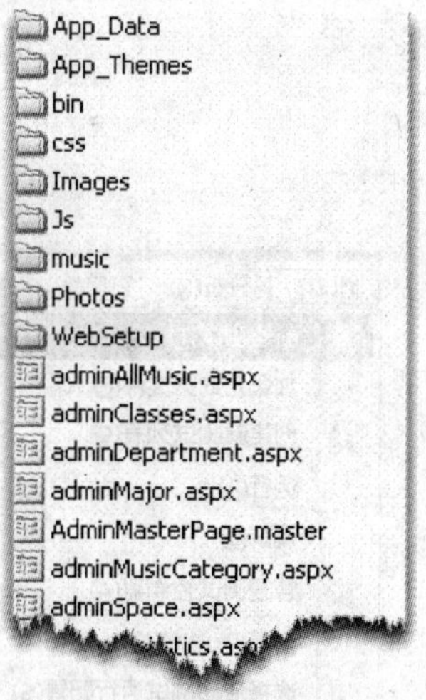

图 14-3　发布网站后自动生成的目录

通过上述方式部署 Web 网站的方法对操作人员的要求较高，Visual Studio 2008 提供了

Windows Installer 技术，可以将需要的所有文件打包为压缩包，生成一个 setup. exe 文件，用户只需要单击该可执行文件，就可以部署好 Web 网站。具体方法参考本章上机实战部分介绍。

项 目 任 务

项目任务——单元测试

应用 Visual Studio Team System 2008 提供的单元测试向导为 Student 类 Login 方法和 IsExist 方法生成测试方法，并进行单元测试。

【实现方法】

在本书第 4 章和第 5 章，我们应用面向对象的思想对校园音乐吧项目进行了详细的分析与设计，并完成了程序代码编写工作。通常情况，我们需要对所有这些类的方法和接口进行单元测试，只有测试通过后，才可以将这些类应用到页面逻辑中。在 Visual Studio Team System 2008 中，可以使用单元测试向导实现单元测试框架的搭建，然后根据需要修改每个测试用例。

【操作步骤】

(1) 打开校园音乐吧网站，单击菜单【测试】|【新建测试】，如图 14-4 所示。

(2) 在弹出的【添加新测试】对话框中，选择【单元测试向导】模板，并单击【确定】按钮。如图 14-5 所示。

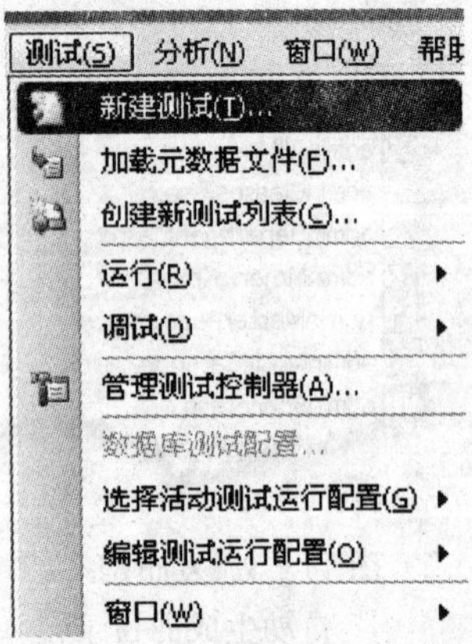

图 14-4 新建测试

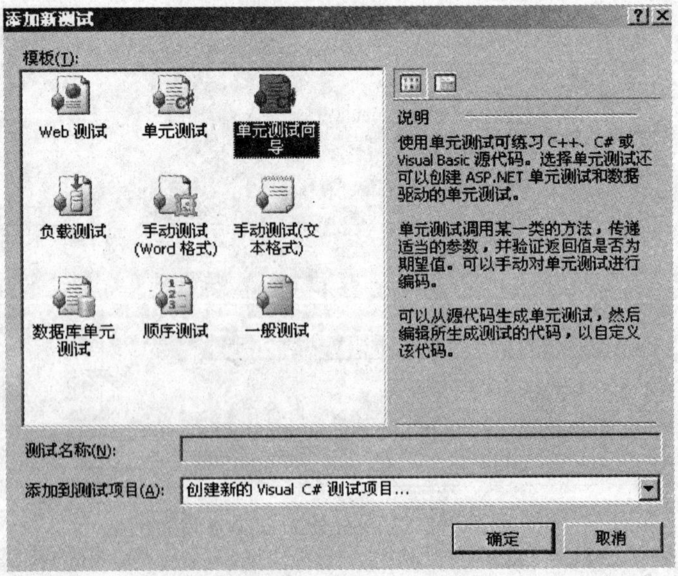

图 14-5 选择单元测试向导

(3) 在弹出【新建测试项目】对话框中输入新项目的名称 TestMusicBarProject，然后单击【创建】按钮。如图 14－6 所示。

图 14－6　输入新建测试项目名称

(4) 在弹出的【创建单元测试】对话框中，依次展开树形目录，并选择 Student 类的 Login 方法和 IsExist 方法。如图 14－7 所示。单击【确定】按钮，系统自动添加 TestMusicBarProject 项目，其目录结构如图 14－8 所示。

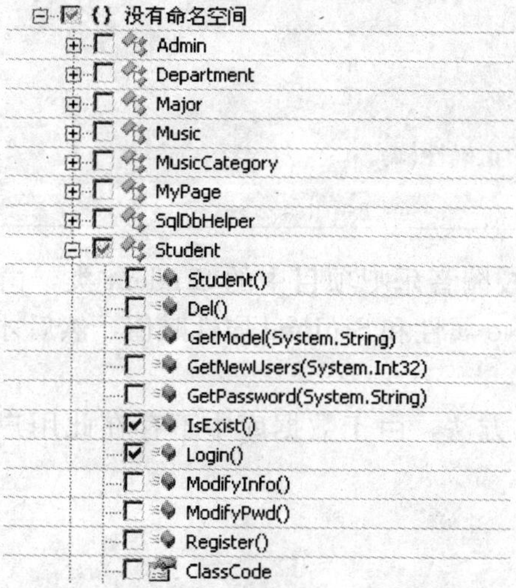

图 14－7　选择 Login 和 IsExist 方法

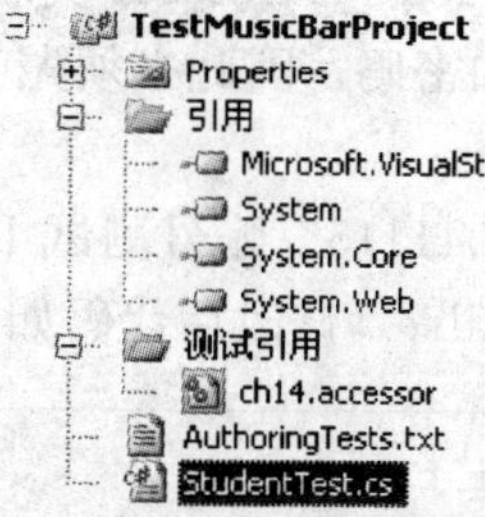

图 14－8　单元测试项目目录结构

(5) 在生成的 StudentTest 类中，向导自动生成了 Login 方法和 IsExist 方法的测试用例方法 LoginTest 和 IsExistTest 方法。

在每个方法中，expected 变量表示该方法期望返回的值，actual 变量表示方法实际返回的值，当测试方法执行完毕后，通过比较 actual 的值与 expected 值是否相等来判断方法的正确性。

用户可以根据自己的需要修改每个测试，以期和自己的期望一致。

(6) 修改 LoginTest 方法和 IsExistTest 方法。使用用户名“086041101”和密码“086041101”测试用户是否能够成功登录。如果数据库中有此用户，方法应该返回 true，否则应该返回 false。

修改前 LoginTest 方法代码：

```
public void LoginTest()
{
    Student_Accessor target=new Student_Accessor();//TODO:初始化为适当的值
    bool expected=false;//TODO:初始化为适当的值
    bool actual;
    actual=target.Login();
    Assert.AreEqual(expected,actual);
    Assert.Inconclusive("验证此测试方法的正确性。");
}
```

修改后 LoginTest 方法代码如下：

```
public void LoginTest()
{
    Student_Accessor target=new Student_Accessor();//TODO:初始化为适当的值
    bool expected=true;//数据库中有此用户,并且密码也正确,因此应该返回 true
    bool actual;
    target.StuNo="086041101";//用户名赋值
    target.StuPwd="086041101";//密码赋值
    actual=target.Login();
    Assert.AreEqual(expected, actual);
    //Assert.Inconclusive("验证此测试方法的正确性。");
}
```

上述代码中的 Student_Accessor 类就是指校园音乐吧项目中的 Student 类，由于登录需要用户名（学号）和密码，因此必须先为 StuNo 属性和 StuPwd 属性赋值，然后才可以调用 Login 方法。

同理，使用“086041115”账号测试 IsExist 方法，由于数据库中不存在此用户，因此 expected 变量设置为 false。修改后代码如下。

```
public void IsExistTest()
{
    Student_Accessor target=new Student_Accessor();//TODO:初始化为适当的值
    bool expected=false;//数据库中不存在该用户,因此期望为 false
    bool actual;
    target.StuNo="086041115";//用户名赋值
    actual=target.IsExist();
    Assert.AreEqual(expected,actual);
    //Assert.Inconclusive("验证此测试方法的正确性。");
}
```

（7）单击工具栏中运行按钮 ▶，执行单元测试，可看到单元测试执行过程和测试结果，如图 14-9 所示。

图 14-9 测试结果

上机实战

上机实战——为校园音乐吧网站制作软件安装包

网站开发完毕后，通常需要为用户提供一个软件安装包，用户通过执行安装程序，自动设置好网站相关配置信息，免去了用户手动配置 Web 服务器引入错误的可能。

【要点提示】

可以利用 Visual Studio 2008 提供的 Web 安装项目向导完成 Web 网站安装包的制作。重点了解如何打包网站所需要的文件和目录，以及如何将系统必备软件也打包到安装包中。

【参考步骤】

(1) 在校园音乐吧网站中，单击菜单【文件】|【新建项目】，出现【新建项目】对话框，如图 14-10 所示。选择【Web 安装项目】模板，并重命名为 WebSetup，位置可以选择为当前 Web 网站目录或其他目录。并选择【添入解决方案】选项，然后单击【确定】按钮，就添加了一个 Web 安装项目。

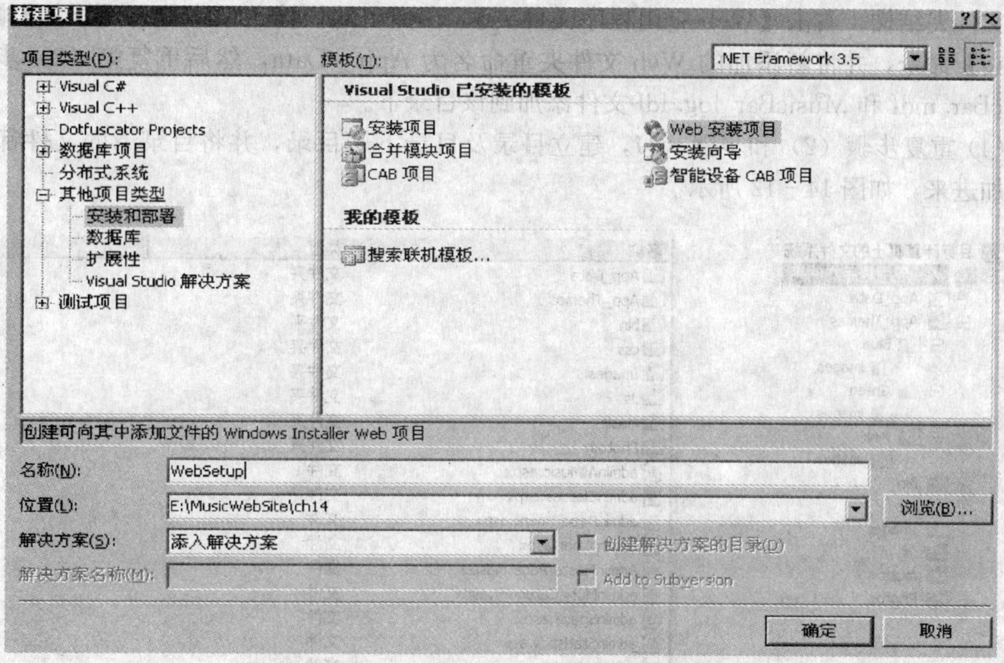

图 14-10　添加 Web 安装项目

(2) Web 安装项目创建后，系统自动进入【文件系统】窗口。选择【Web 应用程序文件夹】后，单击鼠标右键，在弹出的快捷菜单中执行【添加】|【文件】命令，在打开的对话框中定位到 14.3 节发布的 Web 网站目录下。选择所有的目录和文件，单击【打开】按钮。

如图 14－11 所示。

图 14－11 添加文件到 Web 安装项目

（3）创建文件夹。在上一步中，只有根目录的文件添加到了 Web 安装项目中，并没有自动创建文件夹。因此，需要在【Web 应用程序文件夹】下，按照发布后的文件目录结构创建文件夹结构。右击【Web 应用程序文件夹】，在弹出的快捷菜单中执行【添加】|【Web 文件夹】命令，并将新添加的 Web 文件夹重命名为 App_Data，然后重复第（2）步，将 MusicBar.mdf 和 MusicBar_log.ldf 文件添加到该目录下。

（4）重复步骤（2）和步骤（3），建立目录及目录下子目录，并将目录下的文件都相应地添加进来，如图 14－12 所示。

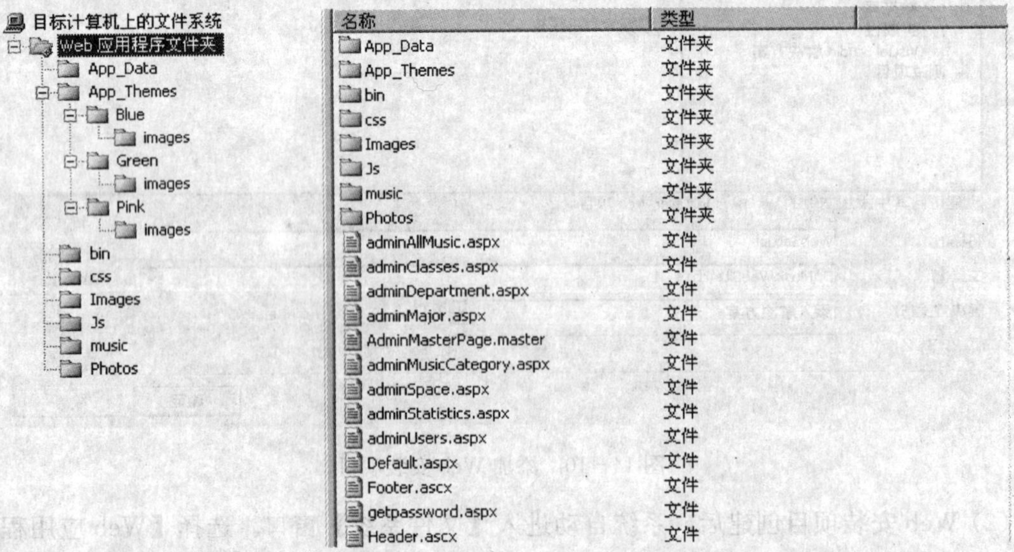

图 14－12 Web 文件夹目录结构

(5) 添加系统必备文件。在 WebSetup 项目上右击鼠标，在弹出的快捷菜单中执行【属性】命令。弹出【WebSetup 属性页】对话框。如图 14－13 所示。单击【系统必备】按钮，弹出【系统必备】对话框，如图 14－14 所示。系统默认选择了【Windows Installer 3.1】和【.NET Framework 3.5】，也可以根据实际情况选择其他组件。然后单击【从与我的应用程序相同的位置下载系统必备组件】单选按钮。单击【确定】完成设置。

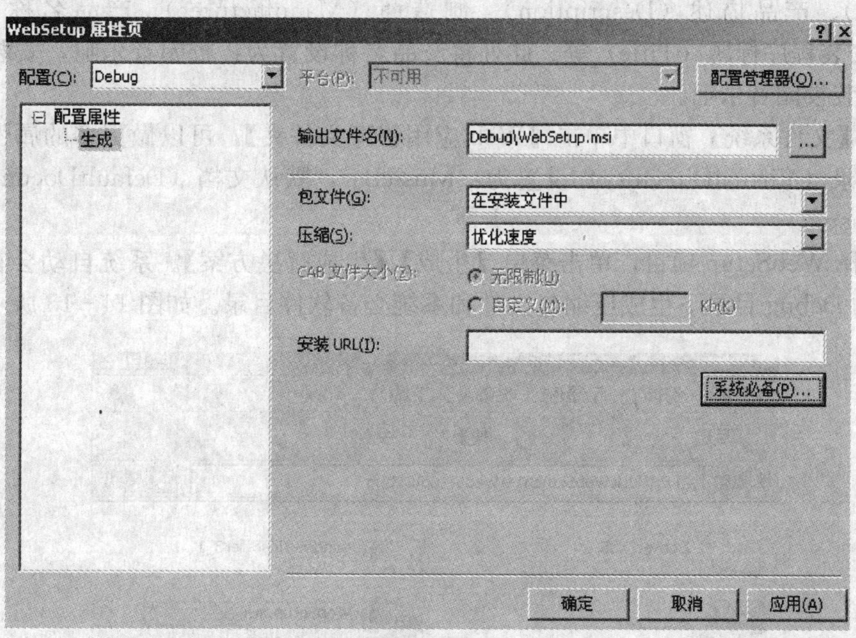

图 14－13　WebSetup 项目属性页

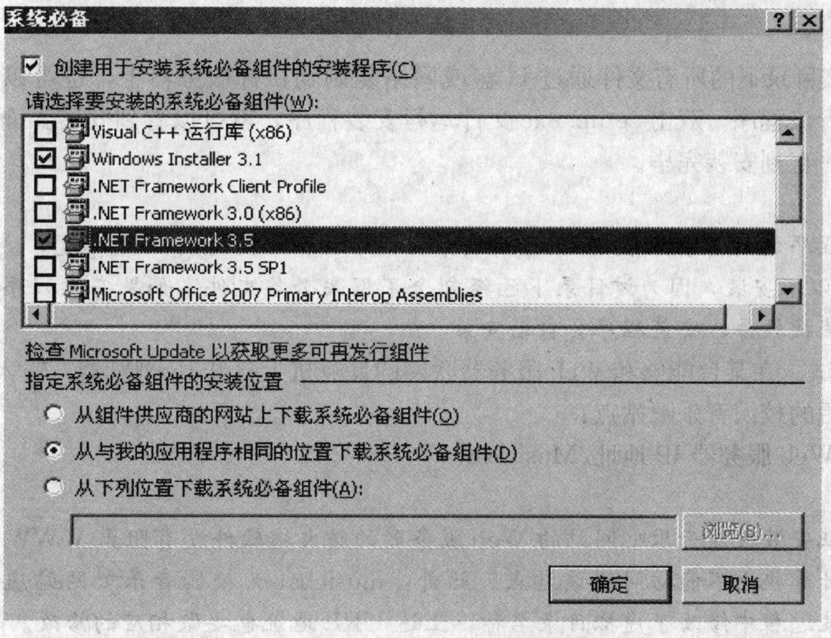

图 14－14　系统必备对话框

备注：

系统必备文件是指系统安装前必须要检查的软件环境，如果安装包在目标服务器上运行时，没有发现该必备软件，安装程序会自动根据你配置的安装位置处获取该必备软件并进行安装。如果没有找到必备软件或者安装必备软件失败，会导致安装程序失败。

(6) 在解决方案资源管理器中，单击 WebSetup 项目，还可以做更多的设置，比如，作者（Author）、产品描述（Description）、制造商（Manufacturer）、产品名称（ProductName）及安装程序标题（Title）等。此处将产品名称设置为：校园音乐吧，安装程序标题设置为：安装校园音乐吧。

(7) 在【文件系统】窗口中单击【Web 应用程序文件夹】，可以做更多的属性设置。将安装虚拟目录（VirtualDirectory）设置为：MusicBar，默认文档（DefaultDocument）设置为：index. aspx。

(8) 选择 WebSetup 项目，单击菜单【生成】|【生成解决方案】。系统自动会在 WebSetup 目录下的 Debug 目录下生成压缩包文件和系统必备软件目录。如图 14－15 所示。

图 14－15　安装包文件及系统必备文件

(9) 将该目录下的所有文件通过 U 盘或网络复制到目标服务器上，也可以直接在本地计算机上运行该程序。双击 setup. exe 文件运行安装程序，就可以看到安装界面，然后单击下一步按钮，直到安装完毕。

提示：

运行此程序的计算机必要保证已经安装了 14. 3 节所描述的软件环境。.NET Framework 3. 5 可以不安装，因为该目录下已经包含了框架必备文件，如果安装程序发现目标服务器没有安装该软件，安装程序会自动安装。

(10) 测试。在某台能够和 Web 服务器联网的计算机上打开 IE 浏览器，输入如下 URL，将打开安装后的校园音乐吧站点：

http://Web 服务器 IP 地址/MusicBar

提示：

必须保证安装校园音乐吧网站的 Web 服务器的防火墙软件没有阻止 WWW 端口（80），否则在其他计算机上不能访问到该站点。此外，musicbar 为校园音乐吧网站虚拟目录的名称，如果安装过程中修改了虚拟目录名称，上述 URL 地址也要做相应的修改。

习　　题

1. 使用 Visual Studio 2008 单元测试向导，为 Department 类的 AddDepartment 方法和 Del 方法添加单元测试方法。

2. 使用 Visual Studio 2008 单元测试向导，为 Major 类的 AddMajor 方法和 Del 方法添加单元测试方法。

参考文献

[1] 童爱红. Visual C# .NET 应用教程. 北京：北京交通大学出版社，2004.

[2] 翁健红. 基于 C#的 ASP .NET 程序设计. 北京：机械工业出版社，2008.

[3] 冯涛，梅成才. ASP .NET 动态网页设计案例教程：C#版. 北京：北京大学出版社，2008.

[4] 刘振岩. 基于 .NET 的 Web 程序设计：ASP .NET 标准教程. 北京：电子工业出版社，2006.

[5] 刘冰. 软件工程实践教程. 北京：机械工业出版社，2009.

[6] STEPHEN W. ASP .NET 2.0 揭秘：卷 1. 谭振林，译. 北京：人民邮电出版社，2007.

[7] 王立福，麻志毅，张世琨. 软件工程. 2 版. 北京：北京大学出版社，2007.

[8] 李东生，崔冬华，李爱萍. 软件工程：原理、方法和工具. 北京：机械工业出版社，2009.

[9] 宫继兵，孙胜涛，王颖. ASP .NET 2.0 Web 数据库开发教程. 北京：机械工业出版社，2009.

[10] 李千目，严哲. ASP .NET 程序设计与应用开发. 北京：清华大学出版社，2009.

[11] 眭碧霞，李春华，张玮. ASP .NET 程序设计与开发. 西安：西安电子科技大学出版社，2008.

[12] 周礼. C#和 .NET 3.0 第一步：适用 Visual Studio 2005 与 Visual Studio 2008. 北京：清华大学出版社，2008.

[13] 罗斌. Visual C# 2008 核心技术与最佳编程实例集粹. 北京：中国水利水电出版社，2009.

[14] 李容. 完全手册 Visual C# 2008 开发技术详解. 北京：电子工业出版社，2008.

[15] 蒋培，王笑梅. ASP .NET Web 程序设计. 北京：清华大学出版社，2007.

[16] ROBBINS J. Microsoft .NET 和 Windows 应用程序调试. 刘立宇，译. 北京：清华大学出版社，2004.

[17] 张晓景. xHTML+CSS+Dreamweaver CS3 标准网站构建实例详解. 北京：电子工业出版社，2007.

[18] LARMAN. UML 和模式应用：面向对象分析与设计导论. 姚淑珍，译. 北京：机械工业出版社，2002.

[19] 尚俊杰. ASP .NET 程序设计. 北京：北京交通大学出版社，2004.